建筑安装工程技术丛书

砌筑工程安全·操作·技术

平玉柱　刘美丽　编著

中国建材工业出版社

图书在版编目（CIP）数据

砌筑工程安全·操作·技术/平玉柱，刘美丽编著．—北京：中国建材工业出版社，2006.11

（建筑安装工程技术丛书）

ISBN 7-80227-164-9

Ⅰ.砌... Ⅱ.①平... ②刘... Ⅲ.砌筑—基本知识 Ⅳ.TU754.1

中国版本图书馆CIP数据核字（2006）第130582号

内容简介

根据国家新颁布的有关建筑施工规范、规程和近年来的新技术、新工艺、新材料发展，结合生产实践经验编写了《砌筑工程安全·操作·技术》一书，以适应现代化建筑发展的需求。

本书内容包括建筑识图、建筑材料、专业技术理论，季节施工、技术规范操作规程、质量通病及防治方法、安全技术及工艺标准等。本书可作为建筑行业的技术人员、管理人员、操作人员阅读使用，亦可作为岗位培训教材。

砌筑工程安全·操作·技术

平玉柱　刘美丽　编著

出版发行：中国建材工业出版社

地　　址：北京市西城区车公庄大街6号

邮　　编：100044

经　　销：全国各地新华书店

印　　刷：北京鑫正大印刷有限公司

开　　本：787mm×1092mm　1/16

印　　张：12.75

字　　数：320千字

版　　次：2006年11月第1版

印　　次：2006年11月第1次

定　　价：23.00元

网上书店：www.ecool100.com

本书如出现印装质量问题，由我社发行部负责调换。联系电话：（010）88386906

《建筑安装工程技术丛书》

编委会名单

前　言

目前我国正处于经济高速发展阶段，建筑工程如雨后春笋蓬勃兴起，建筑安装工程的新技术、新工艺、新材料不断涌现和更新，加之近几年，国家先后对建筑设计、施工、监理、质量验收规范及建筑标准等进行了大量修订，各省、市地方标准亦进行了修订，原有技术体系已不适合现代建筑事业发展的要求。

为了适应这种快速发展的形势，全面提高建筑安装业职工队伍整体素质与水平，建设出更多、更好的优质工程，我们借修订辽宁省地方标准（建筑安装工程施工技术操作规程：DB 21/900.1 ~ 25—2005）之机，从中选择部分相关工种专业，特组织辽宁省内既有理论又有现场施工经验的专家共同编写了《建筑安装工程技术丛书》。

在《丛书》编写时，以现行国家规范、标准、工艺和新技术推广等内容为依据，从材料选择、施工（安装）工艺、质量要求为重点进行编写，同时，有针对性地编入了安全施工方面的相关内容，使《丛书》既有相对独立性又有系统性和时代性。

《丛书》突出操作技能，注重实际应用。全套《丛书》内容丰富，深入浅出，通俗易懂，图文并茂。广泛适用于建筑工程施工（安装）操作者的使用和职业岗位培训，也适用于技术和管理人员使用。

《建筑安装工程技术丛书》共 12 册：包括模板工程、混凝土工程、建筑钢筋工程、砌筑工程、脚手架工程、建筑防水工程、建筑门窗工程、建筑室内装饰装修工程、通风与空调工程、锅炉安装工程、钢结构吊装工程。

《砌筑工程安全·操作·技术》系统、详细介绍了砌筑施工的操作过程，其内容包括建筑识图、建筑材料、专业技术理论、安全知识、工艺标准知识、季节施工、施工通病及防止方法等。

在编写《丛书》的过程中，得到辽宁省建设厅、辽宁省建委、辽宁省质量技术监督局、建筑设计院等领导和相关专家的大力支持与指导，相关施工单位在编写此书过程中也提出了许多宝贵意见和建议，从而保证了该《丛书》编写质量。在此，借《丛书》出版机会，对于热情关心和支持我们的领导、专家、相关单位，以及出版社的编辑一并致以诚挚的谢意。

在编写过程中，我们力求编写完整，以提高建筑业安装技术水平，满足建筑施工人员对技术的要求，但社会在进步，技术总在不停发展，加之我们编写经验不足，书中难免有不足、疏漏或错误之处，恳请读者提出宝贵意见，以资改进。

《丛书》编委会

2006. 8

目 录

第一章　建筑施工图的识图

一、施工图内容

（一）施工图的分类

房屋建筑的一套施工图包括建筑、结构、设备等部分，每一种图纸又有说明整体构造的基本图和说明局部构造的详图两种类型。建筑施工图中的基本图包括建筑总平面图、平面图、立面图、剖面图等，它表示建筑物的整体构造及尺寸；建筑详图一般有楼梯、门窗、墙身等，它表示这些部分的详细构造和尺寸。结构施工图中的基本图是结构平面布置图，主要表示建筑物中主要结构构件的平面布置情况及尺寸，有基础平面图、楼板结构平面图、屋顶结构平面图等；结构详图表示各种结构构件的构造形式和尺寸。设备施工图的基本图包括水、暖、电的管道或线路的平面布置及管道系统的立体图；设备详图包括水、暖、电等设备的局部构造大样。

（二）图纸的编制

一套完整的图纸，一般包括以下几项：

1. 目录表

说明各种图纸的编制次序，一般是按建筑、结构、设备的顺序依次排列，每类依次分别编号，查阅某张图纸可从目录表中得知。

2. 标题栏

每张图纸的标题栏内，在中间部位的大格中注明该图纸的名称：图别项内写明该图的类别，以“建施、结施”等简称表明，标题栏中工程名称是指某单位的总称；项目是指某一建筑物名称。设计号是一套图纸总的编号，便于存档查阅。

3. 详图索引

图上某一部位须绘详图，则在该处注以详图索引号，如图 1-1 所示。

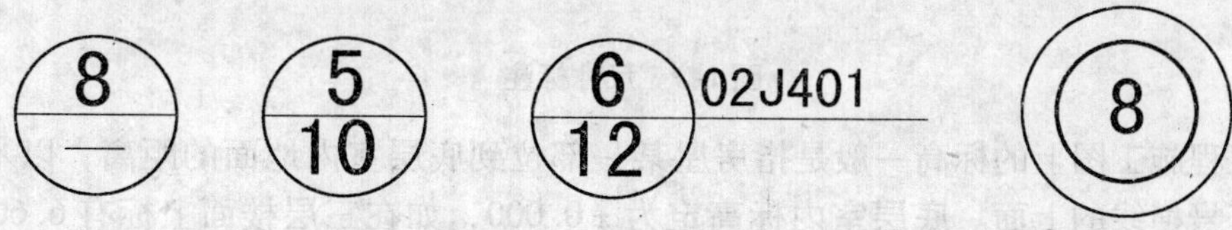

图 1-1　索引号图例

索引号圆圈中横线以上是详图的编号，例如编号是 8，即第 8 个详图。横线以下是详图所在图纸的编号，如详图画在详图索引所在的同一张图上，即在横线以下画一道；如在另一张图上，例如在 10 号图纸上，即在横线以下写 10 字。详图采用标准图集，则在索引号的引出横线上注明标准图集的编号，例如 02J401。详图的下部要注上详图号，详图号较索引号要大些，并用内粗外细的双圈。

（三）图例符号

看懂图纸除了要了解投影的基本原理外，还要熟悉许多规定画法、有关的图例符号等，在建筑制图标准中有明确规定。在建筑工程图中常见的构件图例（如门窗、楼梯、孔洞等）以及材料图例（如砖、混凝土、钢筋混凝土，土壤等）如图 1-2 所示。

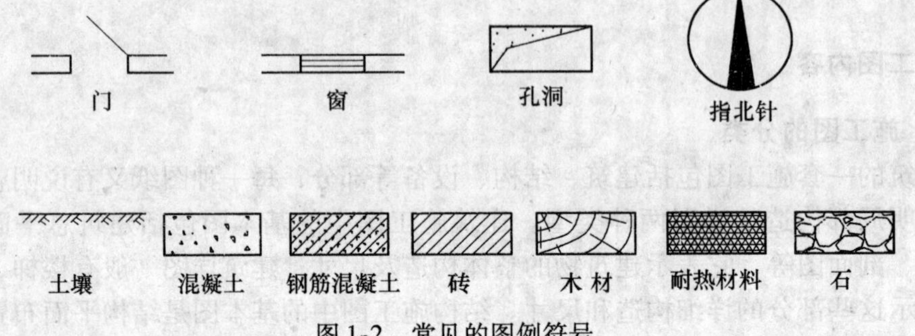

图 1-2　常见的图例符号

（四）尺寸标注

1. 比例概念

图样较实物缩小的倍数称为比例。例如：一栋房屋长 30m，而图样只有 30cm 长，缩小了 100 倍，图上标注比例为 1∶100，即图上的 1cm 相当于实际 1m 长。建筑工程图的基本图常用比例有 1∶100、1∶150、1∶200 等。详图比例自 1∶1 ~ 1∶50 不等。图样缩小了，实际大小就要靠标注的尺寸来决定。

2. 尺寸标注

尺寸一般以毫米为单位，长度尺寸两端可画 45°斜道或打圆点。角度和圆弧尺寸线两端（或一端）画箭头，圆弧的半径尺寸数字前面加 R，圆的直径尺寸数字前面加 D，如图 1-3 所示。

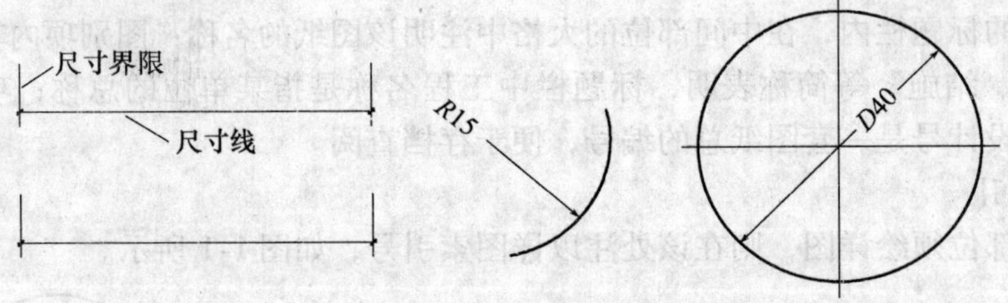

图 1-3　尺寸标注

建筑工程施工图上的标高一般是指房屋某一部位到底层室内地面的距离，以米为单位，标在标高符号横线的上面。底层室内标高定为 ±0.000，如在三层楼面上标有 6.600 即三层楼面到底层室内地面的距离为 6.6m。低于底层室内地面标高用负数表示，如室外地坪标高为 -0.450，即较室内地面低 45cm。高于底层室内地面的标高数字前可以省去正号。标高符号及标注方法如图 1-4 所示。

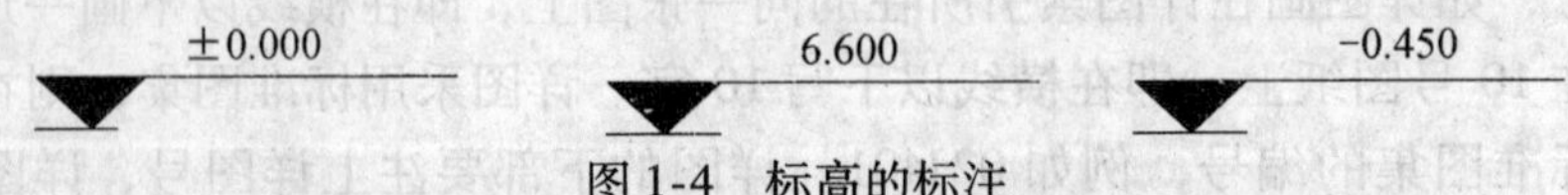

图 1-4　标高的标注

二、看建筑施工图的方法步骤

（一）建筑施工图的种类

1. 建筑总平面图

建筑总平面图，它是说明建筑物所在的地理位置和周围环境的平面图。一般在图上标出新建筑物的外形，建筑物周围的地面物或旧建筑物，建成后的道路、水源、电源、下水道干线的位置，如在山区还标有等高线。有的总平面图，设计人员还根据测量人员定的坐标网，绘制出需建房屋的方格网和标出水准标点。为了表示建筑物的朝向和方位，在总平面图中，还绘有指北针和表示风向的“风玫瑰”图等。

2. 建筑施工图

建筑施工图是说明房屋建造的规模、尺寸、细部构造的图纸。在这类图纸图标上的图号区内常写为建施某号图。建筑施工图包括建筑平面图、立画图、剖面图、施工详图以及材料做法说明等。

3. 结构施工图

结构施工图是说明一栋房屋的骨架构造的类型、尺寸、使用材料要求和构件的详细构造的图纸。这类图纸图标上的图号区内常写为结施某号图。它包括结构平面布置图、构件详图，必要时还有剖面图。此外基础图纸也归入结构施工图中。

4. 给排水、暖卫、空调施工图

给排水、暖卫、空调施工图说明一栋房屋中卫生设备、上下水管道、暖气管道、空调安装，以及煤气或通风设备的构造情况。它分为平面图、透视图、详图等。

5. 电气设备施工图

电气设备施工图说明所建房屋内部电气设备、线路走向等构造。它分为平面图、系统图、详图等。

（二）建筑图

1. 什么是建筑图

建筑图是建筑施工图纸中关于建筑构造的那部分图。在图纸目录中把这部分图标为“建施”的图号。这些图纸主要是表明建筑物内部的布置和外部的装饰，以及施工需用的材料和施工要求的详图，总之这类图纸只表示建筑上的构造，非结构性承重需要的构造。有时为了节省图纸，在混合结构的建筑施工图纸中建筑图和结构图不是绝然分开的，如砖墙的厚度、高度、轴线结构与建筑是一致的，两者就可以合二为一。

建筑施工图主要作为放线、装饰的依据，它分为建筑平面图、立面图、剖面图和详图（包括标准图）。此外，从建筑类型又分为工业和民用建筑两大类，因此，又有工业建筑施工图和民用建筑施工图之区分。

2. 什么是建筑平面图

建筑平面图就是将建筑物用一个假想的水平面，沿窗口（窗台稍高一点）的地方切开，这个切口下部的图形投影至所切的水平面上，从上往下看的图即为该建筑物的平面图。

在平面图上有以下几点内容：

（1）由外围看可以知道它的外形总长度、总宽及建筑面积，图上绘有散水、台阶、外门窗的位置，外墙厚度、轴线标法，有的还标出变形缝、外用铁爬梯等。

（2）往内看可以看到图上绘有内墙位置、房间名称、楼梯间、卫生间等布置。

（3）从平面图上还可以了解到开间尺寸、内门窗位置、室内地面标高、门窗型号尺寸以及表明所用详图等符号。

平面图根据房屋的层数不同分为首层平面图、二层平面图、三层平面图等。如果楼层仅与首层不同，那么二层以上的平面图又称为标准层平面图。最后还有屋顶平面图，屋顶平面图说明屋顶上建筑构造的平面布置和雨水泛水坡度的情况。

3. 什么是建筑立面图

建筑立面图是建筑物的各个侧面，向它平行的竖直平面所作的正投影，这种投影得到的侧视图，称为立面图。它分为正立面、背立面和侧立面，有时按朝向分为南立面、北立面、东立面、西立面等。立面图的内容有以下几点：

（1）立面图反映了建筑物的外貌，如外墙上的檐口、门窗套、出檐、阳台、腰线、门窗外形、雨篷、花台、水落管、附墙柱、勒脚、台阶等构造形状。同时还表明外墙的装修做法，是清水墙还是抹灰，外墙表面是水泥还是干粘石、水刷石，是刷涂料还是贴面砖等。

（2）立面图还标明各层建筑标高、层数、房屋的总高度或突出部分最高点标高尺寸。有的立面图在侧边采用竖向尺寸，标注出窗口的高度、层高尺寸等。

4. 什么是建筑剖面图

建筑剖面图是为了了解房屋竖向的内部构造，我们假想一个垂直的平面把房屋切开，移去一部分，对余下部分向垂直平面作正投影，从而得到的剖视图即该建筑在某一部位切开处的剖面图，剖面图的内容有以下几点：

（1）从剖面图可以了解各层楼面的标高，窗台、顶棚的高度，以及室内净空尺寸。

（2）剖面图还画出房屋从屋面至地面的内部构造特征。如屋盖是什么形式的，楼板是什么构造的，隔墙是什么构造的，内门的高度等。

（3）剖面图上有时也可以标明屋面做法及构造、屋面坡度以及屋顶上女儿墙、烟囱等构造物的情形等。

（4）剖面图上还注明一些装修做法，楼、地面做法，对其所用材料等加以说明。

5. 什么是建筑详图

（1）我们从建筑的平、立、剖面图上虽然可以看到房屋的外形、平面布置和内部构造情况，以及主要的造型尺寸，但是由于图幅有限，局部细节的构造在这些图上不能够明确表示出来的，为了清楚地表达这些构造，我们把它们放大比例绘制成（如1:20，1:15，1:10等）较详细的图纸，我们称这些放大的图纸为详图或大样图。

（2）详图一般包括：房屋的屋檐及外墙身构造大样，楼梯间、厨房、厕所、阳台、门窗、建筑装饰、雨篷、台阶等的具体尺寸，构造和材料做法。

详图是各建筑部位具体构造的施工依据，所有平、立、剖面图上的具体做法和尺寸均以详图为准，因此详图是建筑图纸中不可缺少的一部分。

6. 看民用建筑平面图的方法

为了学习和叙述方便，下面用图1-5这张建筑平面图，作为看图的例子，这是一张小学教学楼的首层平面图。下面介绍看懂这张平面图的方法。

楼梯间厕所均有大样图
虚线表示暖气沟位置
此突出的线为窗台
可结合立面图看
1-1剖面为转折剖切
人站在右边向左看
北
爬梯
方块表示检查井
女厕
男厕
教　室
办公室
讲台
贮藏
门代号
高窗下口距地1.8m
布告栏
生活园地
98J52
02J52
黑板
此门表示向室内开启
雨水管
门厅
散水
800
窗代号
纵墙轴线
窗间墙
横墙轴线
3000
9000
3600
6000
14900
2400
40100
说明：1.内门均为内侧立口与墙面平；
2.楼梯间下仓库墙为60厚后砌。
某某设计院
某某小学教学楼
比例
1：100
一层平面图
图标

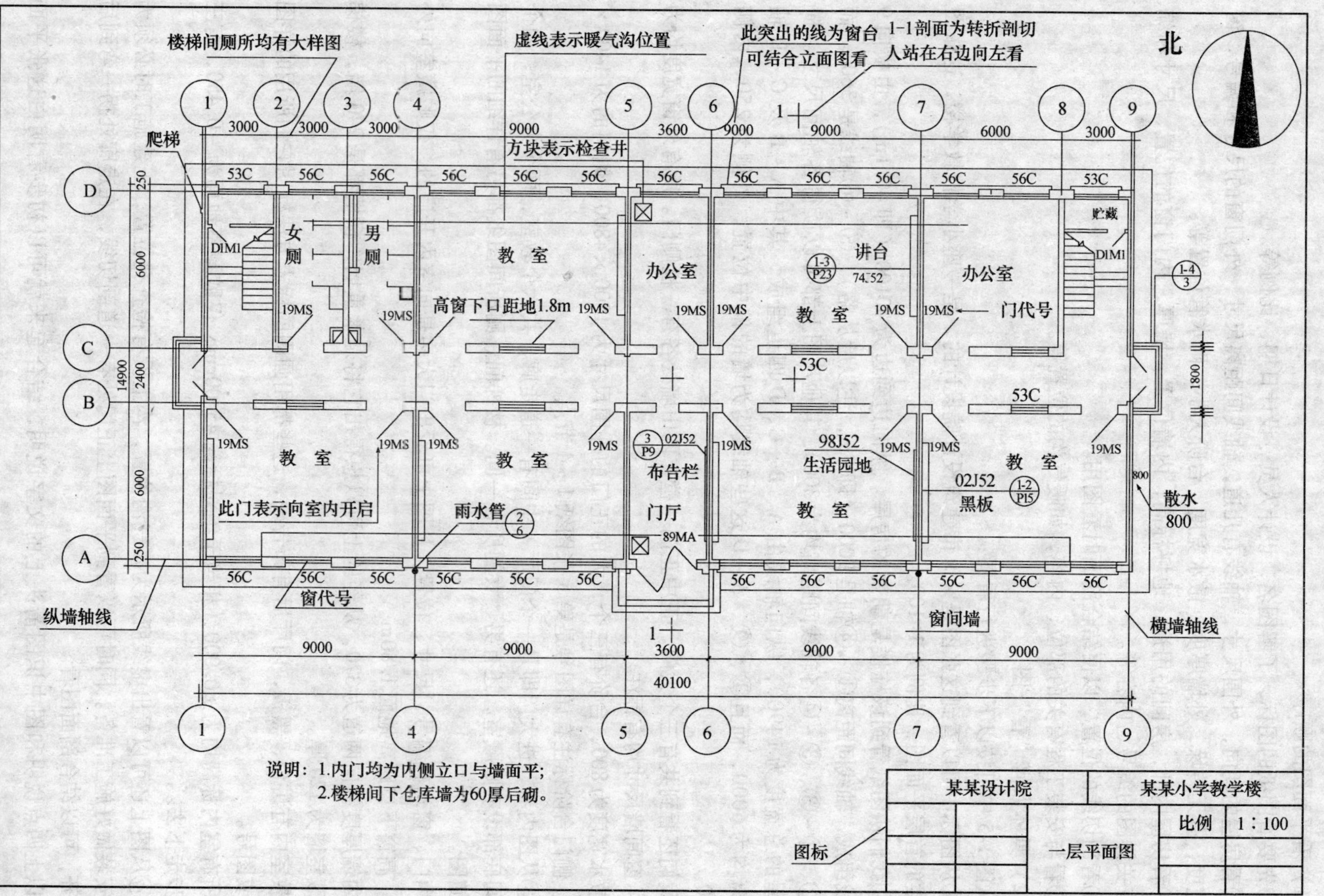

图1-5　建筑平面图

（1）看平面图的顺序

①先要看图纸的图标，了解图名，设计人员，设计日期，比例等。

②看房屋的朝向，外围尺寸，轴线有几道，轴线间距离尺寸，外门窗的尺寸和编号，窗间墙宽度，有无砖垛，外墙厚度，散水宽度，台阶大小，雨水管位置等。

③看房屋内部，房间的用途，地坪标高，内墙位置，墙厚，内门窗的位置、尺寸和编号，有关详图的编号、内容等。

④看剖切线的位置，以便结合剖面时看图用。

⑤看与安装工程有关的部位、内容，如暖气沟的位置等。

（2）具体如何“看”图

从图 1-5 中可按以下步骤进行看图：

①从图标中可以看到这张图是××市建筑设计院设计的，是一座小学校教学楼，这张图是该楼的首层平面图，比例为 1:100。

②我们从图纸看到该栋楼是朝南的房屋。纵向边到边为 40100（即 40.1m），由横向 9 道轴线组成，轴线间距离①~④轴是 9000（即 9m，注以后从略），⑤~⑥轴线是 3600。而①~②、②~③、③~④各轴线间距离均为 3000，其他从图上都可以读得各轴间尺寸。横向房屋的总宽度为 14900，纵向轴线由 A、B、C、D 四道组成，其中 A~B 及 C~D 轴间距离均为 6000，而且①、⑨、A、D 这些轴线均为墙的偏中位置，外侧为 250，内侧为 120。

我们还看到共有三个大门，正中正门一樘，两山墙处各有一樘侧门。所有外窗宽度均为 1500，窗间墙尺寸均有标注。

散水宽度为 800，台阶有三个，大的正门的外围尺寸为 1800×4800，侧门的为 1400×3200，侧门台阶标注有详图号是第 5 张图纸 1~4 节点。

③从图内看，进大门即是一个门厅，中间有一道走廊，共六个教室，两个办公室，两个楼梯间底部设有贮藏室，还有男、女厕所各一间。楼梯间、厕所间图纸都另有详细的平面图和剖面图。

内门、窗均有编号、尺寸、位置，从图上可看出门大多是向室内开启的，仅贮藏室向外开的。高窗下口距离地面 1.80m。

内墙厚度纵向两道为 370，从经验上可以想得出它将是承重墙，横墙都是 240 墙，楼梯间贮藏室墙为 120 厚。

教室内有讲台、黑板，门厅后有布告栏，这些都用圆圈的标志方法标明它们所用的详图图册或图号。

所有室内标高均为 ±0.000，相当于绝对标高 45.00cm，仅贮藏室地面为 -0.450，有三步踏步走下去。

④从图上还可以看出虚线所示为暖气沟位置，沟上设有检查孔位置，土建施工时必须为水暖安装做好施工准备。同时可以看到平面图上正门处有一道剖切线，在走廊处拐一弯到后墙切开，可以结合剖面图看。

以上四点说明和图中识图箭头上的文字说明，结合起来就可以初步看明白这张平面图了。

（3）看平面图应先抓住什么

看图时应该根据施工顺序抓住主要部位。如应先记住房屋的总长、总宽、有几道轴线、轴线间的尺寸，墙厚、门、窗尺寸和编号，门窗还可以列出表来（如表 X-1），用以提前加工。其他如楼梯平台标高，踏步走向，以及在砌砖时有关的部分应先看懂记住。其次记下一步施工的有关部分，往往施工的全过程中，一张平面图要看多次。所以，看图纸时先应抓住总体，抓住关键，一步步的看才能把图看懂记住。

7. 看建筑立面图的方法

民用建筑立面图的看图方法：继续用图 1-5 这个教学楼来看它的立面图，以图 1-6 作为例子来说明看图的顺序和方法。

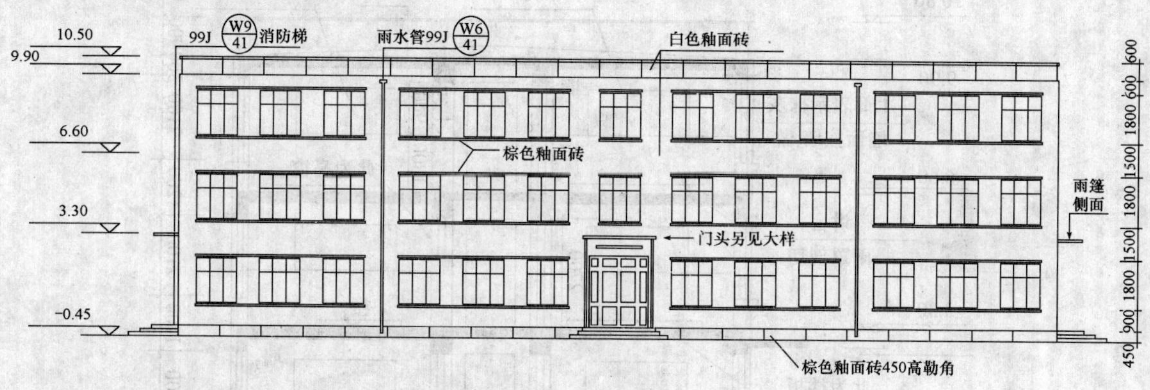

图 1-6　正立面图

（1）看立面图的顺序

①看图标，先要辨明是什么立面图（南或北立面、东或西立面）。

如图 1-6 是该教学楼的正立面图，相对平面图看是南立面。

②看标高、层数、竖向尺寸。

③看门窗在立面图上的位置。

④看外墙装饰做法。如有无出檐，墙面是清水还是抹灰，勒脚高度和装修做法，台阶的立面形式及所示详图，门窗、雨篷的标高和做法，有无门窗详图等。

⑤在立面图上还可以看雨水管位置，外墙爬梯位置，如超过 60m 长的砖砌房屋还有伸缩缝位置等。

（2）如何看立面图

①该教学楼为三层楼房，每层标高分别为 3.30m、6.60m、9.90m。女儿墙墙顶为 10.80m，是最高点。竖向尺寸从室外地坪计起，在图的一侧标出（图上可以看到）。

②外门为玻璃门，外窗为三扇式大窗（两扇开，一扇固定），窗上部为气窗。首层窗台标高为 0.90m，每层窗身高度为 2.10m。

③可以看到外墙镶贴釉面砖，其大部墙面镶贴白色釉面砖，局部窗线和 45cm 勒角采用棕色釉面砖。门窗及台阶做法都有详图可以查看。

④可以看到立面上有两条雨水管，位置可以结合平面图看出在④轴与⑦轴线上，立面图上还有“门头节点构造”另见大样详图，在西山墙可以看到铁爬梯的侧面。

(3) 看立面图应先抓住那些关键问题

立面图主要是外形，在外形中主要的是标高，门、窗位置，其次要记住装修的做法，哪一部分有出檐或有附墙柱等，哪些部分做抹灰面，都要分别记住。此外，如附加的构造，如爬梯、雨水管等的位置，记住后在施工时就可以考虑随施工的进展进行安装。

总之，立面图是结合平面图说明房屋外形的图纸，图示的重点是外部构造，仅从平面图是想象不出的，必须依靠立面图结合平面图，才能把房屋的外部构造表达出来。

8. 看建筑剖面图的方法

为了学习和叙述方便，我们仍然用图 1-5 中的“1—1”剖面图为例说明（见图 1-7）。

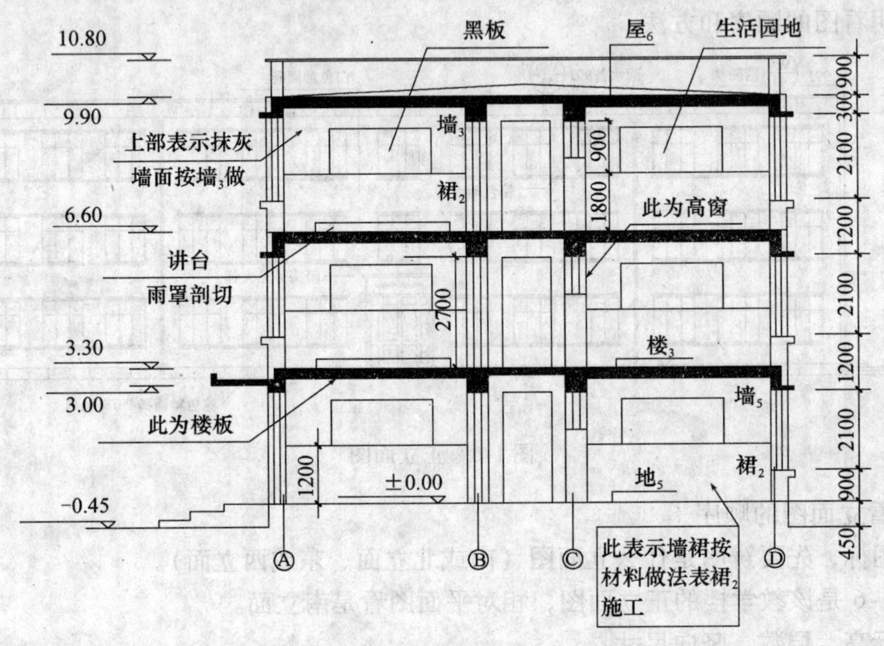

图 1-7　1—1 剖面图

(1) 民用建筑剖面图的特点

图 1-7 中所示的是一栋教学楼，它的剖面图表示了这栋房屋的内部构造，竖向每层都以楼板为分界，仿佛成为一个一个区格。此外剖面图还有一个特点即切线位置不同，其剖面图的图形也就不同。在平面图上可以剖切许多个剖面，用来说明房屋的内部构造。一般是根据平面的关键部位来进行剖切，一套图纸大致有一至三张剖面图就可以说明房屋内部的竖向构造了。我们在看剖面图时，应对照平面图一起看，才能对剖面图了解得更清楚。

(2) 看剖面图的顺序

①看平面图上的剖切面位置和剖面编号，对照剖面图上的编号是否与平面图上的剖面编号相同。

②看楼层标高及竖向尺寸，楼板构造形式，外墙、内墙、门、窗的标高及竖向尺寸，最高处标高，屋顶的坡度等。

③看外墙突出构造部分的标高，如阳台、雨篷、檐子，墙内构造物如圈梁、过梁的标高或竖向尺寸。

④看地面、楼面、墙面、屋面的做法，剖切处可看出室内的构造物如教室的黑板、讲台等。

⑤看剖面图上用圆圈划出的需用大样图表示的地方，以便查对大样图。

（3）看剖面图应记住什么

剖面图拿到后如何看图，应该记住哪些关键？应按上述的看图程序从底层往上看，并记住有关的数据。

①如图 1-7 中所示该教学楼的各层标高为 3.30、6.60、9.90，檐头女儿墙标高为 10.80。

②结合立面图可以看到门、窗的竖向尺寸为 2100，上层窗和下层窗之间的墙高为 1200，窗上口为钢筋混凝土圈梁，内门的竖向尺寸为 2700，内高窗离地 1800，窗口竖向尺寸为 900，内门、内窗口上为钢筋混凝土过梁。

③看到屋顶的屋面做法，引出注明屋$_6$；看到楼面的做法，写明楼面为楼$_1$，地面为地$_5$等，这些均可以从材料做法表中查到。从室内可见的墙面注明了墙$_3$ 做法，墙裙注了裙$_2$ 的做法等。具体做法均附有材料做法表，见表 1-1。

表 1-1　建筑材料做法表

名称	做法顺序	名称	做法顺序
地$_5$	1. 土夯实基层 2. 100 厚 3∶7 灰土垫层 3. 100 厚 C10 混凝土 4. 素水泥浆结合层 5. 25 厚彩色水磨石	裙$_3$	1. 15 厚 1∶3 水泥砂浆打底扫毛 2. 8 厚 1∶2.5 水泥砂浆罩面压实压光
楼$_1$	1. 钢筋混凝土现浇楼板 2. 素水泥浆结合层一道 3. 25 厚彩色水磨石	屋$_5$	1. 钢筋混凝土现浇楼板 2. 1∶8 水泥焦渣找 2% 坡度，平均厚 70，压实、找坡 3. 干铺 100 厚加气混凝土块 4. 20 厚 1∶3 水泥砂浆找平层 5. SBS 防水层
墙$_3$	1. 15 厚 1∶3 白灰砂浆打底 2. 3 厚纸筋白灰膏罩面 3. 滚刷涂料		

④可看出屋面的坡度为 2%，还有雨篷下沿标高为 3.00m。

⑤还可以看出每层楼板下均有圈梁。

通过看剖面图应记住各层的标高、各部位的材料做法、关键部位的尺寸如内高窗的离地高度、墙裙高度。其他如外墙竖向尺寸、标高，结合立面图一起记就很容易记住，这在砌砖施工时很重要。由于建筑标高和结构标高有所不同，所以楼板面和楼板底的标高必须通过计算才能知道。如二层楼面为 3.30m 标高，现浇楼板厚度为 150mm，楼$_1$ 做法是板面上做 25mm 厚彩色水磨石楼面。因此，楼板面的标高 3.30m 减去 2.5cm，为 3.275m，楼板底的标高为 3.275m；再减去 15cm，为 3.125m，这个高度称为板底的结构标高。砌砖和圈梁的标高就要按它推算出来，经过计算的这些标高都应该记住。所以看图纸不光是“看”，有时还得从图纸上要得到应该知道的数据，对于未标明的尺寸或标高，我们可在已看懂图纸的基础上，把它计算出来，这也是“看”应该懂得的一个方法。

9. 民用房屋的建筑施工详图的看图方法

（1）详图的类型

一般民用建筑除了平、立、剖面图之外，为了详细说明建筑物各部分的构造，常常把这些部位绘制成施工详图。建筑施工图中的详图有外墙大样图，楼梯间大样图，门窗、台阶大样图，厨房、浴室、厕所、卫生间大样图等。为了说明这些部位的具体构造，如门窗的构造、楼梯扶手的构造、浴室的澡盆、厕所的蹲台、卫生间的水池等做法，可采用设计好的标准图册来说明这些详图的构造，从而按图进行施工。

（2）具体详图的看图方法

我们仍按图1-5的教学楼平面图中的“A轴1—1剖面”节点为例来进行看图。

①外墙大样图，如图1-8中所示。即平面图上的“A轴1—1剖面”节点，在外墙大样图上可以看到各层楼面的标高和女儿墙压顶的标高，窗上有一L型钢筋混凝土圈梁，窗台挑出尺寸为60，厚度为60，窗台板采用03J32－N15－CB18的型号，这就需要去查标准图集，从图集中找到这类窗台板。还可以从大样图上看到圈梁的断面，女儿墙的压顶钢筋混凝土断面，及雨篷、台阶、地面、楼板等的剖切情况。

总之，外墙大样图主要表明选剖的外墙节点处的具体构造，了解该处的相互联系，以便施工时对具体的外墙做法有所依据。

②从楼梯间的详图上，可以看到楼梯间的平面、剖面和节点构造，平面图分为一、二、三层，表示出楼梯的走向、平面尺寸。剖面图上可以看到楼层高度、楼梯的竖向尺寸及栏杆做法按建8图1-3号图做。节点详图上表示梁、梯交点的关系和尺寸，如图1-9所示。

③窗的详图一般都有统一的标准图集。对于特殊的或有具体做法要求的窗样，则可绘制具体的施工详图。

④厕所大样图，把平面图图1-5中的男厕所单独绘成大样图，如图1-10所示，以便了解厕所图纸的内容，学会看这方面的图纸。

在厕所平面图中可以看有一个小便池、一个拖布池、四个大便器并用隔断分开，每个蹲位都有小门向外开启。隔断墙有具体的标准图，图号为02J52～S28，平面图上还可以看到通气孔的位置，地漏位置等。结合它们的节点图就可以进行施工了。

⑤讲台、黑板大样图根据平面图图1-5中的讲台，黑板的建筑详图绘制，如图1-11中的（a）、（b），看这类构造的详图，增加对图纸内容的了解。

从平面上可以看到讲台的长度、宽度、黑板的长度；从立面上可以看讲台高度，黑板离地高度，黑板本身的高度、长度；剖面图上可以看出黑板与墙连接的关系等，具体均在图上注明了。

镶贴棕色釉面砖
10.80
120
女儿墙钢筋混凝土压顶
镶贴白色釉面砖
9.90
现浇板
300
60
圈梁
镶贴棕色釉面砖
2100
窗口剖切
03J32-N-CB18
预制窗台板
60
60
900
踢脚线
镶贴白色釉面砖
6.60
现浇板
300
60
窗口剖切
2100
900
踢脚线
3.30
现浇板
雨篷剖切
3.00
过梁
门口剖线
水磨石地面
±0.00
-0.02
素混凝土
素土夯实
-0.45
地梁
台阶剖切
基础墙
基础墙

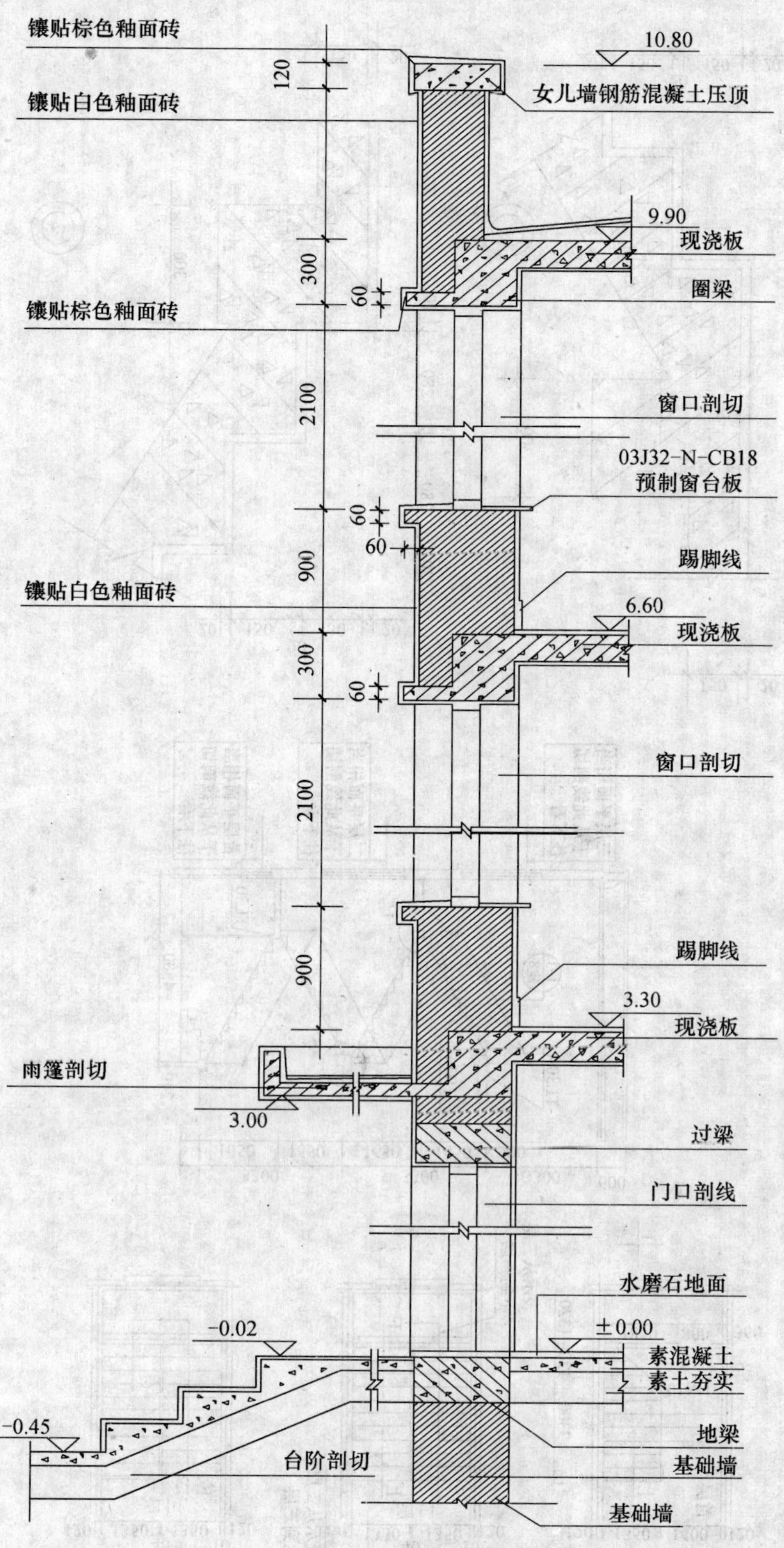

图 1-8 “A”轴 1—1 剖面

三层平面相当于从此线剖切往下看
二层平面相当于从此线剖切往下看
首层平面相当于从此线剖切往下看
TL30A
TB140
TL30
4500
表示从二层下到一层
表示从二层上到三层
首层
二层
三层
上
下
01M1

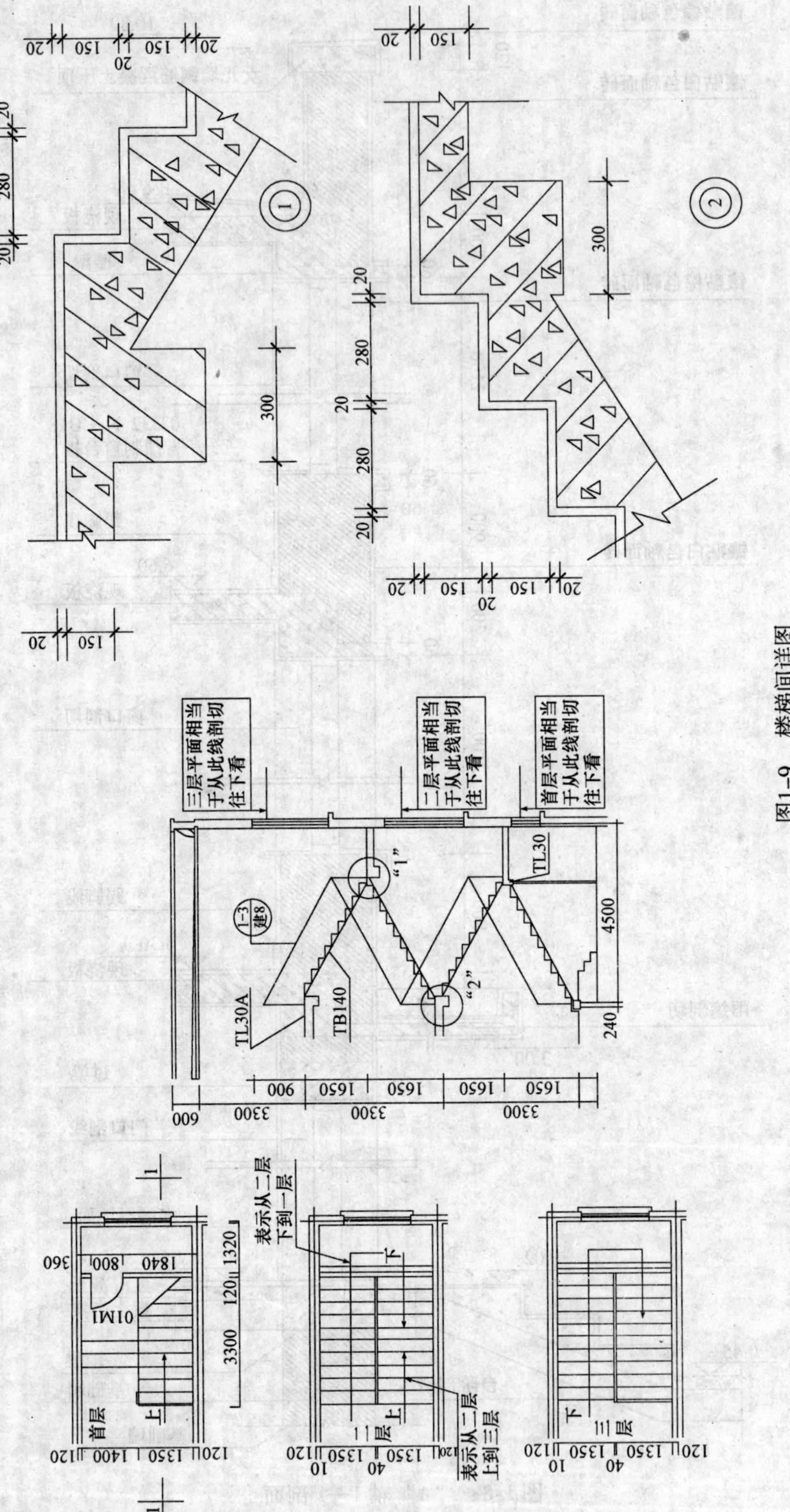

图1-9 楼梯间详图

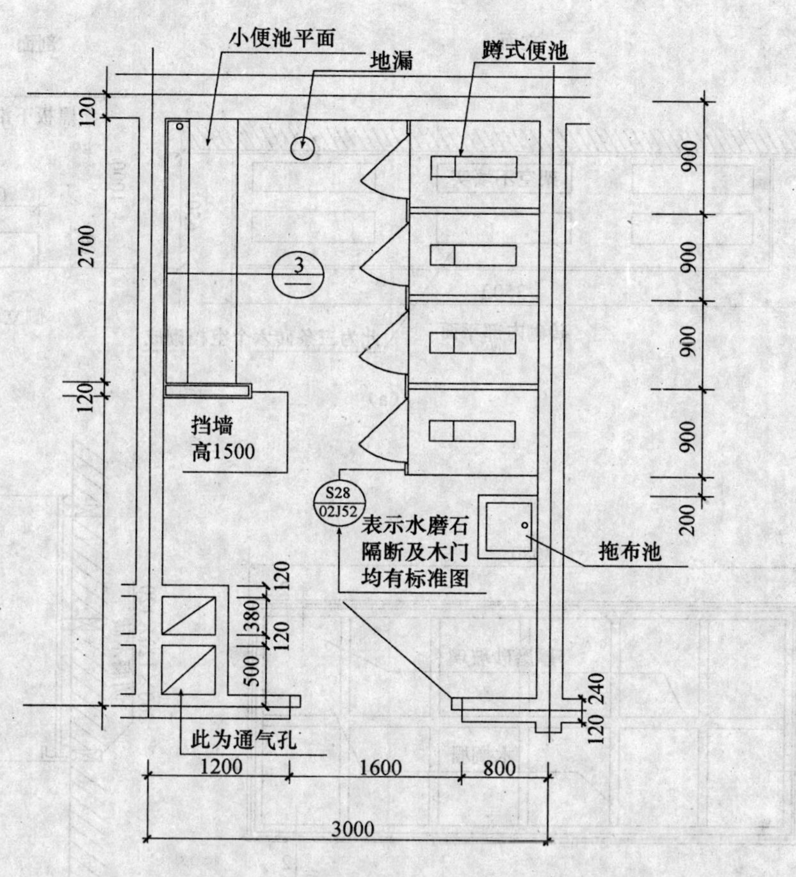

图 1-10 厕所大样图

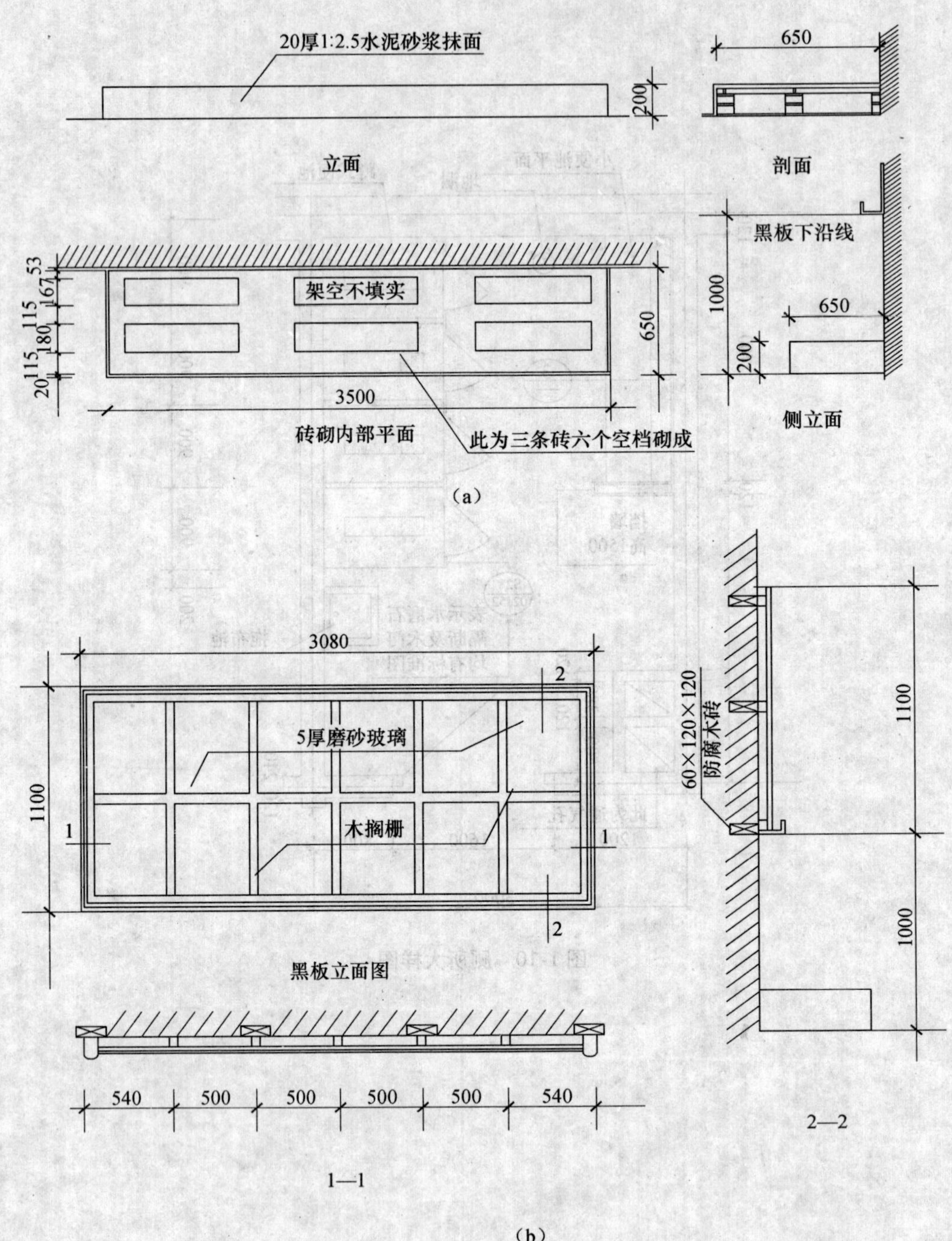

图 1-11 讲台、黑板大样图

第二章 烧结普通砖、砌块及毛石

烧结普通砖是我国很早发明的建筑材料，当前烧结普通砖仍然是我国主要的墙体构造材料之一。砌块是近年开发的新型建筑材料，具有利用工业废渣、节省耕地、环保保温性能好等优点，是取代普通黏土砖的良好材料，有广阔的发展前途。

一、烧结普通砖工艺

烧结普通砖是以黏土、页岩、煤矸石、粉煤灰为主要原料，经过配料调制、成型、干燥、高温焙烧而成的实心或孔洞率不大于15%的砖。由于生产方法不同，烧结普通砖可分为机制砖和手工砖两类。从砖的颜色分又可分为红砖与青砖两种，目前大量生产和使用的为机制红砖。

制造烧结普通砖的黏土是由各种岩石风化而成的，属次生黏土中的易熔黏土（即耐火度在1350℃以下），如黄土、河泥、海泥等。它遍布各地，原料丰富。

黏土由不同颗粒组成。按颗粒组成不同分为肥黏土、黏土、砂质黏土、砂土及砂等五级。肥黏土和黏土宜于制薄壁空心制品，砂质黏土及砂土宜于制普通砖。

黏土加适量水拌和后，能在外力作用下做成各种形体（坯体），而当外力去除后，仍能保持其形状不变，此称可塑性。这是黏土能制成砖的首要条件。同时，坯体在干燥和焙烧过程中，将会产生较大的体积收缩。

砖坯体在焙烧时将发生一系列的物理化学变化。焙烧初期，黏土中自由水分逐渐蒸发，当温度升至110℃左右时，自由水全部排除。随着温度继续升高，在大约450～850℃范围内，各种黏土矿物的结晶水脱出，高岭石和其他黏土矿物逐渐分解，剩下的碳素全部燃尽，此时黏土的孔隙率最大，成为不溶于水的多孔性物质，但强度很低。再继续升温，则黏土中的易熔成分开始熔化，出现玻璃体液相物，它流入不熔颗粒间的缝隙中，并将其粘结，黏土坯体孔隙率随之下降，体积收缩变得密实，强度相应增大，这一过程称为烧结。这时，若温度再升高，则坯体将软化变形，甚至熔融。普通黏土砖焙烧的烧结温度多控制在950～1050℃范围内，即黏土只烧至部分熔融。

内燃烧砖法。即将煤渣、粉煤灰等可燃工业废料，掺入制坯黏土原料中，作为内燃料，当砖坯焙烧到一定温度时，则内燃料在坯体内进行燃烧，这样可减少烧砖的外投煤。这种内燃砖不仅比外燃砖提高强度20%左右，密度降低，导热系数降低，更重要的是节约了大量好煤，少用原料黏土5%～10%，且可处理大量工业废渣。目前，我国各大、中型砖瓦厂均普遍采用这种内燃法制砖。

普通黏土砖的生产工艺过程为：

采土→配料调制→制坯→干燥→焙烧→成品

焙烧砖的窑有两类。一类为间歇式窑，如土窑；一类为连续式窑，如轮窑、隧道窑。目前多采用连续式窑，窑内分预热、焙烧、保温和冷却四带。轮窑为环形窑，在轮窑中砖坯不移动，而焙烧各带沿着窑道轮回移动，周而复始地循环烧成。隧道窑为直线窑，砖坯从窑的一端进入，经预热、焙烧、保温、冷却过程后，由另一端出窑即为成品。

在砖窑中，若焙烧时为氧化气氛，则烧出的砖是红砖。如果砖坯在氧化气氛中焙烧至900℃以上，再在还原气氛中焙烧，使砖内的高价氧化铁还原成青灰色的低价氧化铁，即为青砖。青砖较红砖结实，耐碱、耐久性好，但价格较红砖贵。青砖一般在土窑中烧成。

砖焙烧时的火候要适当，以免出现欠火砖（色浅、声哑、强度与耐久性差）及过火砖（颜色过深，声音甚响亮，但有弯曲等变形）。

二、各种砖、砌块、毛石的强度及外观质量

（一） 烧结普通砖

烧结普通砖的规格为240mm×115mm×53mm的直角六面体。

烧结普通砖按力学性能分为MU10、MU15、MU20、MU25和MU30五个强度等级，烧结普通砖的强度应符合表2-1的规定。

表2-1 烧结普通砖强度 （MPa）

强度等级	抗压强度平均值≥	变异系数≤0.21	变异系数>0.21
		强度标准值≥	单块最小抗压强度值≥
MU10	10.0	6.5	7.5
MU15	15.0	10.0	12.0
MU20	20.0	14.0	16.0
MU25	25.0	18.0	22.0
MU30	30.0	22.0	25.0

烧结普通砖根据强度等级、耐久性能和外观质量分为优等品、一等品和合格品三个质量等级。优等品适用于清水墙，一等品、合格品可用于混水墙，烧结普通砖的尺寸允许偏差应符合表2-2的规定。

表2-2 烧结普通砖尺寸允许偏差 （mm）

公称尺寸	优等品		一等品		合格品	
	样品平均偏差	样本极差≤	样品平均偏差	样本极差≤	样品平均偏差	样本极差≤
240	±2.0	8	±2.5	8	±3.0	8
115	±1.5	6	±2.0	6	±2.5	7
53	±1.5	4	±1.6	5	±2.0	6

烧结普通砖的外观质量应符合表2-3的规定。

表 2-3　烧结普通砖外观质量　(mm)

项　目	指　标		
	优等品	一等品	二等品
(1) 两条面高度差不大于	2	3	5
(2) 弯曲不大于	2	3	5
(3) 杂质凸出高度不大于	2	3	5
(4) 缺棱掉角的三个破坏尺寸同时不大于裂纹长度	15	20	30
a. 大面上宽度方向及其延伸至条面长度	70	70	110
b. 大面上长度方向及其延伸至顶面的长度或条顶面上水平裂纹的长度	100	100	150
(5) 完整面不得少于	一条面和一顶面	一条面和一顶面	
(6) 颜色	基本一致		

注：凡有下列缺陷之一者，不得称为完整面：

1. 缺陷在条面或顶面上造成的破坏面尺寸同时大于 10mm×10mm；
2. 条面或顶面上裂纹宽度大于 1mm，其长度超过 30mm；
3. 压缩、粘底、焦花在条面或顶面上的凹陷或凸出超过 2mm，区域尺寸同时大于 10mm×10mm。

（二）煤渣砖

煤渣砖以煤渣为主要原料，掺入适量石灰、石膏，经混合、压制成型，蒸养或蒸压而成的实心砖。

煤渣砖的外形为矩形体，公称尺寸为：长 240mm，宽 115mm，高 53mm。

煤渣砖根据抗压强度和抗折强度分为 MU7.5、MU10、MU15、MU20 四个等级。

煤渣砖根据尺寸偏差、外观质量、强度等级分为：优等品、一等品、合格品。

煤渣砖的尺寸偏差与外观质量应符合表 2-4 的规定。

表 2-4　煤渣砖的尺寸偏差与外观质量　(mm)

项　目	指　标		
	优等品	一等品	合格品
(1) 尺寸允许偏差 长度 宽度 高度	±2	±3	±4
(2) 对应高度差不大于	1	2	3
(3) 每一缺棱掉角的最小破坏尺寸不大于	10	20	30
(4) 完整面不小于	二条面和一顶面或二顶面和一条面	一条面和一顶面	一条面和一顶面
(5) 裂纹长度不大于			
a. 大面上宽度方向及其延伸到条面长度	30	50	70
b. 大面上长度方向及其延伸到顶面上的长度或条、顶面裂纹的长度	50	70	100
(6) 层裂	不允许	不允许	不允许

注：在条面或顶面上破坏面的两个尺寸同时大于 10mm 和 20mm 者为非完整面。

煤渣砖强度应符合表 2-5 的规定，优等品的强度等级应不低于 MU15，一等品的强度等级应不低于 MU10，合格品的等级不低于 MU7.5。

表 2-5　煤渣砖强度

强度等级	抗压强度（MPa）		抗折强度（MPa）	
	10 块平均值不小于	单块值不小于	10 块平均值不小于	单块值不小于
MU7.5	7.5	5.6	2.0	1.5
MU10	10.0	7.5	2.5	1.9
MU15	15.0	11.2	3.2	2.4
MU20	20.0	15.0	4.0	3.0

（三）烧结多孔砖

烧结多孔砖是以黏土、页岩、煤矸石为主要原料，经焙烧而成的多孔砖。

烧结多孔砖的外形为矩形体，其长度、宽度、高度尺寸应符合下列要求：

a：290mm、240mm、190mm、180mm；

b：175mm、140mm、115mm、90mm。

烧结多孔砖根据抗压强度、变异系数分为：MU30、MU25、MU20、MU15、MU10 五个强度等级，其烧结多孔砖强度应符合表 2-6 的规定。

表 2-6　烧结多孔砖强度

强度等级	抗压强度（MPa）平均值不小于	变异系数 $\delta \leq 0.21$ 强度标准值不小于（MPa）	变异系数 $\delta > 0.21$ 单块最小抗压强度不小于（MPa）
MU30	30	22	25
MU25	25	18	22
MU20	20	14	16
MU15	15	10	12
MU10	10	6.5	7.5

烧结多孔砖根据尺寸偏差、外观质量、强度等级和物理性能分为优等品、一等品和合格品三个等级。烧结多孔砖尺寸允许偏差应符合表 2-7 的规定。

表 2-7　烧结多孔砖尺寸允许偏差　(mm)

尺　寸	优等品		一等品		合格品	
	样本平均偏差	样本极差 ≤	样本平均偏差	样本极差 ≤	样本平均偏差	样本极差 ≤
290、240	±2.0	5	±2.5	7	±3.0	8
190、180、175、140、115	±1.5	4	±2.0	6	±2.5	7
90	±1.5	3	±1.6	5	±2.0	6

烧结多孔砖的孔洞尺寸应符合表 2-8 的规定。

表 2-8　烧结多孔砖孔洞规定

圆孔直径	非圆孔内切圆直径	手抓孔
≤22mm	≤15mm	30～40mm×75～85mm

烧结多孔砖的外观质量应符合表 2-9 的规定。

表 2-9　烧结多孔砖外观质量

项　目	指　标		
	优等品	一等品	合格品
（1）颜色（一条面和一顶面）	一致	基本一致	—
（2）完整面不得少于	一条面和一顶面	一条面和一顶面	—
（3）缺棱掉角的三个破坏尺寸不大于（mm）	15	20	30
（4）裂纹长度不大于（mm）			
a. 大面上深入孔壁 15mm 以上宽度方向及其延伸到条面的长度	60	80	100
b. 大面上深入孔壁 15mm 以上长度方向及其延伸到顶面上的长度	60	100	120
c. 条、顶面上的水平裂纹	80	100	120
（5）杂质在砖面上造成的凸出高度不大于（mm）	3	4	5
欠火砖和酥砖	不允许		

注：凡有以下缺陷之一者，不能称为完整面：

1. 缺陷在条面或顶面上造成的破坏尺寸同时大于 20mm×30mm；
2. 条面或顶面上裂纹宽度大于 1mm，其长度超过 70mm；
3. 压陷、焦花、粘底在条面或顶面上的凹陷或凸出超过 2mm，区域尺寸同时大于 20mm×30mm。

（四） 烧结空心砖

烧结空心砖是以黏土、页岩、煤矸石为主要原料，经焙烧而成的非承重建筑材料（孔洞率大于 35%）。

烧结空心砖的长度、宽度、高度应符合下列要求：

a：290mm×190（140）mm×90mm；

b：240mm×180（175）mm×115mm。

烧结空心砖根据密度分为 800、900、1100 三个密度级别。

每个密度级根据空洞及其排数、尺寸偏差、外观质量、强度等级和物理性能分为优等品、一等品和合格品三个等级。

烧结空心砖的尺寸偏差应符合表 2-10 的规定。

表 2-10　烧结空心砖尺寸允许偏差

尺寸（mm）	尺寸允许偏差（mm）		
	优等品	一等品	合格品
>200	±4	±5	±7
200～100	±3	±4	±5
<100	±3	±4	±4

烧结空心砖的强度应符合表2-11的规定。

表2-11 烧结空心砖抗压强度

产品等级	强度等级	大面抗压强度（MPa）		条面抗压强度（MPa）	
		平均值不小于	单块最小值不小于	平均值不小于	单块最小值不小于
优等	MU5	5.0	3.7	3.4	2.3
一等	MU3	3.0	2.2	2.2	1.4
合格	MU2	2.0	1.4	1.6	0.9

烧结空心砖的密度根据密度等级划分，应符合表2-12的规定。

表2-12 烧结空心砖级别

密度级别	5块密度平均值（kg/m^3）
800	≤800
900	801～900
1100	901～1100

烧结空心砖的尺寸允许偏差应符合表2-13的规定。

表2-13 烧结空心砖尺寸允许偏差

项目	指标		
	优等品	一等品	合格品
（1）弯曲不大于（mm）	3	4	5
（2）缺棱掉角的三个破坏尺寸不得同时大于（mm）	15	30	40
（3）未贯穿裂纹长度不大于（mm）			
a. 大面上宽度方向及其延伸到条面的长度	不允许	100	140
b. 大面上长度方向或条面上水平方向的长度	不允许	120	160
（4）贯穿裂纹长度不大于（mm）			
a. 大面上宽度方向及其延伸到条面的长度	不允许	60	80
b. 壁、肋沿长度方向、宽度方向及其水平方向的长度	不允许	60	80
（5）肋、壁内残缺长度不大于（mm）	不允许	60	80
（6）完整面不少于	一条面和一大面	一条面和一大面	—
（7）欠火砖和酥砖	不允许	不允许	不允许

注：凡有以下缺陷之一者，不能称为完整面：

1. 缺陷在大面、条面上造成的破坏尺寸同时大于20mm×30mm；
2. 大面或条面上裂纹宽度大于1mm，其长度超过70mm；
3. 压陷、焦花、粘底在大面或条面上的凹陷或凸出超过2mm，区域尺寸同时大于20mm×30mm。

（五）蒸压灰砂空心砖

蒸压灰砂空心砖是以石灰和砂为主要原料，经坯料制备、压制成型、蒸压养护而制成的孔隙率大于15%的空心砖。

蒸压灰砂空心砖的规格及公称尺寸见表2-14，孔洞采用圆形或其他孔形，孔洞应垂直于大面。

表 2-14　蒸压灰砂空心砖公称尺寸

规格代号	公称尺寸（mm）		
	长	宽	高
NF	240	115	53
1.5NF	240	115	90
2NF	240	115	115
3NF	240	115	175

蒸压灰砂空心砖根据抗压强度分为 MU7.5、MU10、MU15、MU20 和 MU25 五个强度等级，其强度等级的抗压强度应符合表 2-15 规定。

表 2-15　蒸压灰砂空心砖抗压强度

强度等级	抗压强度（MPa）	
	5 块平均值不小于	单块最小值不小于
MU25	25	20.0
MU20	20	16.0
MU15	15	12.0
MU10	10	8.0
MU7.5	7.5	6.0

注：优等品的强度等级不得低于 MU15；
一等品的强度等级应不低于 MU10。

蒸压灰砂空心砖根据尺寸偏差和外观分为优等品、一等品、合格品。

蒸压灰砂空心砖的尺寸偏差、外观质量和孔洞率应符合表 2-16 的规定。

表 2-16　蒸压灰砂空心砖的尺寸偏差、外观质量和孔洞率

项　目	指　标		
	优等品	一等品	合格品
（1）尺寸允许偏差：			
长度（mm）不大于	±2	±2	±3
宽度（mm）不大于	±1	±2	±3
高度（mm）不大于	±1	±2	±3
（2）相对高度差（mm）	±1	±2	±3
（3）孔洞率（%）不小于	15	15	15
（4）外壁厚度（mm）不小于	10	10	10
（5）肋厚度（mm）不小于	7	7	7
（6）缺棱掉角最小尺寸（mm）不大于	15	20	25
（7）完整面不小于	一条面和一顶面	一条面和一顶面	一条面和一顶面
（8）裂纹长度（mm）不大于			
a. 条面上高度方向及其延伸到大面的长度	30	50	70
b. 条面上长度方向及其延伸到顶面上的水平裂纹长度	50	70	100

注：凡有以下缺陷者，均为非完整面：
1. 缺棱尺寸或掉角的最小尺寸大于 8mm；
2. 灰球、黏土团、草根等杂物造成破坏面尺寸大于 10mm×20mm；
3. 有气泡、麻面、龟裂等缺陷造成的凹陷与凸出超过 2mm。

（六）非烧结普通黏土砖

非烧结普通黏土砖是以黏土为主要原料，掺入少量胶凝材料，经粉碎、搅拌、压制成型、自然养护而成，又称免烧砖。

免烧砖规格为240mm×115mm×53mm。

免烧砖按其力学性能分为MU15、MU10及MU7.5三个强度等级。其强度等级的抗压强度和抗折强度应符合表2-17的规定。

表2-17 免烧砖抗压、抗折强度

产品等级	强度等级	抗压强度（MPa）		抗折强度（MPa）	
		5块平均值不小于	单块最小值不小于	5块平均值不小于	单块最小值不小于
一等	MU15	15	10	2.5	1.5
	MU10	10	6.0	2.0	1.2
合格	MU7.5	7.5	4.5	1.5	0.9

免烧砖按尺寸偏差、外观和强度分为一等品和合格品。尺寸偏差和外观质量应符合表2-18的规定。

表2-18 免烧砖外观质量

项目	指标	
	一等品	合格品
（1）尺寸允许偏差不超过（mm）		
长度	±2	±3
宽度	±2	±3
厚度	±2	±3
（2）两个条面的厚度相差不大于（mm）	2	3
（3）缺棱掉角的三个破坏尺寸不得同时大于（mm）	20	30
（4）裂纹长度不大于（mm）	50	90
（5）完整面不得少于	一条面和一顶面	一条面或一顶面

注：完整面要求缺棱掉角在条、顶面上造成的破坏面不得同时大于10mm×20mm，或裂缝最大宽度不超过1mm。

（七）粉煤灰砖

粉煤灰砖是以粉煤灰、石灰为主要原料，掺加适量石膏和骨料，经坯料制备、压制成型、高压或常压蒸汽养护而成的实心砖。

粉煤灰砖的规格为240mm×115mm×53mm。

粉煤灰砖按其力学性能分为MU20、MU15、MU10和MU7.5四个强度等级，其强度等级的抗压强度和抗折强度应符合表2-19的规定。

表 2-19　粉煤灰砖抗压、抗折强度

产品等级	强度等级	抗压强度（MPa）		抗折强度（MPa）	
		5 块平均值不小于	单块最小值不小于	10 块平均值不小于	单块最小值不小于
优等	MU20	20	15	4.0	3.0
	MU15	15	11	3.2	2.4
一等	MU10	10	7.5	2.5	1.9
合格	MU7.5	7.5	5.6	2.0	1.5

注：强度等级以蒸汽养护后 1d 的强度为准。

粉煤灰砖根据外观质量、强度、抗冻性和干燥收缩值分为优等品、一等品和合格品。外观质量应符合表 2-20 的规定。

表 2-20　粉煤灰砖外观质量

项　目	指　标		
	优等品	一等品	合格品
（1）尺寸允许偏差不超过（mm）			
长度	±2	±3	±4
宽度	±2	±3	±4
厚度	±2	±3	±3
（2）对应高度差不大于（mm）	1	2	3
（3）每一缺棱掉角的最小破坏尺寸不大于（mm）	10	15	25
（4）完整面不小于（mm）	2 个条面和 1 个顶面或 2 个顶面和 1 个条面	1 个条面和 1 个顶面	1 个条面和 1 个顶面
（5）裂纹长度不大于（mm）			
a. 大面上宽度方向的裂纹(包括延伸到条面上的长度)	30	50	70
b. 其他裂纹	50	70	100
层裂	不允许		

（八）小型砌块

1. 混凝土空心砌块

混凝土空心砌块是以水泥、砂、石和水为原料，经配料、成型、养护而制成，一般竖向方孔，其主要规格尺寸为 390mm×190mm×190mm（图 2-1）。

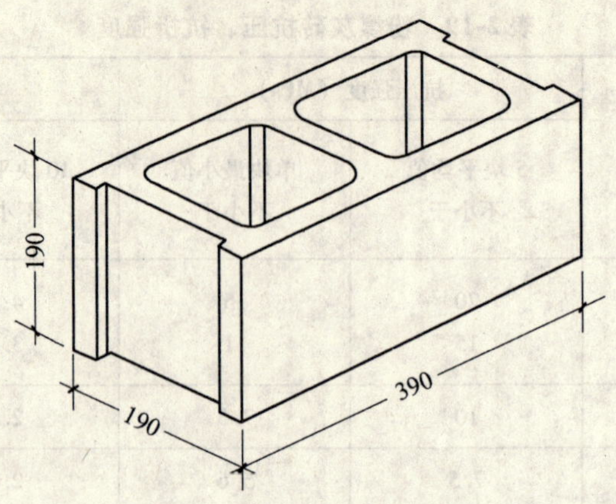

图 2-1　混凝土空心砌块

混凝土空心砌块按其外观质量分为一等品和二等品，外观质量应符合表 2-21 的规定。

表 2-21　混凝土空心砌块外观质量

项　　目	指　　标	
	一等品	二等品
(1) 尺寸允许偏差不大于 (mm)		
长度	±3	±3
宽度	±3	±3
厚度	±3	+3，-4
(2) 最小外壁厚 (mm)	30	30
(3) 最小肋厚 (mm)	25	25
(4) 弯曲不大于 (mm)	2	3
(5) 缺棱掉角个数不大于	2	2
三个方向投影尺寸之最小值不大于 (mm)	20	30
(6) 裂纹延伸的投影尺寸累计不大于 (mm)	20	20

注：非承重砌块在有试验数据的条件下，最小外壁厚和最小肋厚可不受此表限制。

混凝土空心砌块按其力学性能分为 MU15、MU10、MU7.5、MU5、MU3.5 五个强度等级，各强度等级的抗压强度应符合表 2-22 的规定。

表 2-22　混凝土空心砌块抗压强度

产品等级	强度等级	抗压强度 (MPa)	
		5 块平均值不小于	单块最小值不小于
一等	MU15	15	12
	MU10	10	8
	MU7.5	7.5	6
二等	MU5	5	4
	MU3.5	3.5	2.8

注：非承重叠砌块在有试验数据的条件下，强度等级可降低到 MU2.8。

2. 加气混凝土砌块

加气混凝土砌块以水泥、矿渣、粉煤灰、砂、石灰等主要原料，加入发气剂，经搅拌成型、蒸压养护而成的实心砌块。

加气混凝土砌块一般规格有两个系列。

A 系列：长度（mm）：600

宽度（mm）：75、100、125、150、175、200、275（以 25mm 递增）

高度（mm）：200、250、300

B 系列：长度（mm）：600

宽度（mm）：60、120、180、240……（以 60mm 递增）

高度（mm）：240、300

加气混凝土砌块按其力学性能分为 MU7.5、MU5、MU3.5、MU2.5、MU1 五个强度等级，各强度等级的抗压强度应符合表 2-23 的规定。

表 2-23　加气混凝土砌块抗压强度

密度等级	强度	抗压强度（MPa）	
		5 组平均值不小于	1 组最小值不小于
07、08	MU7.5	7.5	6.0
06、07	MU5.0	5.0	4.0
05、06	MU3.5	3.5	2.8
04、05	MU2.5	2.5	2.0
03	MU1.0	1.0	0.8

加气混凝土砌块按其密度分为：08、07、06、05、04、03 六个密度等级；加气混凝土砌块按其密度、外观质量分为：优等品、一等品、合格品。各等级的干密度应符合表 2-24 的规定。

表 2-24　加气混凝土砌块干密度

密度等级	砌块干密度不大于（kg/m³）		
	优等品	一等品	合格品
03	300	330	350
04	400	430	450
05	500	530	550
06	600	630	650
07	700	730	750
08	800	830	850

加气混凝土砌块外观质量应符合表 2-25 的规定。

表 2-25　加气混凝土砌块外观质量

项　　目	指　　标		
	优等品	一等品	合格品
(1) 尺寸允许偏差不大于（mm）			
长度	±4	±5	±6
宽度	±2	±3	±4
厚度	±2	±3	±4
(2) 缺棱最大、最小尺寸不得同时大于（mm）	100、20		
(3) 掉角最大、最小尺寸不得同时大于（mm）	70、30		
(4) 平面弯曲最大尺寸不得大于（mm）	5		
(5) 完整面不少于	一个大面		
(6) 裂纹			
a. 贯穿一面二棱超过缺棱掉角规定的裂纹或断裂	不允许		
b. 在一面上的裂纹长度不得大于裂纹方向尺寸的	1/2		
c. 贯穿一棱二面的裂纹长度不得大于裂纹所在面的裂纹方向尺寸总和的	1/3		
(7) 爆裂、粘模和损坏深度不得大于（mm）	30		
(8) 表面疏松、层裂	不允许		

注：完整面是指表面没有裂纹、爆裂和长宽高三个方向均大于20mm的缺棱掉角的缺陷者。

3. 粉煤灰砌块

粉煤灰砌块是以粉煤灰、石灰、石膏和骨料为主要原料，经搅拌、成型、蒸汽养护而成的实心砌块。砌块端面带有灌浆槽（图2-2）。

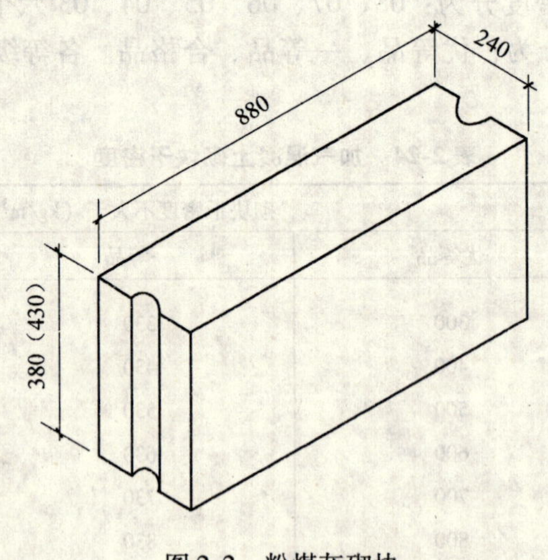

图2-2　粉煤灰砌块

粉煤灰砌块主要规格尺寸为：880mm × 380mm × 240mm、880mm × 430mm × 240mm两种。

粉煤灰砌块按其力学性能分为 MU13 及 MU10 两个强度等级。各强度等级的抗压强度及人工碳化后强度应符合表 2-26 的规定。

表 2-26 粉煤灰砌块力学性能

产品等级	强度等级	抗压强度（MPa）		人工碳化后强度（MPa）不小于
		3 块平均值不小于	单块最小值不小于	
一等	MU13	13	10.5	7
合格	MU10	10	8	6

粉煤灰砌块按其外观质量和干缩性能分为一等品和合格品。外观质量应符合表 2-27 的规定。

表 2-27 粉煤灰砌块外观质量

项目	指标	
	一等品	合格品
（1）尺寸允许偏差不大于（mm）		
长度	+4，-6	+5，-10
宽度	±3	±6
厚度	+4，-6	+5，-10
（2）表面疏松	不允许	
（3）贯穿面棱的裂缝	不允许	
（4）任一面上的裂缝长度，不得大于裂缝方向砌块尺寸的	1/3	
（5）石灰团、石膏团	直径大于 5mm 的不允许	
（6）粉煤灰团、空洞和爆裂	直径大于 30mm 的不允许	直径大于 50mm 的不允许
（7）局部凸起高度不大于（mm）	10	15
（8）翘曲不大于（mm）	6	8
（9）缺棱掉角在长宽高三个方向上投影的最大值不大于（mm）	30	50
（10）高低差不大于（mm）		
长度方向	6	8
宽度方向	4	6

4. 轻骨料混凝土砌块

轻骨料混凝土砌块常用品种有煤矸石混凝土空心砌块、煤渣混凝土空心砌块、浮石混凝土空心砌块及各种陶粒混凝土空心砌块等。

煤矸石混凝土空心砌块是以水泥为胶结料，自燃过火煤矸石为粗细骨料，按一定配合比加水搅拌，经振动成型、养护而制成的。有外墙砌块和内墙砌块两类。外墙砌块主要规格为 290mm × 290mm × 190mm；内墙砌块主规格为 290mm × 190mm × 190mm。其强度等级有

MU3.5～MU10。

煤渣混凝土空心砌块是以水泥为胶结料，煤渣为骨料，按一定配合比加水搅拌，经振动成型、养护而制成的。主规格为390mm×190mm×190mm，其强度等级有MU3和MU5两级。砌块密度不大于900kg/m^3。

浮石混凝土空心砌块是以水泥为胶结料，细砂或煤灰为细骨料，浮石为粗骨料，按一定配合比加水搅拌，经浇注、振动、养护而制成的。主规格为390mm×190mm×190mm，其强度等级有MU2.5～MU10。

黏土陶粒大孔混凝土空心砌块是以水泥为胶结料，黏土陶粒为粗骨料（无细骨料），按一定配合比加水搅拌，经浇注、振动、养护而制成的。主规格为600mm×（125～300）mm×250mm。其强度等级为MU2.5。

轻质黏土陶粒混凝土空心砌块是以水泥为胶结料，轻质黏土陶粒为粗骨料，按一定配合比加水搅拌，经浇注、振动、养护而制成的。外墙砌块主要规格为390mm×190mm×190mm。其强度等级有MU3.5、MU5等。

粉煤灰陶粒混凝土空心砌块是以水泥为胶结料，粉煤灰陶粒为粗骨料，轻砂或重砂为细骨料，按一定配合比加水搅拌，经浇注、振动、养护而制成的。分全轻砌块（用轻砂）和砂轻砌块（用重砂）两类。全轻砌块主规格为390mm×190mm×190mm，强度等级有MU2.5、MU3。砂轻砌块主规格为390mm×190mm×190mm，其强度等级为MU3.5～MU10。

（九）砌筑用石

1. 毛石

毛石分为乱毛石和平毛石两种。

乱毛石是指形状不规则的石块；平毛石是指形状不规则，但有两个平面大致平行的石块。

毛石应呈块状，其中部厚度不宜小于150mm。

毛石的强度等级分为MU100、MU80、MU60、MU50、MU40、MU30、MU20、MU15、MU10。其中强度是以70mm边长的立方体试块的抗压强度表示（取三块试块的平均值）。

2. 料石

料石按其加工面的平整程度分为细料石、半细料石、粗料石和毛料石四种；料石各面的加工要求应符合表2-28的规定。

表2-28　料石各面的加工要求

料石各类	外露面及相接周边的表面凹入深度	叠砌面和接砌面的表面凹入深度
细料石	不大于2mm	不大于10mm
半细料石	不大于10mm	不大于15mm
粗料石	不大于20mm	不大于20mm
毛料石	稍加修整	不大于25mm

注：相接周边的表面是指叠砌面、接砌面与外露面相接处20～30mm范围内的部分。

料石的宽度、厚度均不宜小于200mm，长度不宜大于厚度的4倍。

料石加工的允许偏差应符合表2-29的规定。

表2-29　料石加工的允许偏差

料石各类	加工允许偏差（mm）	
	宽度、厚度	长　度
细料石、半细料石	±3	±5
粗料石	±5	±7
毛料石	±10	±15

注：如设计有特殊要求，应按设计要求加工。

料石的强度等级分为MU100、MU80、MU60、MU50、MU40、MU30、MU20、MU15、MU10（试块尺寸同毛石）。

第三章 石膏、石灰、砂

建筑上用来将散粒材料（如砂和石子）或块状材料（如砖和石块）粘结为一个整体的材料，统称为胶凝材料。胶凝材料分为两大类：有机胶凝材料和无机（矿物）胶凝材料。石油沥青、煤沥青及各种天然和人造树脂属于有机胶凝材料。按照硬化条件分为气硬性胶凝材料和水硬性胶凝材料。气硬性胶凝材料只能在空气中硬化，也只能在空气中保持或继续发展其强度；水硬性胶凝材料则不仅能在空气中，而且能更好地在水中硬化，保持并继续发展其强度。石膏和水玻璃都是建筑上常用的气硬性无机胶凝材料；水硬性无机胶凝材料则有各种水泥。

一、石膏

生产石膏的原料是天然的二水石膏，又称生石膏，也可以是天然的无水石膏（又称硬石膏）或含硫酸钙的工业副产品和废渣。石膏的主要生产工序是加热和磨细。加热的方法为用立窑或回转窑煅烧，或在密闭的压蒸锅中蒸炼。二水石膏加热时，由于加热温度和条件的不同，可以得出不同性质的产品。当加热温度为107～170℃时，二水石膏分解为半水石膏；当加热温度为170～200℃时，石膏继续脱水，成为可溶性硬石膏，与水调和后仍能很快凝结硬化；当加热温度升高到200～250℃时，石膏中残留很少的水，凝结硬化非常缓慢；当加热高于400℃，石膏完全失去水分，成为不溶性硬石膏，失去凝结硬化能力，成为死烧石膏；当温度高于800℃时，部分石膏分解出的氧化钙能起催化作用，所得产品又重新具有凝结硬化性能。

近年来，国内石膏的生产和应用发展很快，特别是用石膏预制多种形式的轻质石膏板有了进一步的发展。

为了充分利用工业副产品，用所谓化学石膏作为生产石膏的原料。目前应用较多的是磷石膏、氟石膏、制盐石膏和排烟脱硫石膏，此外还有硼石膏、电解废液石膏、芒硝石膏和钛石膏等。化学石膏的应用既保护了环境，又降低了石膏成本。

（一） 石膏的主要品种和技术性质

1. 建筑石膏

建筑石膏是将天然二水石膏在107～170℃的温度下煅烧成熟石膏，经磨细而成。它的主要成分为半水石膏。

$$\underset{\text{二水石膏}}{CaSO_4 \cdot 2H_2O} \xrightarrow{107 \sim 170℃} \underset{\text{半水石膏}}{CaSO_4 \cdot 1/2H_2O} + 1\tfrac{1}{2}H_2$$

建筑石膏色白，密度为2.60～2.75，松散密度为800～1000kg/m^3。

建筑石膏与适当的水相混合，最初成为可塑的浆体，但很快就失去塑性，这个过程称为凝结；以后迅速产生强度，并发展成为坚硬的固体，这个过程称为硬化。发生这种现象的实质，是由于浆体内部发生了一系列的物理化学变化。

首先，半水石膏溶解于水，很快成为饱和溶液。溶液中的半水石膏与水化合，按下式还原为二水石膏：

$$CaSO_4 \cdot 1/2H_2O + 1\frac{1}{2}H_2O = CaSO_4 \cdot 2H_2O$$

由于二水石膏在水中的溶解度比半水石膏小得多（仅为半水石膏溶解度的1/5），半水石膏的饱和溶液对于二水石膏就成了过饱和溶液。所以二水石膏以胶体微粒自水中析出。由于二水石膏的析出，溶液浓度变淡，新的一批半水石膏又可继续溶解和水化。如此循环进行，直到半水石膏全部耗尽。浆体中的自由水分因水化和蒸发而逐渐减少，二水石膏胶体微粒数量则不断增加，而这些微粒比原来的半水石膏粒子要小得多，由于粒子总表面积增加，需要更多的水分来包裹，所以，浆体的稠度便逐渐增大，颗粒之间的摩擦力和粘结力逐渐增加，因而浆体可塑性逐渐减小，表现为石膏的“凝结”。其后，浆体继续变稠，并逐渐转变为晶体，晶体逐渐长大、共生和相互交错。这个过程使浆体逐渐产生强度，并不断增长，直到完全干燥，晶体之间的摩擦力和粘结力不再增加，强度才停止发展，这就是石膏的硬化过程（图3-1）。

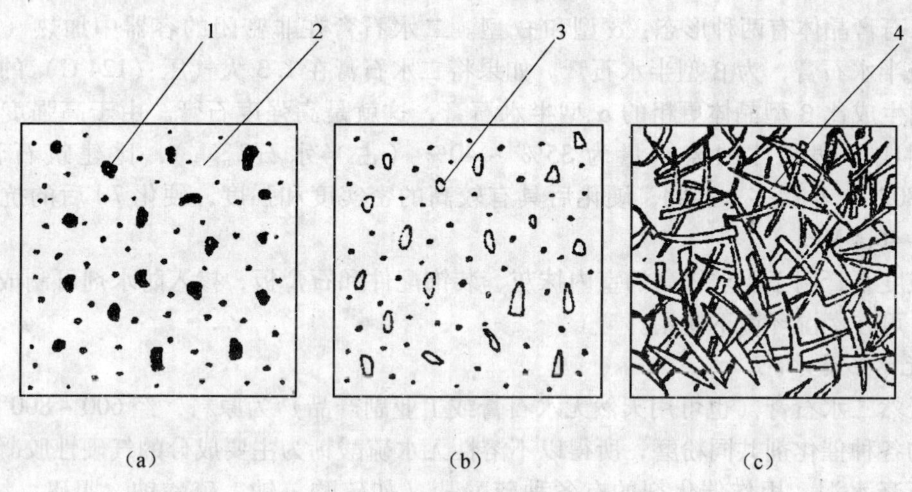

图3-1　建筑石膏凝结硬化示意

（a）胶化；（b）结晶开始；（c）结晶长大与交错

1—半水石膏；2—二水石膏胶体微粒；3—二水石膏晶体；4—交错的晶体

石膏的凝结硬化是一个连续的不能严格划分的过程，因为其内部的溶解、水化、胶化和结晶不是以同一速度同时进行的，当原来颗粒表面的半水石膏已经胶化和结晶时，其内核的半水石膏可能尚在溶解和水化。

建筑石膏的凝结时间，随煅烧火候和杂质含量而定，一般只需数分钟至二三十分钟。在室内自然干燥的条件下，达到完全硬化的时间约需一周。

半水石膏水化反应，理论上所需水分只占半水石膏质量的18.6%，为使石膏浆具有必要的可塑性，通常须加水60%～80%。硬化后，由于多余水分的蒸发，内部具有很大的孔隙率（约达总体积的50%～60%）。与水泥比较，建筑石膏硬化后的强度比较低（上等石膏7d的抗压强度约为100kg/cm^2），密度较小，导热性较低。建筑石膏凝固时，不像石灰和水泥那样出现收缩，反而出现不大的膨胀（膨胀量约1%），硬化时不出现裂缝。建筑石膏颜色洁白，如加入颜料可成各种色彩，制品外表光滑细致。石膏具有抗火性，遇火灾时二水石膏中的结晶水蒸发，吸收热量，表面生成的无水物为良好的热绝缘体。建筑石膏硬化速度比水泥和石灰都快得多。

建筑石膏硬化后具有很强的吸湿性，在潮湿环境中，晶体间粘结力削弱，强度显著降低，遇水则晶体溶解而引起破坏。吸水后受冻，将因孔隙中水分结冰而崩裂。所以，建筑石膏的耐水性和抗冻性都较差。

建筑石膏适宜用于室内装饰、隔热保温、吸音和防火等。但不宜靠近65℃以上高温，因为二水石膏在此温度以上将开始脱水分解。建筑石膏一般做成石膏抹面灰浆、石膏配件和石膏板。

建筑石膏在运输及贮存时应防止受潮，一般贮存三个月后，强度将降低30%左右。

含杂质较少、色较白、粉磨较细的半水石膏称为模型石膏，其强度比建筑石膏稍高，凝结也较快。

2. 高强度石膏

半水石膏晶体有两种形态：α型和β型。二水石膏在非密闭的容器中加热（一般为煅烧）制成半水石膏，为β型半水石膏。如果将二水石膏在1.3大气压（124℃）的蒸压锅内蒸炼，则生成比β型晶体更粗的α型半水石膏，这就是高强度石膏。由于高强度石膏晶体较粗，调成可塑浆体的需水量为35%～40%（占半水石膏重），比建筑石膏需水量（60%～80%）小得多，因此，硬化后具有较高的密实度和强度，硬化7d后的抗压强度可达15.0～40.0MPa。

高强度石膏用于要求较高的室内抹灰、装饰配件和石膏板，掺入防水剂可制成高强度抗水石膏，可在潮湿环境下使用。

3. 无水石膏水泥

用天然二水石膏（也可用天然无水石膏或工业副产品）为原料，经600～800℃煅烧后，与适量的各种催化剂共同粉磨，所得以不溶性无水硫酸钙为主要成分的气硬性胶凝材料，称为无水石膏水泥。用作催化剂的有各种硫酸盐（如硫酸氢钠、硫酸钠、胆矾、绿矾）、石灰、白云石（经800～900℃煅烧的）、页岩灰和粒化高炉矿渣等。

无水石膏水泥中的不溶性无水硫酸钙不能单独水化，当有催化剂存在时，颗粒表面生成不稳定的复盐，而后分解为二水石膏：

$$m\mathrm{CaSO_4} + \text{盐} \cdot n\mathrm{H_2O} = \text{盐} \cdot m\mathrm{CaSO_4} \cdot n\mathrm{H_2O}$$

硫酸钙　　催化剂　　　　复盐

$$\text{盐} \cdot m\mathrm{CaSO_4} \cdot n\mathrm{H_2O} = \mathrm{CaSO_4} \cdot 2\mathrm{H_2O} + \text{盐} \cdot n\mathrm{H_2O}$$

复盐　　　　二水石膏　　　催化剂

生成的二水石膏不断结晶，使浆体凝结硬化。

我国无水石膏水泥分为六个标号：50、100、150、200、250和300。它们的7d抗拉、抗压强度值见表3-1。

表 3-1　无水石膏水泥 7d 抗拉、抗压强度值

标　号	抗拉强度不低于（MPa）	抗压强度不低于（MPa）
50	0.6	2.5
100	1.2	7.0
150	1.5	9.0
200	2.0	11.0
250	2.2	14.0
300	2.4	18.0

初凝时间不得早于 30 分钟，终凝时间不得迟于 12 小时。

无水石膏水泥宜用于室内，主要用作石膏板和其他制品，也可用作灰浆。

当在 800～1000℃高温下煅烧二水石膏或无水石膏时，硫酸钙可部分分解出少量的游离氧化钙，就可不另加催化剂。这种石膏称为地板石膏，抗压强度可达 20MPa 左右，并有较高的耐磨性，可用作无缝地板和地面砖等。

（二） 石膏板

石膏板具有轻质、高强、隔热保温、不燃、吸声和可锯可钉等性能，而且原料来源广泛，加工设备简单，燃料消耗低，生产周期短。所以，石膏板在我国有着广阔的发展前途，是当前着重发展的新型轻质板材之一。

为了减轻密度和降低导热性，制造石膏板时通常掺加锯末、膨胀珍珠岩、膨胀蛭石、陶粒、膨胀矿渣、煤渣等轻质多孔填料。普通砂、石密度过大，且与石膏结合不好，不宜用作填料。为了同一目的，可制成空心石膏板，也可加入泡沫剂或加气剂制成泡沫石膏板或加气石膏板。石膏膨胀珍珠岩空心隔墙板（孔洞率 30%），密度为 600～700kg/m^3，抗弯强度为 80kg/cm^2 左右，导热系数 <0.2W/（m^2·k）。

为了提高抗拉强度和减少脆性，石膏板中可掺入纸筋、麻丝、锯末、芦苇、石棉、玻璃棉等纤维状填料，也可在石膏板表面粘贴纸板。

掺加水泥、粉煤灰、磨细的粒化高炉矿渣、硅藻土及各种有机防水剂，可在不同程度上提高石膏板的耐水性。国外在石膏板中掺加沥青质防水剂，表面用经过化学处理的防水纸或乙烯树脂包覆，可制成浴室墙板和外墙板。

调整石膏板的厚度、孔眼大小、孔距，可制成适应不同频率的吸声板。

石膏板表面可以贴上各种面纸。表面贴一层 0.1mm 厚的铝箔，可使石膏板具有金属光泽，并能起防湿作用。

近年来，石膏夹层墙板获得广泛应用。一类是两层石膏板中间夹一层保温材料；还有一类外墙板用夹层板，这种板内层用石膏板，外层用石棉水泥板。

生产石膏板时，为了延缓石膏凝结时间，可加入缓凝剂，例如 0.1%～0.2%（占石膏重）的骨胶或皮胶（先用石灰处理过）或亚硫酸盐酒精废液，缓凝剂的作用在于降低半水石膏的溶解度和溶解速度。

二、石灰

石灰是在建筑上使用较早的矿物胶凝材料之一。石灰的原料石灰石分布很广，生产工艺

简单，成本低廉，所以在建筑上一直应用很广。

石灰石的主要成分是碳酸钙，将石灰石加以煅烧，碳酸钙将分解成为生石灰，其主要成分为氧化钙。

$$CaCO_3 \xrightarrow{900℃} CaO + CO_2 \uparrow$$

为了加速分解过程，煅烧温度常提高至1000～1100℃左右。生石灰呈白色或灰色块状，烧透的新鲜块状生石灰密度为800～1000kg/m^3。由于原料中含有少量的碳酸镁，因此生石灰中还含有次要成分氧化镁。氧化镁含量≤5%的称为钙石灰，>5%的称为镁石灰。镁石灰消解较慢，但硬化后强度稍高。

石灰的另一来源是化学工业副产品。例如用水作用于碳化钙（即电石）以制取乙炔时，所产生的电石渣，其主要成分是氢氧化钙，即熟石灰：

$$\underset{\text{碳化钙}}{CaC_2} + 2H_2O = \underset{\text{乙炔}}{C_2H_2} \uparrow + Ca(OH)_2$$

（一） 石灰的熟化与硬化

工地上使用石灰时，通常将生石灰加水，使之消解为熟石灰——氢氧化钙，称为石灰的“熟化”。

$$CaO + H_2O \rightarrow Ca(OH)_2 + 65kJ$$

石灰的熟化过程是放热反应，熟化时体积增大1～2.5倍。煅烧良好、氧化钙含量高的石灰熟化较快，放热量和体积增大也较多。

按石灰用途，熟化石灰的方法有两种：

1. 生石灰熟化成石灰浆

用于调制石灰砌筑砂浆或抹灰砂浆时，需将生石灰熟化成石灰浆（图3-2）。生石灰在化灰池中加水熟化，通过网孔流入储灰池中。

图3-2 化灰池

1—化灰池；2—储灰坑

石灰浆在储灰池中沉淀并除去上层水分后成为石灰膏，石灰膏密度为1300～1400kg/m^3。1kg生石灰可化成1.5～3L石灰膏。石灰砂浆的配合比，一般按石灰膏的体积计算。

生石灰中常含有欠火石灰和过火石灰。欠火石灰降低石灰的利用率；过火石灰颜色较深，密度较大，表面常被黏土杂质融化形成的玻璃釉状物包覆，熟化很慢。当石灰已经硬化后，其中过火颗粒才开始熟化，体积膨胀，引起隆起和开裂。为了消除过火石灰的危害，石灰浆应在储灰坑中“陈伏”两星期以上。“陈伏”期间，石灰浆表面应保持有一层水分，与空气隔绝，以免碳化。

2. 生石灰熟化成熟石灰粉

用于拌制石灰土（石灰、黏土）、三合土（石灰、黏土，砂石或炉渣等）时，将生石灰熟化成熟石灰粉。生石灰熟化成熟石灰粉时，理论上需水 31.2%，由于一部分水分消耗于蒸发，实际加水量常为生石灰质量的 60% ~80%，应以能充分消解而又不过湿成团为度。可采用分层浇水法，每层生石灰块厚约 50cm。

熟石灰粉在使用以前，也应有类似石灰浆的“陈伏”时间。

石灰浆体在空气中逐渐硬化，是由下面两个同时进行的过程来完成的：

（1）结晶作用——游离水分蒸发，氢氧化钙逐渐从饱和溶液中结晶。

（2）碳化作用——氢氧化钙与空气中的二氧化碳化合生成碳酸钙结晶，释出水分并被蒸发：

$$Ca(OH)_2 + CO_2 + nH_2O = CaCO_3 + (n+1)H_2O$$

碳化作用实际是二氧化碳与水形成碳酸，然后与氢氧化钙反应生成碳酸钙，碳化反应不能在没有水分的全干状态下进行。碳化作用在长时间内只限于表层，而氢氧化钙的结晶作用则主要在内部发生。所以，石灰浆体硬化后，是由表里两种不同的晶体组成的。随着时间增长，表层碳酸钙的厚度逐渐增加，增加的速度显然决定于与空气接触的条件。使用于深土中的熟石灰，硬化特别缓慢，而且，经过很长时间，其内部仍为氢氧化钙。

（二）石灰的技术性质与应用

生石灰熟化为石灰浆时，能自动形成颗粒极细（直径约为 1μm）的呈胶体分散状态的氢氧化钙，表面吸附一层厚的水膜。因此，用石灰调成的石灰砂浆其突出的优点是具有良好的可塑性。

从石灰浆体的硬化过程可以看出，由于空气中二氧化碳稀薄，碳化甚为缓慢。而且表面碳化后，形成紧密外壳，不利于碳化作用的深入，也不利于内部水分的蒸发，因此，石灰是硬化缓慢的材料。同时，石灰的硬化只能在空气中进行。硬化后的强度也不高，1:3 石灰砂浆 28d 抗压强度通常只有 0.2 ~0.5MPa。受潮后强度更低，在水中还会溶解溃散。所以，石灰不宜在潮湿的环境下使用。

石灰在硬化过程中，蒸发大量的游离水而引起显著的收缩，所以除调成石灰乳作薄层涂刷外，不宜单独使用。常在其中掺入砂、纸筋等以减少收缩和节约石灰。

石灰砂浆应用于吸水性较大的基面（如普通黏土砖）上时，应事先将基面润湿，以免石灰浆脱水过快而成为干粉，丧失胶结能力。

石灰土和三合土的应用，我国已有数千年的历史。石灰与黏土之间的物理化学作用有待继续研究，可能是由于石灰改善了黏土的和易性，在强力夯打之下，大大提高了紧密度。而且，黏土颗粒表面的少量活性氧化硅和氧化铝与氢氧化钙起化学反应，生成了不溶性水化硅酸钙和水化铝酸钙，将黏土颗粒粘结起来，因而提高了黏土的强度和耐水性。石灰土中石灰用量增大，则强度和耐水性相应提高，但超过某一用量（视石灰质量和黏土性质而定）后，就不再提高了。一般石灰用量约为石灰土总重的10%或更低。

块状生石灰放置太久，会吸收空气中的水分而自动熟化成熟石灰粉，再与空气中二氧化碳作用而还原为碳酸钙，失去胶结能力。所以贮存生石灰，不但要防止受潮，而且不宜贮存过久。最好运到后立即熟化成石灰浆，将贮存期变为陈伏期。由于生石灰受潮熟化时放出大量的热，而且体积膨胀，所以，储存和运输生石灰时，还要注意安全。

（三） 磨细生石灰

用球磨机将生石灰磨成细粉，称为磨细生石灰。

石灰浆要经过熟化→陈伏→硬化过程。由于石灰的加水量多，氢氧化钙胶体颗粒膨胀得很大，以致硬化后相互之间的粘结力很小，并且有很大的空隙率，因而强度很小。由于过多的吸附水和熟化产生的热不能利用，致使水分蒸发时间拉长，因而硬化很慢。

使用磨细生石灰时，加入的水量占生石灰质量的100%～150%（视生石灰成分和煅烧程度而定）由于石灰的水化速度随着其细度的提高而加快，可不经事先熟化而直接使用。此时，将石灰的熟化和硬化合并为一个连续的过程（类似建筑石膏的凝结硬化）：CaO水化为$Ca(OH)_2$→$Ca(OH)_2$溶解于水→$Ca(OH)_2$过饱和而析出成胶体→胶体稠化而紧密→结晶→晶体长大和共生。

由于磨细生石灰加入的水量较少，而且水化产生的热有助于硬化过程的加速，所以使用磨细生石灰比通常使用熟石灰浆，硬化可加快30～50倍，抗压强度和抗拉强度可提高1.5～2倍。磨细生石灰的过火和欠火颗粒呈粉状均匀分布，从而消除了过火颗粒的有害作用，提高了利用率。

使用磨细生石灰，加水量必须适当。加水过少，将熟化成松散的熟石灰粉，加水过多，则成为熟石灰浆。

三、砂

砂是由坚硬的天然岩石经自然风化逐渐形成的疏散颗粒，主要用途是与胶结材料调制成砂浆或混凝土。

砂按其形成条件有河砂、海砂、山砂等，以河砂为常用。砂按其颗粒大小分为粗砂（平均粒径不小于0.5mm）、中砂（平均粒径不小于0.35mm）、细砂（平均粒径不小于0.25mm）。砂按其颜色有黄砂、白砂及灰砂，常见的是由石英岩风化而成的黄砂。

砂的外观质量要求是：颗粒坚硬洁净；黏土、泥灰、粉末等含量不超过砂重的3%，煤屑、云母等不超过砂重的0.5%，三氧化硫含量不超过砂重的1%。

砂的外观检查方法：用手握之，如感觉其颗粒粗糙有棱角刺手，并有锐角，且无尘土沾手，表示是好砂。

砂应堆存在平整场地上，并靠近用砂处，注意勿妨碍施工及运输，并需防止流水或泥浆冲入。不同粗细的砂要分别堆放，不可混淆。砂应注意防止被风吹散，为工程储备的砂，可在其顶面盖苫布，四周用木板或砖拦住，防止造成损失。

第四章　水　泥

水泥呈粉末状，与水混合后，经过物理化学过程能由可塑性浆体变成坚硬的石状体，并能将散状材料胶结成为整体，所以，水泥是一种良好的矿物胶凝材料。就硬化条件而言，水泥浆体不但能在空气中硬化，还能更好地在水中硬化，保持并继续增长其强度，故水泥属于水硬性胶凝材料。

水泥是最重要的建筑材料之一。随着我国现代化的高速度发展，它在国民经济中的地位日益提高，获得了越来越广泛的应用。它不但大量应用于工业与民用建筑，还广泛应用于公路、铁路、水利、海港和国防等工程，制造各种形式的混凝土、钢筋混凝土及预应力混凝土构件和构筑物。我国建筑工程中目前使用的水泥主要有硅酸盐水泥、普通硅酸盐水泥、矿渣硅酸盐水泥、火山灰质硅酸盐水泥和粉煤灰硅酸盐水泥。在一些特殊工程中还使用矾土水泥、膨胀水泥、快硬水泥、低热水泥和耐硫酸盐水泥等。由于水泥的科学技术及生产不断向前发展，满足各种特殊性能要求的新品种水泥正在逐渐增多，例如微膨胀低热水泥、早强水泥和超早强水泥等。

水泥品种虽然很多，但在讨论它们的性质和应用时，硅酸盐水泥是最基本的。在这里首先对硅酸盐水泥作较详细的阐述，对其他几种常用水泥仅作一般介绍。

一、硅酸盐水泥和普通硅酸盐水泥

（一）硅酸盐水泥

1. 硅酸盐水泥生产概念及其矿物组成

凡以适当成分的生料烧至部分熔融，所得以硅酸钙为主要成分的硅酸盐水泥熟料，加入适量石膏，磨细制成的水硬性胶凝材料，称为硅酸盐水泥。

硅酸盐水泥生产的主要工艺流程如下：

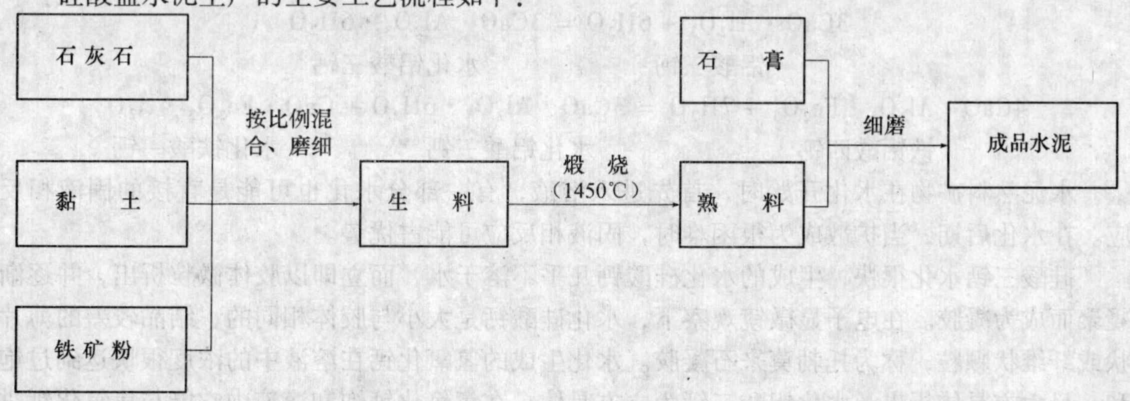

生料在煅烧过程中，分解出氧化钙、氧化硅、氧化铝、氧化铁。在更高的温度下，氧化钙将与氧化硅、氧化铝、氧化铁相结合，形成以硅酸钙为主要成分的熟料矿物。其名称和含量范围如下：

硅酸三钙 $3CaO \cdot SiO_2$，简写为 C_3S，含量37%～60%；

硅酸二钙 $2CaO \cdot SiO_2$，简写为 C_2S，含量15%～37%；

铝酸三钙 $3CaO \cdot Al_2O_3$，简写为 C_3A，含量7%～15%；

铁铝酸四钙 $4CaO \cdot Al_2O_3 \cdot Fe_2O_3$，简写为 C_4AF，含量10%～18%。

水泥是几种熟料矿物的混合物，改变熟料矿物成分间的比例时，水泥的性质即发生相应的变化。例如提高硅酸三钙的含量，可以制得高强度水泥，又如降低铝酸三钙和硅酸三钙含量，提高硅酸二钙含量，可制得水化热低的水泥，如大坝水泥。水泥矿物成分与水作用时其特性列于表4-1。

表4-1　各种熟料矿物单独与水作用时表现出的特性

名　称	硅酸三钙	硅酸二钙	铝酸三钙	铁铝酸四钙
凝结硬速度	快	慢	最快	快
28d水化放热量	大	小	最大	中
强　度	高	早期低、后期高	低	低

2. 硅酸盐水泥的凝结硬化

水泥加水拌和后，成为可塑的水泥浆，随着时间的延长，水泥浆逐渐变稠失去塑性，但尚不具有强度的过程，称为水泥的“凝结”。随后产生明显的强度，并逐渐发展而成为坚硬的人造石——水泥石，这一过程称为水泥的“硬化”。凝结和硬化是人为划分的，实际上水泥的凝结、硬化是一个连续的复杂的物理化学变化过程。

(1) 硅酸盐水泥的水化

硅酸盐水泥的水化，首先水泥颗粒与水接触，其表面的熟料矿物立即与水发生水解或水化作用，形成水化物并放出一定热量：

$$\underset{\text{硅酸三钙}}{2(3CaO \cdot SiO_2)} + 6H_2O = \underset{\text{水化硅酸钙}}{3CaO \cdot 2SiO_2 \cdot 3H_2O} + \underset{\text{氢氧化钙}}{3Ca(OH)_2},$$

$$\underset{\text{硅酸三钙}}{2(3CaO \cdot SiO_2)} + 4H_2O = \underset{\text{水化硅酸钙}}{3CaO \cdot 2SiO_2 \cdot 3H_2O} + \underset{\text{氢氧化钙}}{Ca(OH)_2},$$

$$\underset{\text{铝酸三钙}}{3CaO \cdot Al_2O_3} + 6H_2O = \underset{\text{水化铝酸三钙}}{3CaO \cdot Al_2O_3 \cdot 6H_2O}$$

$$\underset{\text{铁铝酸四钙}}{4CaO \cdot Al_2O_3 \cdot Fe_2O_3} + 7H_2O = \underset{\text{水化铝酸三钙}}{3CaO \cdot Al_2O_3 \cdot 6H_2O} + \underset{\text{水化铁酸一钙}}{CaO \cdot Fe_2O_3 \cdot H_2O}$$

水泥熟料矿物在水化开始时，首先进入溶液，有一部分水化也可能是直接的固液相反应。在水化后期，当扩散成为很困难时，固液相反应可能占优势。

硅酸三钙水化很快，生成的水化硅酸钙几乎不溶于水，而立即以胶体微粒析出，并逐渐凝聚而成为凝胶。在电子显微镜观察下，水化硅酸钙是大小与胶体相同的、结晶较差的薄片状或纤维状颗粒，称为托勃莫来石凝胶。水化生成的氢氧化钙在溶液中的浓度很快达到过饱和，呈六方晶体析出。水化铝酸三钙为立方晶体，在氢氧化钙饱和溶液中它能与氢氧化钙进一步反应，生成六方晶体的水化铝酸四钙。

为了调节水泥的凝结时间，水泥中掺有适量（约3%）石膏，生成的水化铝酸钙又能与石膏发生下列反应：

$$3CaO\cdot Al_2O_3\cdot 6H_2O + 3(CaSO_4\cdot 2H_2O) + 19H_2O = 3CaO\cdot Al_2O_3\cdot 3CaSO_4\cdot 31H_2O$$

水化铝酸三钙　　　　　　二水硫酸钙　　　　　　水化硫铝酸钙

生成的水化硫铝酸钙是难溶于水的稳定的针状晶体。

水泥浆在空气中硬化时，表层水化形成的氢氧化钙还会与空气中的二氧化碳反应，生成碳酸钙。

综上所述，如果忽略一些次要的和少量的成分，则硅酸盐水泥与水作用后，生成的主要水化物有：水化硅酸钙和水化铁酸钙凝胶、氢氧化钙、水化铝酸钙和水化硫铝酸钙晶体。在完全水化的水泥石中，水化硅酸钙约占50%，氢氧化钙约占25%。

（2）硅酸盐水泥的凝结硬化

硅酸盐水泥的凝结硬化过程自从雷·察特利（Le ChateLier）于1882年首先提出水泥凝结硬化理论以来，对水泥的凝结硬化机理经过了100多年的研究，但有些问题仍然没有完全弄清楚，研究仍在继续的深入。现按照一般看法作如下简要介绍：

水泥加水拌和后，水泥颗粒分散在水中成为水泥浆体。

水泥颗粒的水化从其表面开始，颗粒表面的熟料矿物与水反应，形成相应的水化物，水化物溶解于水，暴露出新的表面，使水化反应继续进行。

在初始阶段，水化进行很快。由于各种水化物的溶解度很小，水化物的生成速度大于水化物向溶液中扩散的速度，所以很快就在水泥颗粒周围达到过饱和，析出以水化硅酸钙凝胶为主体的半渗透膜层，包在水泥颗粒表面。膜层的形成减缓了外部水分向内渗入和水化物向外扩散的速度，因而使水化反应变慢。水分渗入膜层以内进行的水化反应使膜层向内增厚，通过膜层向外扩散的水化物聚集于膜层外侧使膜层向外增厚（图4-1）。较小的钙离子比氧化硅胶粒更易透过膜层，故氢氧化钙晶体多分布在膜的外层。为了方便，我们将水化物形成的结构（以水化硅酸钙凝胶为主体，其中分布着氢氧化钙等晶体），称为水泥凝胶体。

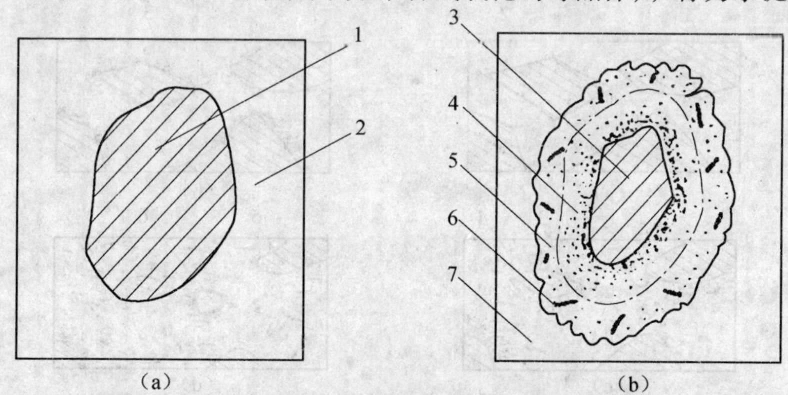

图4-1　水泥颗粒水化示意

（a）未开始水化；（b）在水化过程中

1—未水化水泥颗粒；2—水分；3—水泥颗粒的未水化内核；

4—内层水化物；5—原来水泥颗粒周界；6—外层水化物；7—水化物溶液

水分渗入膜层内部的速度大于水化物通过膜层向外扩散的速度，因而产生渗透压力，膜层内部水化物的饱和溶液向外突出（图4-2），使膜层终于破裂。膜层的破裂，使周围饱和程度较低的溶液有可能与尚未水化的内核接触，而使反应速度加快，直至新的凝胶体重新修补破裂的膜层为止。膜层的破裂是无定时、无定向地发生的。

水泥凝胶体膜层的向外增厚和随后的破裂伸展，使原来水泥颗粒之间被水所占的空隙逐渐缩小，而包有凝胶体的颗粒则逐渐接近，以至在接触点相互粘结。这个过程的进展，使水泥浆的可塑性逐渐降低，这就是水泥的凝结过程。

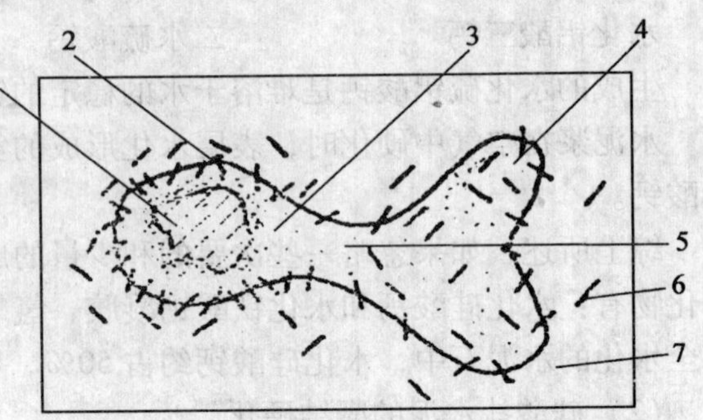

图4-2　膜层破裂示意

1—水泥颗粒的未水化内核；2—水化硅酸钙凝胶膜层；3—膜层与未水化内核之间的过饱和转变区；4—突出部分；5—膜层破裂处；6—氢氧化钙晶体；7—水化颗粒之间的溶液

水泥颗粒之间不断缩小的空隙称为毛细孔。毛细孔中的溶液，其中的水分有一部分消耗于水化，而水化物数量则逐渐增多，所以溶液终于达到过饱和，形成的凝胶体进一步填充毛细孔，使浆体逐渐产生强度而进入硬化阶段。

在水泥浆整体内，这些物理化学变化（形成凝胶体膜层，膜层增厚和破裂，凝胶体填充剩余毛细孔）不能按时间截然划分，但在不同的凝结硬化阶段是由不同变化起主要作用的。基于反应速度和物理化学的主要变化，可将水泥的凝结硬化分为以下阶段：初始反应期（一般的持续时间5～10分钟）；潜伏期（一般的持续时间1小时）；凝结期（一般的持续时间6小时）；硬化期（一般的持续时间6小时至若干年）。初始反应期和潜伏期也可合称为诱导期。

随着凝胶体膜层的逐渐增厚，水泥颗粒内部的水化愈来愈困难，经过长时间（几个月甚至若干年）的水化以后，除原来极细的水泥颗粒外，多数颗粒仍剩余尚未水化的内核。所以，硬化后的水泥石是由凝胶体（凝胶和晶体）、未水化内核和毛细孔组成的；它们在不同时期相对数量的变化，使水泥石的性质随之改变。水泥凝结硬化过程见图4-3。

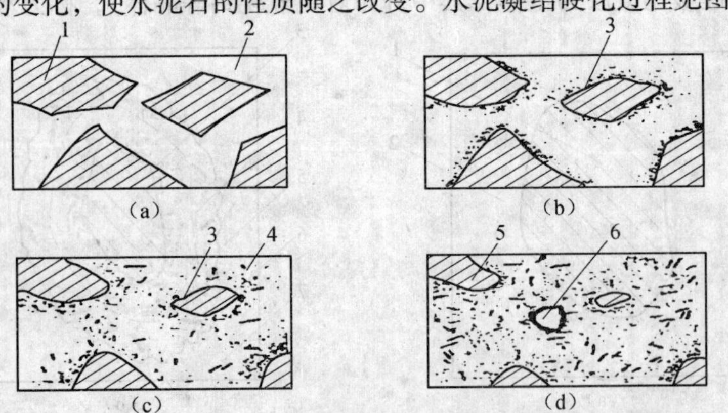

图4-3　水泥凝结硬化过程示意

（a）分散在水中未水化的水泥颗粒；（b）在水泥颗粒表面形成凝胶膜层；（c）膜层长大并互相连接（凝结）；（d）凝胶体进一步发展填充毛细孔（硬化）

1—水泥颗粒；2—水分；3—凝胶；4—晶体；5—水泥颗粒的未水化内核；6—毛细孔

图4-4为简化后的凝胶体示意图。胶体粒子之间的微小空隙称为胶孔，胶孔约占凝胶体总体积的28%。对于给定的水泥，当养护环境的湿度不变时，这一孔隙率的实际数值在水化的任何阶段都保持不变，并与调拌水泥浆时的水灰比（水和水泥的质量比值）无关。图中较大的空隙是毛细孔。毛细孔与胶孔不同，其大小和孔隙率是随着水化进程逐渐减小的，水泥石的强度和密实度则因而逐渐提高。

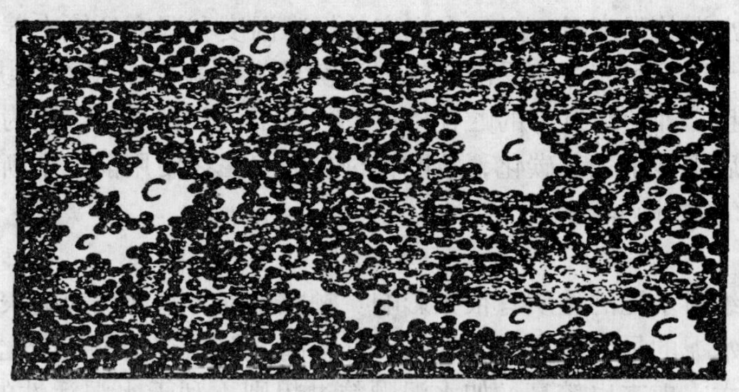

图4-4 简化的凝胶体

黑点—胶体粒子；胶体粒子之间的空间—胶孔；C—毛细孔

一般认为，水化硅酸钙凝胶对水泥石的强度以及其他主要性质起支配作用。凝胶体的强度可能来源于胶体粒子之间的物理吸引力和化学键，晶体在水泥石强度发展中所起的作用，仍需要继续研究。

关于熟料矿物在水泥石强度发展过程中所起的作用，可以认为：硅酸三钙在最初大约四个星期以内对水泥石强度起决定性作用；硅酸二钙在大约四个星期以后才发挥其强度作用，大约经过一年，与硅酸三钙对水泥石强度发挥相等的作用；铝酸三钙在1~3d或稍长的时间内，对水泥石强度起有益作用，但以后可能使水泥石强度降低。

水泥凝结硬化理论是长期生产实践和科学研究的总结，反过来也可用它来说明一些实际问题，例如：

①水泥的凝结速度主要由水泥浆体中胶体微粒聚集作用决定，高价带电离子对胶体的聚集作用有很大影响。铝酸三钙在水中溶解度较大，且可电离生成三价Al^{3+}，促使胶体凝结。当加入适量石膏之后，则生成难溶的水化硫铝酸钙晶体，减少了溶液中的Al^{3+}，因而延缓了水泥浆体的凝结速度。

水泥中石膏掺入量必须严格控制，特别是用量过多时，在后期将引起水泥石的膨胀破坏。合理的石膏掺量，主要决定于水泥中铝酸三钙的含量和石膏的品质（SO_3含量），同时与水泥细度和熟料中SO_3含量有关，一般掺量占水泥重的3%~5%，具体掺量由试验确定。

②水泥的强度随硬化龄期的增加而逐渐增长。水泥硬化阶段，早期增长甚快，往后逐渐减缓。如硅酸盐水泥加水后，在起初3~7d内强度发展甚快，大约四周以后，便显著减缓。因此，水泥的强度以几个规定龄期（硅酸盐水泥为3d、7d及28d）的数值为准。但是，只要维持适当的温度和湿度，水泥的强度在几个月、几年、甚至几十年后，还会继续有所增长。

③水泥强度的发展与环境湿度和温度条件有关。水的存在是水泥能够硬化所必不可少的

条件，如果没有水，水泥就不能水化，硬化也就停止。所以，用水泥拌制的砂浆和混凝土浇筑后应注意保持潮湿状态，以利于强度的发展。此外，保证一定的环境温度也是水泥硬化的必要条件。当温度提高时，水泥水化反应和物理化学变化加速，水泥强度增长加快；相反，温度降低，硬化相应减慢，温度降到其中水分结冰时，硬化作用即行停止，而且有遭受冻裂的可能。因此，使用水泥时必须注意养护，以使水泥在足够的温度和湿度环境中进行硬化而增长强度。在测定水泥的强度时，必须在规定的标准温度和湿度环境中养护至规定的龄期。

④水泥在储存与运输时应防止受潮。水泥受潮后，因表面水化而结块，丧失胶凝能力，强度大为降低。而且，即使在良好的贮存条件下，也不可贮存过久，因为水泥会吸收空气中的水分和二氧化碳后缓慢水化和碳化，故贮存过久的水泥在使用前应重新检验其实际强度。

3. 硅酸盐水泥的技术性质

(1) 细度

水泥颗粒的粗细对水泥的性质有很大影响。颗粒愈细与水起反应的表面积就愈大，水化较快而且较完全，水泥的早期强度和后期强度都较高，但在空气中的硬化收缩性也较大，而且粉磨能量消耗较大，成本也较高。如水泥颗粒过粗则不利于水泥活性的发挥。一般认为，水泥颗粒小于40μm时，才具有较高的活性。在国家标准中规定水泥的细度用筛析法检验，即在0.080mm方孔标准筛上的筛余量不得超过15%。

筛析法不能说明水泥粗细颗粒分配的情况，较为合理的方法是用比表面积仪来测定水泥颗粒的表面积，即单位质量水泥颗粒的总表面积（cm^2/g）。用透气式比表面积仪测定时，硅酸盐水泥的比表面积通常为2500~3500cm^2/g。

(2) 标准稠度用水量

按国家标准检验水泥的凝结时间和体积安定性时，规定用“标准稠度”的水泥净浆。水泥“标准稠度”的用水量用水泥标准稠度测定仪测定。硅酸盐水泥的标准稠度用水量一般在23%~31%之间。

(3) 凝结时间

凝结时间分初凝和终凝。初凝为水泥加水拌和时至水泥浆开始失去可塑性的时间，终凝为水泥加水拌和时至水泥浆完全失去可塑性并开始产生强度的时间。为使混凝土和砂浆有充分的时间进行搅拌、运输、浇捣或砌筑，水泥初凝不能过早。当施工完毕，则要求尽快硬化，具有强度，故终凝时间不能太迟。

水泥凝结时间与矿物成分、细度等有关。水泥的凝结时间是以标准稠度的水泥净浆，在规定温度及湿度环境下用水泥净浆凝结时间测定仪测定。硅酸盐水泥的初凝时间不得早于45分钟，终凝时间不得迟于12小时。

(4) 体积安定性

如果在水泥已经硬化后，水泥石产生不均匀的体积变化，即所谓体积安定性不良，将会使构件产生膨胀性裂缝，降低建筑物质量，甚至引起严重事故。

体积安定性不良的原因，一般是由于熟料中所含的游离氧化钙过多，也可能是由于熟料中所含的游离氧化镁过多或掺入的石膏过多。熟料中所含的游离氧化钙或氧化镁都是过烧的，熟化很慢，在水泥已经硬化后才进行熟化；这时体积增大2倍以上，使水泥石开裂。当石膏掺量过多时，在水泥硬化后，它还会继续与固态的水化铝酸钙反应生成三硫型水化硫铝酸钙，体积约增大1.5倍，也会引起水泥石开裂。

其反应式：

$$CaO + H_2O = Ca(OH)_2$$

$$MgO + H_2O = Mg(OH)_2$$

国家标准规定，用沸煮法检验水泥的体积安定性。水泥净浆试饼沸煮（4h）后，经肉眼观察未发现裂纹，用直尺检查没有弯曲，则称为体积安定性合格；反之，为不合格。沸煮法起加速氧化钙熟化的作用，所以只能检查游离氧化钙所引起的水泥体积安定性不良。由于游离氧化镁在压蒸条件下才能加速熟化，石膏的危害则需长期在常温水中才能发现，两者均不便于快速检验。所以，国家标准规定水泥熟料中游离氧化镁含量不得超过5.0%，水泥中三氧化硫含量不超过3.5%，以控制水泥的体积安定性。体积安定性不良的水泥应作废品处理，不能用于工程中。

（5）强度

硅酸盐水泥的强度决定于熟料的矿物成分和细度。如前所述，四种主要熟料矿物的强度各不相同，因此，它们的相对含量改变时，水泥的强度及其增长速度也随之改变。从水泥凝结硬化过程中的物理化学变化不难理解，粉磨较细的水泥，水化速度较快，而且水化较完全，其强度增长较快，最终强度也较高。

国家标准《硅酸盐水泥、普通硅酸盐水泥》规定，水泥和标准砂按1∶2.5混合，加入规定数量的水，按规定的方法制成试件，在标准温度（20±2℃）的水中养护，测定其3天、7天和28天的强度。按照测定结果，将硅酸盐水泥分为42.5、42.5R、52.2、52.5R、62.5、62.5R六个等级，抗压、抗折强度见表4-2。

表4-2　硅酸盐水泥、普通硅酸盐水泥抗压、抗折强度

种　品	强度等级	抗压强度（MPa）		抗折强度（MPa）	
		3d	28d	3d	28d
硅酸盐水泥	42.5	17.0	42.5	3.5	6.5
	42.5R	22.0	42.5	4.0	6.5
	52.5	23.0	52.5	4.0	7.0
	52.5R	27.0	52.5	5.0	7.0
	62.5	28.0	62.5	5.0	8.0
	62.5R	32.0	62.5	5.5	8.0

（6）水化热

水泥的水化是放热反应，在凝结硬化过程中放出大量的热，称为水泥的水化热。水化放热量和放热速度不仅决定于水泥的矿物成分，而且还与水泥细度、水泥中混合材料及外加剂的品种、数量有关。水泥矿物进行水化时，铝酸三钙放热量最大，速度也最快；硅酸三钙放热量稍低；硅酸二钙放热量最低，速度也最慢。水泥细度越细，水化反应越容易进行，而且，水化放热量越大，放热速度也越快。

4. 水泥石的腐蚀

硅酸盐水泥在硬化后，于通常使用条件下，有较好的耐久性。但在某些腐蚀性液体或气体介质中，会逐渐受到腐蚀。

引起水泥石腐蚀的原因很多，作用亦甚为复杂，下面介绍几种典型介质的腐蚀作用：

（1）软水的侵蚀

雨水、雪水、蒸馏水、工厂冷凝水及含重碳酸盐甚少的河水与湖水等都属于软水。当水泥石长期与这些水分相接触时，最先溶出的是氢氧化钙。在静水及无水压的情况下，由于周围的水易为溶出的氢氧化钙所饱和，使溶解作用中止，所以溶出仅限于表层，影响不大。但在流水及压力水作用下，氢氧化钙会不断溶解流失，而且，由于石灰浓度的继续降低，还会引起其他水化物的分解溶蚀，使水泥石结构遭受进一步的破坏。

当环境水中含有重碳酸盐时，重碳酸盐与水泥石中的氢氧化钙起作用，生成几乎不溶于水的碳酸钙，其反应式如下：

$$Ca(OH)_2 + Ca(HCO_3)_2 = 2CaCO_3 + 2H_2O$$

反应生成的碳酸钙积聚在已硬化水泥石的孔隙内，形成密实保护层，阻止外界水的浸入和内部氢氧化钙的扩散析出。如环境水中含有一定数量的重碳酸盐时，这种“自动填实”作用可以制止溶出性侵蚀的继续进行。将与软水接触的混凝土事先在空气中硬化，形成碳酸钙外壳，可对溶出性侵蚀起到保护作用。

（2）硫酸盐的腐蚀

海水、湖水、盐沼水、地下水及某些工业污水中常含钠、钾、铵等硫酸盐，它们与水泥石中的氢氧化钙起置换作用，而生成硫酸钙。硫酸钙与水泥石中的固态水化铝酸钙作用生成三硫型水化硫铝酸钙，其反应式如下：

$$4CaO \cdot Al_2O_3 \cdot 12H_2O + 3CaSO_4 + 20H_2O = 3CaO \cdot Al_2O_3 \cdot 3CaSO_4 \cdot 31H_2O + Ca(OH)_2$$

反应生成的三硫型水化硫铝酸钙含有大量结晶水，比原有体积增加1.5倍以上，由于是在已经固化的水泥石中产生上述反应，因此对水泥石起极大的破坏作用。三硫型水化硫铝酸钙呈针状晶体，通常称为“水泥杆菌”，如图4-5所示。当水中硫酸盐浓度较高时，硫酸钙将在孔隙中直接结晶成二水石膏，使体积膨胀，从而导致水泥石破坏。

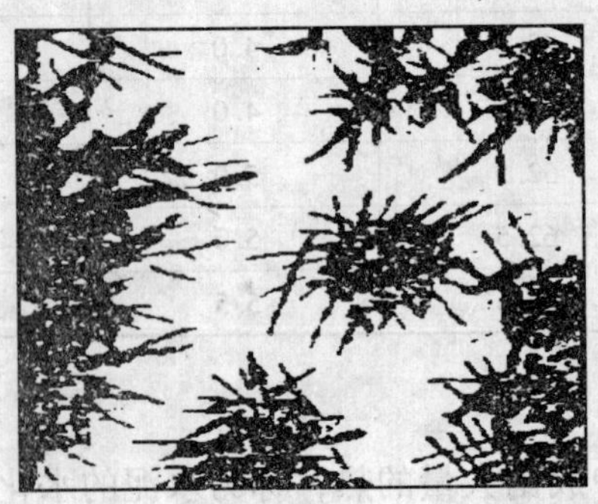

图4-5　水泥石中的针状晶体

（3）镁盐的腐蚀

海水及地下水中，常含大量的镁盐，主要是硫酸镁和氯化镁。它们与水泥石中的氢氧化钙起置换作用，其反应式如下：

$$MgSO_4 + Ca(OH)_2 + 2H_2O = CaSO_4 \cdot 2H_2O + Mg(OH)_2$$

$$MgCl_2 + Ca(OH)_2 = CaCl_2 + Mg(OH)_2$$

反应生成的氢氧化镁松软且无胶凝能力，氯化钙易溶于水，二水石膏则引起硫酸盐的破坏作用。因此，硫酸镁对水泥石起镁盐和硫酸盐的双重腐蚀作用。

（4）碳酸水的腐蚀

工业污水、地下水中常溶解有较多的二氧化碳，这种水对水泥石的腐蚀作用是通过下面方式进行的。

开始时二氧化碳与水泥石中的氢氧化钙作用生成碳酸钙：

$$Ca(OH)_2 + CO_2 + H_2O = CaCO_3 + 2H_2O$$

生成的碳酸钙再与含碳酸的水作用转变成重碳酸钙，该反应为可逆反应：

$$CaCO_3 + CO_2 + H_2O = Ca(HCO_3)_2$$

生成的重碳酸钙易溶于水。当水中含有较多的碳酸，并超过平衡浓度，则上式反应向右进行。因此水泥石中的氢氧化钙，通过转变为易溶的碳酸氢钙而溶失。氢氧化钙浓度降低，还会导致水泥石中其他水化物的分解，使腐蚀作用进一步加剧。

（5）一般酸的腐蚀

工业废水、地下水、沼泽水中常含无机酸和有机酸，如工业窑炉中的烟气常含有氧化硫，遇水后即生成亚硫酸。各种酸类对水泥石都有不同程度的腐蚀作用，它们与水泥石中的氢氧化钙作用后生成的化合物，或者易溶于水，或者体积膨胀，在水泥石内产生应力，而导致水泥石的破坏。

例如，盐酸与水泥石中的氢氧化钙作用生成易溶于水的氯化钙：

$$2HCl + Ca(OH)_2 = CaCl_2 + 2H_2O$$

硫酸与水泥石中的氢氧化钙作用生成二水石膏，直接在水泥石孔隙中结晶产生膨胀：

$$H_2SO_4 + Ca(OH)_2 = CaSO_4 + 2H_2O$$

如果再与水泥石中的水化铝酸钙作用，生成三硫型水化硫铝酸钙，其破坏性更大。

除上述五种类型外，对水泥石有腐蚀作用的还有一些其他物质，如糖、纯酒精、动物脂肪、含环烷酸的石油产品等。

碱类溶液如浓度不大时一般是无害的。但铝酸盐含量较高的硅酸盐水泥遇到强碱（如氢氧化钠）作用后也会破坏。氢氧化钠与水泥熟料中未水化的铝酸盐作用，生成易溶的铝酸钠：

$$3CaO \cdot Al_2O_3 + 6NaOH = 3Na_2O \cdot Al_2O_3 + 3Ca(OH)_2$$

当水泥石被氢氧化钠浸透后又在空气中干燥，与空气中的二氧化碳作用而生成碳酸钠：

$$2NaOH + CO_2 = Na_2CO_3 + H_2O$$

碳酸钠在水泥石毛细孔中结晶沉积，而使水泥石胀裂。

实际上水泥石的腐蚀是一个极为复杂的物理化学作用过程，它在遭受腐蚀时，很少为单一的侵蚀作用，往往是几种侵蚀同时存在，互相影响。但产生水泥腐蚀的基本原因是：水泥石中存在有引起腐蚀的组成成分氢氧化钙和水化铝酸钙；水泥石本身不密实，有很多毛细孔通道，侵蚀性介质易于进入其内部。

5. 防止水泥石腐蚀的措施

根据产生腐蚀的原因，可采取下列防止措施。

（1）根据侵蚀环境特点，合理选用水泥品种

例如采用水化产物中氢氧化钙含量较少的水泥，可提高对软水等侵蚀作用的抵抗能力，

为抵抗硫酸盐的腐蚀，采用铝酸三钙含量低于5%的抗硫酸盐水泥。掺入活性混合材料，可提高硅酸盐水泥对多种介质的抗腐蚀性。

（2）提高水泥石的密实度

硅酸盐水泥水化理论需水量（化学结合水）为25%左右（占水泥质量的百分数），而实际用水量较大（约占水泥质量的40%～70%），多余的水蒸发后形成连通的孔隙，腐蚀介质就容易通过孔隙透入水泥石内部，从而加速了水泥石的腐蚀。在实际工程中，常常采用提高混凝土或砂浆密实度的措施降低孔隙率，如合理设计混凝土配合比、降低水灰比、仔细选择骨料、掺外加剂以及改善施工方法等，均能提高其抗腐蚀能力。另外，在混凝土或砂浆表面进行碳化处理，使表面进一步密实，也可减少侵蚀性介质渗入内部。

（3）水泥石表面增加保护层

当侵蚀作用较强时，可在混凝土或砂浆表面增加耐腐蚀性高而且不透水的保护层，一般可用耐酸石料、玻璃、塑料、沥青等。

6. 硅酸盐水泥的应用

硅酸盐水泥标号较高，主要用于重要结构的高强度混凝土和预应力混凝土工程。硅酸盐水泥凝结硬化较快，耐冻性好，适用于早期强度要求高、凝结快、冬季施工及严寒地区遭受反复冰冻的工程。

水泥石中有较多的氢氧化钙，耐软水侵蚀和耐化学腐蚀性差，故硅酸盐水泥不适用于经常与流动的淡水接触及有水压作用的工程；也不适用于受海水、矿物水等作用的工程。

在长期受热条件下，100℃时水泥的水化物开始脱水，300℃时水泥石强度开始下降。700～800℃时水泥石强度明显下降。氢氧化钙在547℃以上将脱水分解成氧化钙，如再受潮，又将引起氧化钙水化膨胀，破坏水泥石结构，故硅酸盐水泥不适用于有耐热要求的工程，更不能用作耐热混凝土。硅酸盐水泥在水化过程中，放出大量的热，不宜用于大体积混凝土工程。

水泥贮存要按不同品种、标号及出厂日期存放，并加以标志。散装水泥应分库存放，袋装水泥一般堆放高度不应超过10袋，平均每平方米可堆放1t，并应考虑先存先用。在一般贮存条件下，经3个月后，水泥强度约降低10%～20%，经6个月后，约降低15%～30%，一年后，约降低25%～40%。

受潮水泥多出现结块，并增加烧失量，同时强度降低，一般可通过重磨恢复受潮水泥的部分活性。轻微结块，能用手指捏碎的，烧失量为4%～6%，强度降低约10%～20%，以适当方法压碎后，可用于次要工程。

（二）普通硅酸盐水泥

凡由硅酸盐水泥熟料、少量混合材料、适量石膏磨细制成的水硬性胶凝材料，称为普通硅酸盐水泥（简称普通水泥），水泥中混合材料掺加量按质量百分比计。掺活性混合材料时，不得超过15%；掺非活性混合材料时不得超过10%；同时掺活性和非活性混合材料时，总量不得超过15%，其中非活性混合材料不得超过10%。

按国家标准《硅酸盐水泥、普通硅酸盐水泥》（GB 175—99），普通硅酸盐水泥分为32.5、32.5R、42.5、42.5R、52.5、52.5R等六个标号，对各种标号水泥在不同龄期的强度要求见表4-3。对细度、凝结时间和安定性的要求与硅酸盐水泥相同。

表 4-3　硅酸盐水泥、普通硅酸盐水泥抗压、抗折强度

种品	强度等级	抗压强度（MPa）		抗折强度（MPa）	
		3d	28d	3d	28d
硅酸盐水泥	42.5	17.0	42.5	3.5	6.5
	42.5R	22.0	42.5	4.0	6.5
	52.5	23.0	52.5	4.0	7.0
	52.5R	27.0	52.5	5.0	7.0
	62.5	28.0	62.5	5.0	8.0
	62.5R	32.0	62.5	5.5	8.0
普通硅酸盐水泥	32.5	11.0	32.5	2.5	5.5
	32.5R	16.0	32.5	3.5	5.5
	42.5	16.0	42.5	3.5	6.5
	42.5R	21.0	42.5	4.0	6.5
	52.5	22.0	52.5	4.0	7.0
	52.5R	26.0	52.5	5.0	7.0

普通硅酸盐水泥中混合材料很少，其组成特性和使用范围基本上与硅酸盐水泥相同。但普通硅酸盐水泥标号范围较宽，以利于合理选用。

二、矿渣硅酸盐水泥

凡由硅酸盐水泥熟料和粒化高炉矿渣，加入适量石膏磨细制成的水硬性胶凝材料称为矿渣硅酸盐水泥（简称矿渣水泥）。水泥中粒化高炉矿渣掺加量按质量计为20%～70%，允许用不超过混合材料总掺量1/3的火山灰质混合材料或粉煤灰代替部分粒化高炉矿渣，但代替数量最多不得超过水泥质量的15%。

按照国家标准《矿渣硅酸盐水泥、火山灰质硅酸盐水泥及粉煤灰硅酸盐水泥》（GB 1344—1999），矿渣硅酸盐水泥分为32.5、32.5R、42.5、42.5R、52.5和52.5R等六个标号。各种标号矿渣硅酸盐水泥在不同龄期的强度要求见表4-4。矿渣硅酸盐水泥对细度、凝结时间及体积安定性的要求与硅酸盐水泥相同。

表 4-4　矿渣硅酸盐水泥、火山灰质硅酸盐水泥及粉煤灰硅酸盐水泥抗压、抗折强度

强度等级	抗压强度（MPa）		抗折强度（MPa）	
	3d	28d	3d	28d
32.5	10.0	32.5	2.5	5.5
32.5R	15.0	32.5	3.5	5.5
42.5	15.0	42.5	3.5	6.5
42.5R	19.0	42.5	4.0	6.5
52.5	21.0	52.5	4.0	7.0
52.5R	23.0	52.2	4.5	7.0

由于矿渣硅酸盐水泥中熟料较少而活性混合材料较多，其水化反应一般是分两步进行的。首先是熟料矿物水化，随后是熟料矿物水化析出的氢氧化钙与活性混合材料中的活性氧化硅、活性氧化铝反应。因后一步在常温下进行缓慢，故矿渣硅酸盐水泥早期强度低，后期由于水化硅酸钙凝胶的数量增多，使水泥石强度不断增长，最后甚至超过同标号普通硅酸盐水泥的强度。矿渣硅酸盐水泥的水化热较低，故宜用于大体积混凝土工程。

矿渣硅酸盐水泥水化所析出的氢氧化钙较少，而且在与活性混合材料作用时，又消耗掉大量的氢氧化钙，水泥石中剩余的氢氧化钙就更少了。因此，矿渣硅酸盐水泥抵抗软水和硫酸盐腐蚀的能力较强，宜用于水工和海港工程。

矿渣硅酸盐水泥密度小，用同样质量的水泥调制混凝土，其水泥产浆量较多，可使混凝土填得更为密实。水泥石中的水化硅酸钙凝胶比较致密，但由于泌水性较大等缘故，其抗渗性能较低。

矿渣硅酸盐水泥还具有较高的耐热性，硬化后的水泥石经受高温作用，强度不致有显著降低。因此，可用于耐热混凝土工程。

矿渣硅酸盐水泥的抗冻性较差，干缩率和泌水性较大。在凝结硬化过程中对温、湿度变化较敏感，低温或干燥对强度增长更为不利，故施工时应加强养护，使用蒸汽养护效果较好。矿渣硅酸盐水泥硬化后碱度较低，故抗碳化能力较差。

矿渣硅酸盐水泥的密度通常为2.8～3.1，疏松状态下的密度约为1000～1200kg/m^3。

三、火山灰质硅酸盐水泥

凡由硅酸盐水泥熟料和火山灰质混合材料，加入适量石膏磨细制成的水硬性胶凝材料称为火山灰质硅酸盐水泥（简称火山灰水泥）。水泥中火山灰质混合材料掺加量按质量计为20%～50%，允许掺加不超过混合材料总掺量1/3的粒化高炉矿渣代替部分火山灰质混合材料。

按照国家标准《矿渣硅酸盐水泥、火山灰质硅酸盐水泥及粉煤灰硅酸盐水泥》（GB 1344—1999），火山灰质硅酸盐水泥的标号和各种标号火山灰质硅酸盐水泥在不同龄期的强度要求与矿渣硅酸盐水泥相同，列于表4-4。对细度、凝结时间及体积安定性的要求与硅酸盐水泥相同。

火山灰质硅酸盐水泥的凝结硬化过程，与矿渣硅酸盐水泥大致相同。这种水泥的水化速度和水化产物与掺加混合材料的品种、质量及水泥硬化所处的环境等有关。

与普通硅酸盐水泥比较，火山灰质硅酸盐水泥具有如下特性：

火山灰水泥硬化较慢，早期强度较低，但后期强度可以赶上、甚至超过普通硅酸盐水泥。混合材料的活性愈高和水灰比愈小，后期强度增长就愈快。故在混凝土工程中用这种水泥时，宜尽量选用小的水灰比，以发挥其强度增长率大的特性。火山灰水泥的水化热较小，一般5d内的水化热仅为普通硅酸盐水泥的70%左右。故火山灰水泥宜用于大体积混凝土工程。

火山灰水泥对于淡水侵蚀作用的抵抗力很强，抵抗硫酸盐腐蚀的能力也强，这是因为水化后的水泥石中氢氧化钙含量很低。但要指出的是火山灰水泥中掺用黏土质混合材料时，不耐硫酸盐腐蚀。

当处在潮湿环境或水中养护时，火山灰水泥中的活性混合材料吸收石灰而产生膨胀胶化作用，形成较多的水化硅酸钙凝胶，使水泥石结构致密，因此有较高的密实度和抗渗性。故宜用于抗渗性要求较高的工程。但当处在干燥空气中时，水化生成胶体的反应就会中止，强度也停止增长，已经形成的水化硅酸钙凝胶还会逐渐干燥，产生较大的体积收缩（即干缩大）和内应力而形成微细裂纹。在表面，空气中二氧化碳能使水化硅酸钙凝胶分解成为碳酸钙和氧化硅的粉状混合物，使已经硬化的水泥石表面产生“起粉”现象。所以，对于处在干燥环境中的地上结构，不宜采用这种水泥。

某些火山灰水泥的耐热性较低，受高温作用后，强度会显著降低。此外，火山灰水泥需水量大，收缩大，耐冻性差，抗碳化性能较差，使用时应予注意。火山灰水泥的密度较小，通常为2.8～3.1，疏松状态下的密度为900～1000kg/m^3。

四、粉煤灰硅酸盐水泥

凡由硅酸盐水泥熟料和粉煤灰，加入适量石膏磨细制成的水硬性胶凝材料称为粉煤灰硅酸盐水泥（简称粉煤灰水泥）。水泥中粉煤灰掺加量按质量计为20%～40%，允许掺加不超过混合材料总掺量1/3的粒化高炉矿渣。此时，混合材料总掺量可达50%，但粉煤灰掺量仍不得超过40%。

按照国家标准《矿渣硅酸盐水泥、火山灰质硅酸盐水泥及粉煤灰硅酸盐水泥》（GB 1344—1999），粉煤灰硅酸盐水泥的标号和对各种标号的各龄期的强度要求，与矿渣硅酸盐水泥、火山灰质硅酸盐水泥相同，列于表4-4。对细度、凝结时间及体积安定性的要求与硅酸盐水泥相同。

与普通硅酸盐水泥比较，粉煤灰硅酸盐水泥具有如下特性：

由于粉煤灰中含有大量玻璃体球形颗粒，内部结构致密，几乎没有裂缝，与其他多孔结构的活性混合材料如硅藻土比较，内比表面积小，水化反应较慢，故这种水泥硬化较慢，早期强度较低，但后期强度可以赶上、甚至超过普通硅酸盐水泥。粉煤灰的活性愈高和细度愈细，水泥的强度增长愈快。对于承受荷载较迟的工程，使用粉煤灰水泥特别有利。

粉煤灰水泥水化热较小，其数值与火山灰质硅酸盐水泥相近，故宜用于大体积混凝土工程。由于粉煤灰内比表面积较小，吸附水的能力较小，因而粉煤灰水泥干缩性小，抗裂性能较高。如在矿渣硅酸盐水泥中掺入适量的粉煤灰，不仅能保持矿渣硅酸盐水泥的早期强度不变，而且能明显地改善其干缩性和脆性。粉煤灰水泥耐硫酸盐能力较强，仅次于矿渣硅酸盐水泥。粉煤灰水泥耐冻性较差，并随粉煤灰掺量的增加而降低。同时，由于粉煤灰水泥石中碱度较低，故抗碳化性能较差。

粉煤灰水泥混凝土凝结硬化初始析水速度快，制品表面易产生收缩裂纹，故施工时应予注意。

普通硅酸盐水泥、矿渣硅酸盐水泥、火山灰质硅酸盐水泥和粉煤灰硅酸盐水泥是常用的四种水泥，为了便于比较和选用，将它们的特性和适用范围列于表4-5。

表4-5　四种常用水泥的特性和适用范围

项　目	普通水泥	矿渣水泥	火山灰水泥	粉煤灰水泥
成分	用硅酸钙为主要成分的熟料制成，允许掺15%以下的混合材料	在硅酸盐水泥熟料中掺入占水泥重20%～70%的粒化高炉矿渣	在硅酸盐水泥熟料中掺入占水泥重20%～50%的火山灰质混合材料	在硅酸盐水泥熟料中掺入占水泥重20%～40%的粉煤灰
特性	1. 早期强度较高 2. 水化热较大 3. 耐冻性好 4. 耐热性较差 5. 耐腐蚀与耐水性较差	1. 早期强度低，后期强度增长较快 2. 水化热较小 3. 耐热性好 4. 耐硫酸盐侵蚀和耐水性较好 5. 抗冻性差和干缩性大 6. 抗碳化能力差	1. 抗渗性较好 2. 耐热性能较差其他性能同矿渣水泥	1. 干缩性较小 2. 抗裂性较好其他性能同火山灰水泥
适用范围	一般土建工程中混凝土及预应力钢筋混凝土结构，包括受反复冰冻作用的结构，也可拌制高强度混凝土	1. 高温车间和有耐热耐火要求的混凝土结构 2. 大体积混凝土结构 3. 蒸汽养护的混凝土构件 4. 一般地上、地下和水中的混凝土结构 5. 有抗硫酸盐侵蚀要求的一般工程	1. 地下、水中大体积混凝土结构和有抗渗要求的混凝土结构 2. 蒸汽养护的混凝土构件 3. 一般混凝土结构 4. 有抗硫酸盐侵蚀要求的一般工程	1. 地上、地下、水中及大体积混凝土结构 2. 蒸汽养护混凝土构件 3. 有抗硫酸盐侵蚀要求的一般工程
不适用范围	1. 大体积混凝土构件 2. 受化学侵蚀及海水侵蚀的工程	1. 早期强度要求较高的工程 2. 严寒地区、处在水位升降范围内的混凝土结构	处在干燥环境的工程，其他同矿渣水泥	有抗碳化要求的工程，其他同矿渣水泥

第五章　建筑砂浆

建筑砂浆是由胶结料、细集料、掺加料和水配制而成的建筑工程材料，在建筑工程中起粘结、衬垫和传递应力的作用。

建筑砂浆在建筑工程中用量大，用途广。在砖石结构中，砂浆可以把单块的黏土砖、空心砖、砌块和石块胶结起来构成砌体。大型墙板的接缝也需要用砂浆来填充。墙面、地面及梁柱结构的表面都需要用砂浆抹面，起到保护结构的及美观的效果。镶贴大理石、水磨石、面砖、瓷砖、马赛克等都需要使用砂浆。

建筑砂浆根据用途不同，主要可分为砌筑砂浆、水泥砂浆、水泥混合砂浆。此外，还有一些保温、吸声、防水、防腐等特殊用途的砂浆以及专门用于装饰方面的装饰砂浆。

一、砂浆的组成和主要技术性能

（一） 砂浆组成

配制砂浆所用的胶凝材料有水泥、石灰、石膏、掺合料等。常用品种的水泥都可以用来配制砂浆，通常对建筑砂浆的强度要求并不很高，一般采用中等标号的水泥就能够满足需要。对于有特殊用途的砂浆，还要选用相应的特殊水泥，如采用白色水泥配置装饰砂浆，采用膨胀水泥配置构件的接头、接缝或用于结构加固、修补裂缝和防水工程等用的砂浆。有时为了改善砂浆的和易性及节约水泥，还常在砂浆中掺入适量的石灰、石膏、掺合料等制成混合砂浆。通常情况下采用32. 5 级的水泥配置水泥砂浆；采用42. 5 级的水泥配置混合砂浆。

砂浆用砂应符合砌筑砂浆配合比设计规程（JGJ 98—2000）的要求。由于砂浆层较薄，对砂子最大粒径应有所限制。对于毛石砌体所用的砂应选用粗砂，砂的含泥量不应超过5%，最大粒径应小于砂浆层厚度的1/4～1/5。对于砖砌体以使用中砂为宜，粒径不得大于2. 5mm。强度等级为 M2. 5 的水泥混合砂浆砂的含泥量不应超过10%。对于光滑的抹面及勾缝的砂浆则应采用细砂。为了保证砂浆的质量，尤其在配置高标号砂浆时，要注意选用洁净的砂子。砂浆用水，应选用无有害杂质的洁净水拌制砂浆。

（二） 砂浆的主要技术性能

新拌的砂浆主要要求具有良好的和易性，和易性良好的砂浆容易在粗糙的砖石面上铺设成均匀的薄层，而且能够和砖石面紧密粘结。使用和易性良好的砂浆，既便于施工操作，提高劳动生产率，又能保证工程质量。砂浆和易性包括流动性和保水性两个方面。

硬化后的砂浆则应具有一定的强度和粘结力，而且其变形不能过大。

1. *砂浆的稠度*

砂浆的稠度（砂浆的流动性）是指砂浆在自重或外力作用下流动的性能。施工时，砂浆铺设在粗糙不平的砖石表面上需要很好地铺成均匀密实的砂浆层，抹面砂浆要能很好地抹成均匀薄层，采用喷涂施工需要泵送砂浆，都要求砂浆具有一定的稠度。

砂浆的稠度和许多因素有关，胶凝材料用量、砂粒粗细、形状、级配、外加剂以及砂浆搅拌的时间都会影响砂浆的稠度。

砂浆的稠度一般可根据施工操作经验来掌握。在试验室中，采用质量为300g，顶角为30°的标准圆锥体自由落入砂浆中，以圆锥体的沉入量（cm）来表示砂浆的稠度，如图5-1所示。

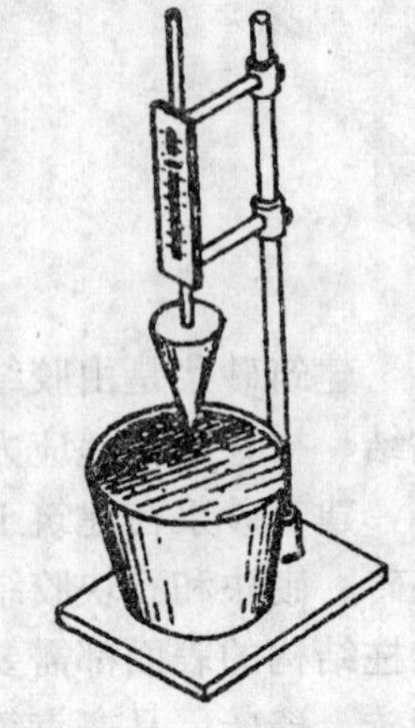

图5-1　砂浆稠度试验

砂浆稠度的选择与砌体材料及施工天气情况有关，对于多孔吸水的砌体材料和干热的天气，则要求砂浆的稠度要大些，相反对于密实不吸水的材料和湿冷天气可要求稠度小些。

砌筑砂浆的稠度应按表5-1的规定选用。

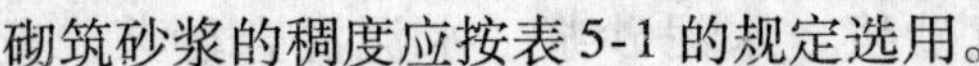

表5-1　砌筑砂浆的稠度

砌体种类	砂浆稠度（mm）
烧结普通砖砌体	70～90
轻骨料混凝土小型空心砌体	60～90
烧结多孔砖，空心砖砌体	60～80
烧结普通砖平拱式过梁 空斗墙、筒拱 普通混凝土小型空心砌块砌体 加气混凝土砌块砌体	50～70
石砌体	30～50

2. *砂浆保水性*

砂浆混合物能够保持水分的能力称做保水性，保水性也指砂浆中各项组成材料不易分离的性质。新拌制砂浆在存放、运输和使用的过程中，必须保持其中水分不致很快流失，才能形成均匀密实的砂浆缝，保证砌体具有良好的质量。如果使用保水性不好的砂浆，在施工过程中就很容易泌水、分层、离析或是由于水分流失而使流动性变坏，不易铺成均匀的砂浆层。同时在砌筑时水分容易被砖石迅速吸收，影响胶凝材料的正常硬化，降低砂浆本身强度，而且与底面粘结不牢，最后会降低砌体的质量。凡是砂浆内胶凝材料充足，尤其是掺用可塑性混合材料的砂浆，其保水性都很好；砂浆中掺入适量的加气剂或塑化剂也能改善砂浆的保水性和稠度。

砂浆的保水性是用分层度表示。将搅拌均匀的砂浆静置30min后，上下层砂浆沉入量的差值，称为分层度。砌筑砂浆的分层度指标，是评判砂浆施工时保水性能是否良好的主要指标。砂浆的粘结强度较抗压强度更为重要，根据试验结果，凡保水性能优良的砂浆，粘结强度一般较好，因此，分层度定为砌筑砂浆的必检项目。通过大量试验及验证，水泥砂浆分层度不应大于30mm，水泥混合砂浆分层度一般不会超过20mm。否则砂浆容易产生离析，不便于施工。分层度接近于零的砂浆，容易发生干缩裂缝，同样也保证不了砌体质量。

为保证水泥砂浆的保水性能，满足分层度要求，水泥砂浆最小水泥用量不宜小于$200kg/m^3$，如果水泥用量太少，不能填充砂子孔隙，稠度、分层度将无法保证。水泥混合砂浆中胶结料和掺加料（石灰膏、黏土膏等）总量在$300 \sim 350kg/m^3$之间。

3. 砂浆的强度

砂浆标号是以边长为7.07cm×7.07cm×7.07cm的立方体试块，按标准条件养护至28d的抗压强度值确定。砂浆强度等级分为：M2.5、M5.0、M7.5、M10、M15、M20共六个等级。当砌筑砂浆强度等级为M10及M10以下时，宜采用水泥混合砂浆。同时，水泥砂浆拌合物的密度不应小于$1900kg/m^3$，水泥混合砂浆拌合物的密度不应小于$1800kg/m^3$。

4. 粘结力

砖石砌体是靠砂浆把许多块状的砖石材料粘结成为一个坚固的整体。因此，要求砂浆对于砖石必须有一定的粘结力。一般情况，砂浆的抗压强度越高其粘结力也越大。此外，砂浆的粘结力还受到砖石表面状态、清洁程度、湿润情况以及施工养护条件等因素的影响。因此，砌砖时事先浇水湿润，砖石表面保持清洁不粘泥土和杂质，就可以提高砂浆与砖之间的粘结力，保证砌体质量。

5. 砂浆的变形

砂浆在承受荷载或温度条件变化时，容易变形，如果变形过大或者不均匀，都会降低砌体和抹灰的质量，引起沉陷或裂缝。若使用轻骨料（如炉渣）拌制砂浆或混合材料掺量太多都会造成砂浆的收缩变形过大。抹灰砂浆为了防止收缩变形产生不均匀地开裂，往往在砂浆中掺入麻刀、纸筋等纤维材料。

二、砌筑砂浆及抹面砂浆配合比计算

砌筑砂浆要根据工程类别及砌体部位的设计要求来选择砂浆的标号，按所要求的砂浆标号确定其配合比。

砂浆配合比，一般情况可以查阅有关手册或通过计算来确定。

（一）水泥混合砂浆配合比计算

砂浆配合比的确定，应按下列步骤进行：

（1）计算砂浆试配强度$f_{m,0}$（MPa）；

（2）计算出每立方米砂浆中的水泥用量Q_c（kg）；

（3）按水泥用量Q_c计算每立方米砂浆掺加料用量Q_D（kg）；

（4）确定每立方米砂浆砂用量Q_S（kg）；

（5）按砂浆稠度选用每立方米砂浆用水量Q_W（kg）；

（6）进行砂浆试配；

（7）配合比确定。

1. 砂浆试配强度的计算

砂浆的试配强度按下式计算：

$$f_{m,0} = f_2 + 0.645\sigma$$

式中　$f_{m,0}$——砂浆的试配强度，精确至0.1MPa；

f_2——砂浆抗压强度平均值，精确至0.1MPa；

σ——砂浆现场强度标准差，精确至0.01MPa。

砌筑砂浆现场强度标准差的确定应符合下列规定：

当有统计资料时，应按下式计算：

$$\sigma = \sqrt{\left(\sum_{i=1}^{n} f_{m,i}^{2} - n\mu_{fm}^{2}\right)/(n-1)}$$

式中 $f_{m,i}$——统计周期内同一品种砂浆第 i 组试件的强度，MPa；

μ_{fm}——统计周期内同一品种砂浆 n 组试件强度的平均值，MPa；

n——统计周期内同一品种砂浆试件的总组数，$n \geqslant 25$。

当不具有近期统计资料时，砂浆现场强度标准可按表5-2取用。

表5-2 砂浆强度标准差 σ 选用值 (MPa)

砂浆强度等级 施工水平	M2.5	M5.0	M7.5	M10	M15	M20
优 良	0.50	1.00	1.50	2.00	3.00	4.00
一 般	0.62	1.25	1.88	2.50	3.75	5.00
较 差	0.75	1.50	2.25	3.00	4.50	6.00

2. 水泥用量的计算

水泥用量的计算应符合下列规定：

（1）每立方米砂浆中的水泥用量，应按下式计算：

$$Q_c = 1000(f_{m,0} - \beta)/\alpha \cdot f_{ce}$$

式中 Q_c——每立方米砂浆的水泥用量，精确至1kg；

$f_{m,0}$——砂浆的试配强度，精确至0.1MPa；

f_{ce}——水泥的实测强度，精确至0.1MPa；

α、β——砂浆的特征系数，对于水泥混合砂浆 $\alpha = 1.50$，$\beta = -4.25$；对于水泥砂浆 $\alpha = 1.03$，$\beta = 3.50$。各地区也可用本地区试验资料确定 α、β 值，统计用的试验组数不得少于30组。

（2）在无法取得水泥的实测强度值时，可按下式计算 f_{ce}：

$$f_{ce} = \gamma_c \cdot f_{ce,k}$$

式中 $f_{ce,k}$——水泥强度等级对应的强度值；

γ_c——水泥强度等级值的富余系数，该值应按实际统计资料确定，无统计资料时 γ_c 可取1.0。

3. 掺加料用量的计算

水泥混合砂浆的掺加料用量应按下式计算：

$$Q_D = Q_A - Q_C$$

式中 Q_D——每立方米砂浆的掺加料用量，精确至1kg，石灰、粘土膏使用时的稠度为120±5mm；

Q_C——每立方米砂浆的水泥用量，精确至1kg；

Q_A——每立方米砂浆中水泥和掺加料的总量，精确至1kg；宜在300～350kg之间。

4. 计算砂用量

每立方米砂浆中砂的用量按下式计算：

$$Q_S = \gamma_S(1 + \delta)$$

Q_S——每立方米砂浆中砂的用量，kg；

γ_S——砂的堆积密度，一般取1450kg/m³；

δ——砂的含水率，当小于0.5时可不计，%。

每立方米砂浆中的砂子用量，应按干燥状态（含水率小于0.5%）的堆积密度值作为计算值。

5. 计算用水量

每立方米砂浆中的用水量，根据砂浆稠度等要求可选用240～310kg。

选择用水量时应注意以下几点：

（1）混合砂浆中的用水量，不包括石灰膏或黏土膏中的水；

（2）当采用细砂或粗砂时，用水量分别取上限或下限；

（3）稠度小于70mm时，用水量可小于下限；

（4）施工现场气候炎热或干燥季节，可酌情增加用水量。

（二）水泥砂浆配合比选用

每立方米水泥砂浆材料用量可按表5-3选用。

表5-3　每立方米水泥砂浆材料用量

强度等级	每立方米砂浆水泥用量（kg）	每立方米砂浆砂子用量（kg）	每立方米砂浆用水量（kg）
M2.5～M5	200～230	1m³ 砂子的堆积密度值	270～330
M7.5～M10	220～280		
M15	280～340		
M20	340～400		

注：①此表水泥强度等级为32.5级，大于32.5级水泥用量宜取下限；

②根据施工水平合理选择水泥用量；

③当采用细砂或粗砂时，用水量分别取上限或下限；

④稠度小于70mm时，用水量可小于下限；

⑤施工现场气候炎热或干燥季节，可酌情增加用水量；

⑥试配强度应按$f_{m,0} = f_2 + 0.645\sigma$。

（三）配合比试配、调整与确定

（1）试配时应采用工程中实际使用的材料；搅拌要求应符合砌筑砂浆配合比设计规程JGJ 98—2000的规定。

（2）按计算或查表所得配合比进行试拌时，应测定其拌合物的稠度和分层度，当不能满足要求时，应调整材料用量，直到符合要求为止。然后确定为试配时的砂浆基准配合比。

（3）试配时至少应采用三个不同的配合比，其中一个为按上条的规定得出的基准配合比，其他配合比的水泥用量应按基准配合比分别增加及减少10%。在保证稠度、分层度合格的条件下，可将用水量或掺加料用量作相应调整。

(4) 对三个不同的配合比进行调整后，应按现行行业标准《建筑砂浆基本性能试验方法》JGJ70的规定成型试件，测定砂浆强度；并选定符合试配强度要求的且水泥用量最低的配合比作为砂浆配合比。

［计算实例1］

设计用于砌筑砖墙的水泥石灰砂浆配合比，要求砂浆等级M5，稠度70～100mm。水泥：42.5级普通硅酸盐水泥；砂：中砂，堆积密度为1450kg/m^3，含水率为2%；石灰膏：稠度110mm；施工水平一般。

(1) 根据公式计算试配强度

$$f_{m,0} = f_2 + 0.645\sigma$$

$$f_2 = 5\text{MPa}; \sigma = 1.25\text{MPa}$$

$$f_{m,0} = 5 + 0.645 \times 1.25 = 5.81(\text{MPa})$$

(2) 根据公式计算水泥用量Q_C

$$Q_C = 1000(f_{m,0} - \beta)/\alpha \cdot f_{ce}$$

$$f_{m,0} = 5.81\text{MPa}; \beta = -4.25; \alpha = 1.25; f_{ce} = 42.5\text{MPa}$$

$$Q_C = 1000(5.81 + 4.25)/1.25 \times 42.5 = 189.4(\text{kg/m}^3)(\text{取}200\text{kg/m}^3)$$

(3) 根据公式计算石灰膏用量Q_D

$$Q_D = Q_A - Q_C$$

$$Q_A = 300\text{kg/m}^3, Q_C = 200\text{kg/m}^3$$

$$Q_D = 300 - 200 = 100(\text{kg/m}^3)$$

石灰膏稠度110mm，则$Q_D = 100 \times 0.99 = 99$ (kg/m^3)

(4) 根据公式计算砂用量Q_S

$$Q_S = \gamma_S(1 + \delta)$$

$$\gamma_S = 1450\text{kg/m}^3; \delta = 0.02$$

$$Q_S = 1450 \times (1 + 0.02) = 1479(\text{kg/m}^3)$$

(5) 计算用水量Q_W

根据砂浆稠度选择用水量300kg/m^3。

试配时砂浆配合比为：

水泥：石灰膏：砂：水 ＝200：99：1479：300

＝1：0.495：7.395：1.5

（四） 粉煤灰水泥砂浆、粉煤灰水泥混合砂浆配合比计算

(1) 计算砂浆试配强度$f_{m,0}$（按公式$f_{m,0} = f_2 + 0.645\sigma$）；

(2) 计算每立方米砂浆中的水泥用量Q_C［按公式$Q_C = 1000(f_{m,0} - \beta)/\alpha \cdot f_{ce}$］；

(3) 计算每立方米砂浆中的石灰膏用量Q_D（按公式$Q_D = Q_A - Q_C$）；

(4) 选择取代水泥率，计算每立方米粉煤灰砂浆的水泥用量M_C：

$$M_C = Q_C(1 - \beta_{m1})$$

式中　M_C——每立方米粉煤灰砂浆的水泥用量，kg/m^3；

β_{m1}——水泥取代率。

（5）选择取代石灰膏率，计算每立方米粉煤灰砂浆的石灰膏用量 M_d；

$$M_d = Q_d(1-\beta_{m2})$$

式中　M_d——每立方米粉煤灰砂浆的石灰膏用量，kg/m^3；

β_{m2}——石灰膏取代率。

（6）选择的粉煤灰超量系数，计算每立方米粉煤灰砂浆中的粉煤灰用量 M_f；

$$M_f = \delta_m[(Q_c - M_c)+(Q_d - M_d)]$$

式中　M_f——每立方米粉煤砂浆的粉煤灰用量，kg/m^3；

δ_m——粉煤灰超量系数。

（7）确定每立方米砂浆中的砂用量，计算水泥、粉煤灰、石灰膏和砂的绝对体积，求出粉煤灰超出水泥或石灰膏部分的体积，并扣除同体积的砂用量，得出每立方米粉煤灰砂浆中的砂用量 M_s；

$$M_s = Q_s - (M_c/\rho_c + M_f/\rho_f + M_d/\rho_D + Q_c/\rho_c + Q_d/\rho_D)$$

式中　M_s——每立方米粉煤灰砂浆的砂用量，kg/m^3；

Q_s——每立方米砂浆的砂用量，kg/m^3；

ρ_c——水泥相对密度；

ρ_f——粉煤灰相对密度；

ρ_D——石灰膏相对密度。

其他符号意义同前。

（8）通过试拌，按粉煤灰砂浆稠度要求，确定用水量。

砂浆中粉煤灰取代水泥率及超量系数见表 5-4。

表 5-4　砂浆中粉煤灰取代水泥率及超量系数

砂浆品种		砂浆强度等级				
		M1	M2.5	M5	M7.5	M10
水泥石灰砂浆	β_m（%）	15～40			10～25	
	δ_m	1.2～1.7			1.1～1.5	
水泥砂浆	β_m（%）	—	25～40	20～30	15～25	10～20
	δ_m	—	1.3～2.0		1.2～1.7	

注：表中 β_m 为粉煤灰取代水泥率，δ_m 为粉煤灰超量系数。

粉煤灰取代石灰率可通过试验确定，但最大不宜超过 50%。

[计算实例 2]

某工程要求用 42.5 级水泥配制 M5 水泥石灰砂浆，粉煤灰取代水泥率 $\beta_{m1}=10\%$，粉煤灰取代石灰膏率 $\beta_{m2}=50\%$，粉煤灰超量系数 $\delta_m=1.8$；水泥用量 $Q_c=172$kg/m^3；石灰膏用量 $Q_d=178$kg/m^3。求粉煤灰水泥石灰砂浆的水泥、石灰膏、粉煤灰及砂用量。

每立方米粉煤灰砂浆的水泥用量：

$$M_c = Q_c(1-\beta_{m1}) = 178(1-0.1) = 160(kg/m^3)$$

每立方米粉煤灰砂浆的石灰膏用量：

$$M_d = Q_d(1-\beta_{m2}) = 172(1-0.5) = 86(kg/m^3)$$

每立方米粉煤灰砂浆的粉煤灰用量：

$$\begin{aligned} M_f &= \delta_m[(Q_c - M_c) + (Q_d - M_d)] \\ &= 1.8[(178-160) + (172-86)] \\ &= 1.8(18+86) \\ &= 187(kg/m^3) \end{aligned}$$

每立方米粉煤灰砂浆的砂用量：

（取 $\rho_c = 3.1$；$\rho_f = 2.2$；$\rho_D = 2.9$；$\rho_s = 2.62$；$Q_s = 1450kg/m^3$）

$$\begin{aligned} M_s &= Q_s - (M_c/\rho_c + M_f/\rho_f + M_d/\rho_D + Q_c/\rho_c + Q_d/\rho_D) \\ &= 1450 - (160/3.1 + 187/2.2 + 86/2.9 + 178/3.1 + 172/2.9) \times 2.62 \\ &= 1320(kg/m^3) \end{aligned}$$

由此得出每立方米粉煤灰砂浆材料用量为：

水泥 160kg；石灰膏 86kg；粉煤灰 18kg；砂 1320kg。

（五） 砂浆强度增长

普通硅酸盐水泥和矿渣硅酸盐水泥拌制的砂浆的强度增长关系见表 5-5 至表 5-7。

表 5-5 用 32.5 级、42.5 级普通硅酸盐水泥拌制的砂浆强度增长关系表

龄期（d）	不同温度下的砂浆强度百分率（以在 20℃时养护 28d 的强度为 100%）							
	1℃	5℃	10℃	15℃	20℃	25℃	30℃	35℃
1	4	6	8	11	15	19	23	25
3	18	25	30	36	43	48	54	60
7	38	46	54	62	69	73	78	82
10	46	55	64	71	78	84	88	92
14	50	61	71	78	85	90	94	98
21	55	67	76	85	93	96	102	104
28	59	71	81	92	100	104	—	—

表 5-6 用 32.5 级矿渣硅酸盐水泥的砂浆强度增长关系

龄期（d）	不同温度下的砂浆强度百分率（以在 20℃时养护 28d 的强度为 100%）							
	1℃	5℃	10℃	15℃	20℃	25℃	30℃	35℃
1	3	4	5	6	8	11	15	18
3	8	10	13	19	30	40	47	52
7	19	25	33	45	59	64	69	74
10	26	34	44	57	69	75	81	88
14	32	43	54	66	79	87	93	98
21	39	48	60	74	90	96	100	102
28	44	53	65	83	100	104	—	—

表 5-7 用 42.5 级矿渣硅酸盐水泥拌制的砂浆强度增长关系

龄期（d）	不同温度下的砂浆强度百分率（以在 20℃时养护 28d 的强度为 100%）							
	1℃	5℃	10℃	15℃	20℃	25℃	30℃	35℃
1	3	4	6	8	11	15	19	22
3	12	18	24	31	39	45	50	56
7	28	37	45	54	61	68	73	77
10	39	47	54	63	72	77	82	86
14	46	55	62	72	82	87	91	95
21	51	61	70	82	92	96	100	104
28	55	66	75	89	100	104	—	—

（六） 砂浆的搅拌与使用

砂浆的搅拌可以用机械搅拌或人工搅拌。

机械搅拌是利用砂浆搅拌机来进行（图 5-2），搅拌时间应不少于 1min。机械搅拌的优点是拌合均匀，节约劳力，工效高。

人工搅拌是在拌板上或水泥地坪上进行。搅拌时应注意：凡含有水泥的砂浆，应先将水泥与砂干拌均匀，然后加入其他材料拌匀。

砂浆搅拌时，要准确掌握配合比，水泥的配料精确度在 ±2% 以内；砂、石灰膏、掺合料及黏土等配料精确度在 ±5% 以内。

砂浆的搅拌应拌合均匀，符合设计规定的标号，符合规定的砂浆稠度，具有良好的保水性能。

图 5-2 砂浆搅拌机

砂浆应根据工程进度来搅拌，不宜多拌，要随拌随用，含有水泥的砂浆不能过夜使用。所有砂浆应在其凝结前使用完毕，不能在已干硬的砂浆中加水再用。

（七） 砌筑砂浆的参考配合比和适用范围

砌筑砂浆的参考配合比和适用范围列于表 5-8。

表 5-8 砌筑砂浆的参考配合比和适用范围

砂浆品种	配合比			砂浆强度等级	适用范围
	42.5 水泥	32.5 水泥	砌筑水泥		
水泥砂浆	1:5.5 1:6.7 1:8.6 1:13.6	1:4.8 1:5.7 1:7.1 1:11.5	— 1:5.2 1:6.8 1:10.5	M10 M7.5 M5 M2.5	地面以下砌体，基础及构筑物用 M5，很潮湿时用 M7.5；承重墙梁计算高度范围内砌体，砖砌筒拱拱脚上下 5～6 皮砖砌体，网状配筋砖砌体，组合砖砌体等应不小于 M5 M10 用于烟囱、水塔等砌体

续表

砂浆品种		配合比			砂浆强度等级	适用范围
		42.5 水泥	32.5 水泥	砌筑水泥		
混合砂浆	水泥石灰砂浆	1:0.3:5.5 1:0.6:6.7 1:1.8:6 1:2.2:13.6	1:0.1:4.8 1:0.3:5.7 1:0.7:7.1 1:1.7:11.5	— 1:0.2:5.2 1:0.6:6.8 1:1.5:10.5	M10 M7.5 M5 M2.5	砌筑地面以上承重和非承重砌体，M5 可用于湿度不大的地面下砌体，一般不宜砌筑潮湿的地面以下砌体、基础和其他构筑物
	水泥粉煤灰砂浆	1:0.8:5.62 1:1.1:7.29 1:1.5:10.02	1:0.8:4.63 1:1.1:5.96 1:1.5:8.34	— — —	M10 M10 M10	
石灰砂浆		石灰膏:砂=1:4（体积比）			M0.4	适用于强度要求不高的地面以上平房和临时性建筑墙体

注：表中配合比除石灰砂浆以外，均为质量比。

第六章　砌砖工程

一、砌砖前准备

（一）材料准备

施工用的砖品种、强度等级必须符合设计要求，用于清水墙、柱表面的砖应边角整齐、色泽均匀。

砖应提前1～2d浇水湿润。烧结普通砖、多孔砖含水率10%～15%；灰砂砖、粉煤灰砖含水率宜为5%～8%。含水率以水重占干砖重的百分数计。

施工中如用水泥砂浆代替水泥混合砂浆，应考虑砌体强度的降低，重新确定砂浆强度等级，并按此设计配合比。实际施工中，所采用的水泥砂浆强度等级比原设计的水泥混合砂浆强度等级提高一个等级，并按此强度等级重新设计配合比。

（二）放线、制作皮数杆

基础施工前，应在建筑物的主要轴线部位设置标志板（俗称龙门板），标志板上应标明基础的轴线、底宽，墙身的轴线及厚度，底层地面标高等。并用准线和线坠将轴线及基础底宽放到基础垫层表面上。砌筑基础前，必须用钢尺校核放线尺寸，轴线长度的允许偏差不应超过表6-1的规定。

表6-1　轴线长度允许偏差

轴线长度 L（m）	允许偏差（mm）
$L \leqslant 30$	±5
$30 < L \leqslant 60$	±10
$6 < L \leqslant 90$	±15
$L > 90$	±20

基础垫层表面如有局部不平，高差超过30mm处应用C15以上的细石混凝土找平后方可砌筑，不得仅用砂浆填平。

用方木或角钢制作皮数杆，并根据设计要求、砖规格和灰缝厚度在皮数杆上标明砖皮数及竖向构造的变化。在基础皮数杆上，竖向构造包括：底层室内地面、防潮层、大放脚、洞口、管道、沟槽和预埋件等。墙身皮数杆上，竖向构造包括：楼面、门窗洞口、过梁、圈梁、楼板、梁及梁垫等。

二、普通砖基础

（一）砖基础构造

普通砖基础用烧结普通砖与砂浆砌成，由墙基和大放脚两部分组成。墙基与墙身同厚。大放脚即墙基下面的扩大部分，有等高式和不等高式两种。等高式大放脚是两皮一收，每收一次两边各收进 1/4 砖长；不等高式大放脚是两皮一收与一皮一收相间隔，每收一次两边各收进 1/4 砖长（图 6-1）。

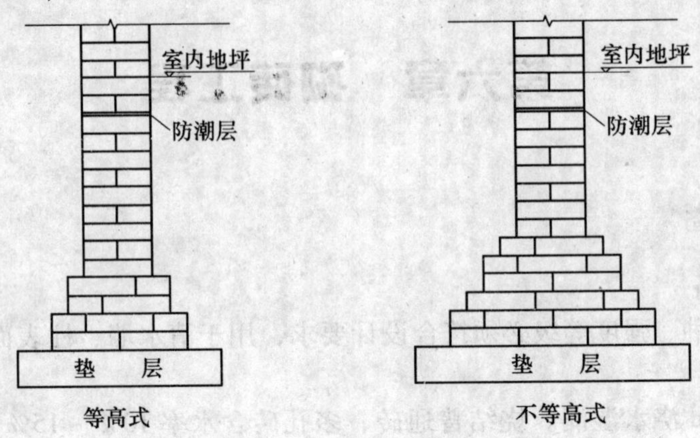

图 6-1 砖基础剖面

大放脚的底宽应根据设计而定。大放脚各皮的宽度应为半砖长的整倍数（包括灰缝）。

在大放脚下面为基础垫层，垫层一般采用灰土、碎砖三合土或混凝土等。

在墙基顶面应设防潮层，防潮层宜用 1∶2.5 水泥砂浆加适量的防水剂铺设，其厚度一般为 20mm，位置在底层室内地面以下一皮砖处，即离底层室内地面下 60mm 处。

（二）砖基础砌筑要点

1. 砌筑前，应将垫层表面上的杂物清扫干净，并浇水湿润。

2. 在垫层转角处、交接处及高低处立好基础皮数杆。立基础皮数杆前地面要进行抄平，使杆上所示底层室内地面线标高与设计的底层室内地面标高相一致。

3. 砌筑时，可依皮数杆先在转角及交接处砌几皮砖，再在其间拉准线砌中间部分，其中第一皮砖应以基础底宽线为准砌筑。

4. 内外墙的砖基础应同时砌起。如因特殊情况不能同时砌起时，应留置斜茬，斜茬的长度不应小于斜茬的高度。

5. 大放脚部分一般采用一顺一丁砌筑形式。要注意十字及丁字接头处的砖块搭接，在这些交接处，纵横基础要隔皮砌通。图 6-2 为二砖半宽大放脚十字交接处的分皮砌法。

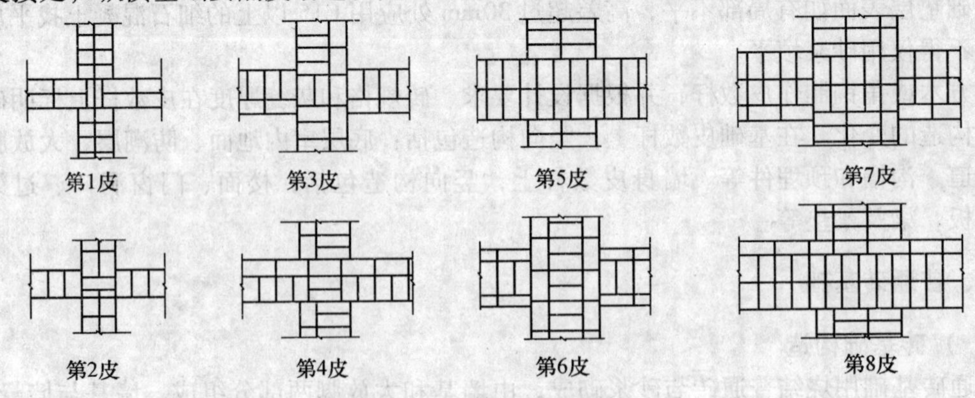

图 6-2 二砖半大放脚砌法

6. 大放脚转角处应在外角加砌七分头砖（3/4 砖），以使竖缝上下错开。图 6-3 为二砖半底宽大放脚转角处分皮砌法。

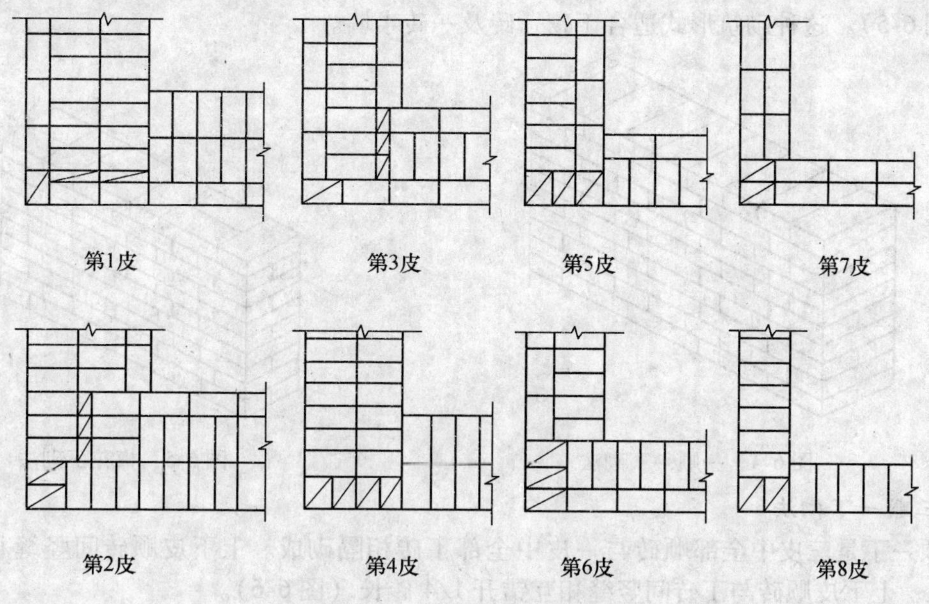

图 6-3　二砖半大放脚转角砌法

7. 大放脚最下一皮砖应以丁砌为主。墙基的最上一皮砖（防潮层下面一皮砖）应为丁砌。

8. 基础底标高不同时，应从低处砌起，并由高处向低处搭接。如设计无要求，搭接长度不应小于大放脚的高度。

9. 水平灰缝及竖向灰缝的宽度应控制在 10mm 左右，最小不得小于 8mm；最大不得超过 12mm。水平灰缝的砂浆饱满度不得小于 80%。

10. 砖基础中的洞口、管道、沟槽和预埋件等，应于砌筑时正确留出或预埋，宽度超过 300mm 的洞口，应砌筑平拱或设置过梁。

11. 砌完基础后，应及时回填。回填土应在基础两侧同时进行，并分层进行夯实。单侧填土应在砖基础达到侧向承载能力和满足允许变形要求后才能进行。

三、普通砖墙

（一）砖墙砌筑形式

普通砖墙是用烧结普通砖与砂浆砌成。

普通砖墙的厚度有半砖（115mm）、3/4 砖（178mm）、一砖（240mm）、一砖半（365mm）、二砖（490mm）等，个别情况还有 1¼砖（303mm）的。

普通砖墙立面的砌筑形式有以下几种：

1. 一顺一丁砌法

一顺一丁是一皮中全部顺砖与一皮中全部丁砖间隔砌成。上下皮竖缝相互错开 1/4 砖长（图 6-4）。

2. *梅花丁砌法*

梅花丁是每皮中丁砖与顺砖相隔，上皮丁砖坐中于下皮顺砖，上下皮竖缝相互错开 1/4 砖长（图 6-5）。这种砌筑形式适合于砌一砖及一砖半墙。

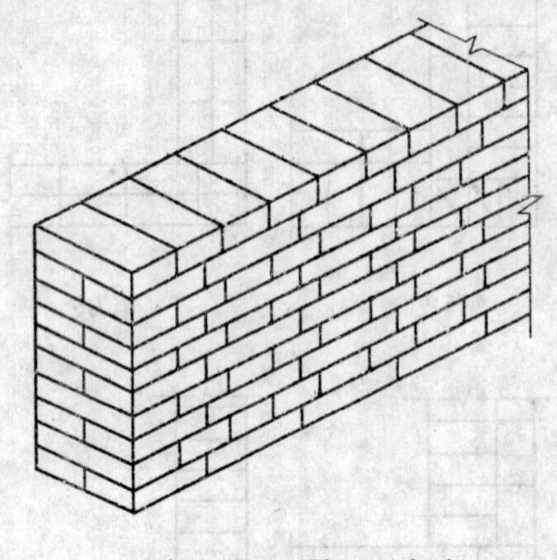

图 6-4　一顺一丁砌法

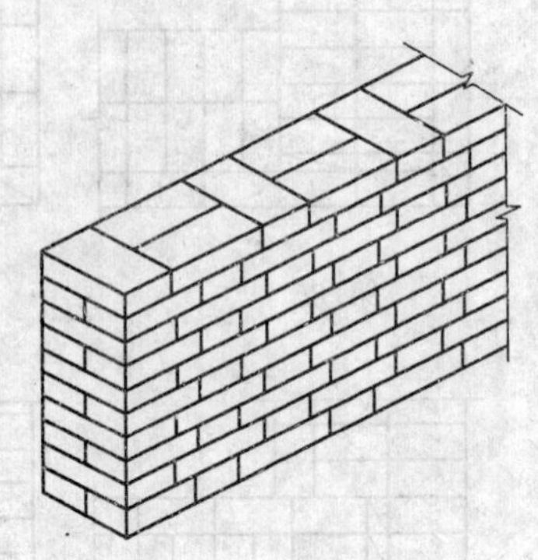

图 6-5　梅花丁砌法

3. *三顺一丁砌法*

三顺一丁是三皮中全部顺砖与一皮中全部丁砖相隔砌成。上下皮顺砖间竖缝相互错开 1/2 砖长；上下皮顺砖与丁砖间竖缝相互错开 1/4 砖长（图 6-6）。

这种砌筑形式适合于砌一砖、一砖半墙。

4. *两平一侧砌法*

两平一侧是两皮平砌砖与一皮侧砌的顺砖相隔砌成。当墙厚为 3/4 砖时，平砌砖均为顺砖，上下皮平砌顺砖间竖缝相互错开 1/2 砖长；上下皮平砌顺砖与侧砌顺砖间竖缝相互错开 1/2 砖长。当墙厚为 1¼砖长时，上下皮平砌顺砖与侧砌顺砖间竖缝相互错开 1/2 砖长；上下皮平砌丁砖与侧砌顺砖间竖缝相互错开 1/4 砖长（图 6-7）。这种砌筑形式适合于砌 3/4 砖及 1¼砖墙。

图 6-6　三顺一丁砌法

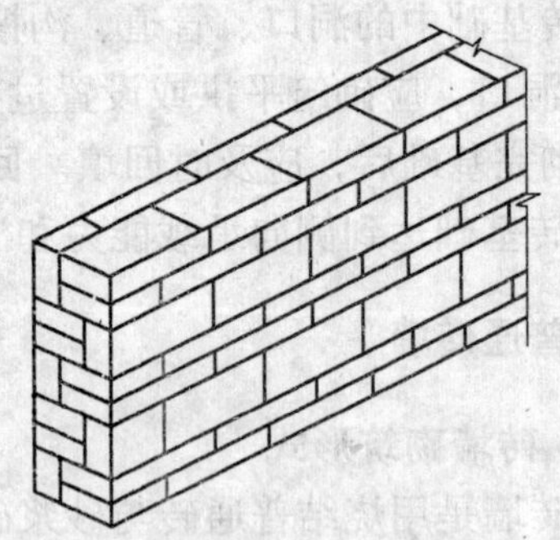

图 6-7　两平一侧砌法

5. *全顺砌法*

全顺砌法是各皮均为顺砖，上下皮竖缝相互错开 1/2 砖长（图 6-8）。这种砌筑形式仅适合于砌半砖墙。

6. *全丁砌法*

全丁是每皮均为丁砖，上下皮竖缝相互错开 1/4 砖长（图 6-9）。这种砌筑形式仅适合于砌圆弧形的烟囱筒身等。

图6-8　全顺砌法　　　图6-9　全丁砌法

（二）砖墙砌筑要点

1. 砌筑前，应将砌筑部位清理干净，放出墙身中心线及边线，并浇水湿润。

2. 在砖墙的转角处及交接处立起皮数杆（皮数杆间距不超过15m，过长应在中间加立皮数杆），在皮数杆之间拉准线，依准线逐皮砌筑，其中第一皮砖按墙身边线砌筑。

3. 砌砖操作方法可采用铺浆法或“三一”砌砖法，依各地习惯而定。采用铺浆法砌筑时，铺浆长度不得超过750mm；气温超过30℃时，铺浆长度不得超过500mm。“三一”砌砖法即“一铲灰、一块砖、一挤揉”的操作方法，八度以上地震区的砌砖工程宜采用此操作方法砌砖。

4. 砖墙水平灰缝和竖向灰缝宽度宜为10mm，但不小于8mm，也不应大于12mm。水平灰缝的砂浆饱满度不得小于80%；竖缝宜采用挤浆或加浆方法，不得出现透明缝，严格用水冲浆灌缝。

5. 砖墙的转角处，每皮砖的外角应加砌七分头砖。当采用一顺一丁砌筑形式时，七分头砖的顺面方向依次砌顺砖，丁面方向依次砌丁砖（图6-10）。

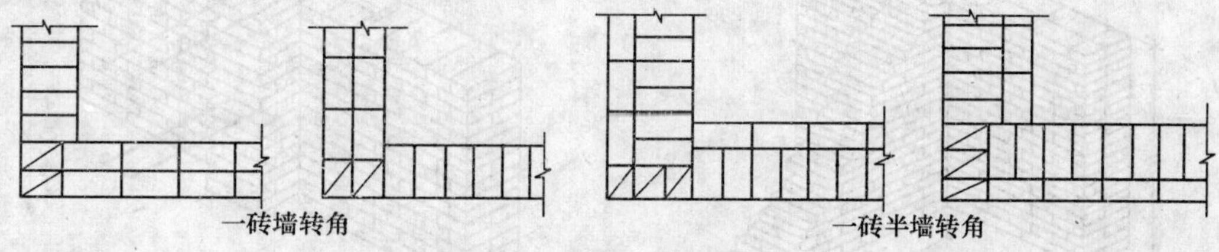

图6-10　一顺一丁转角砌法

6. 砖墙的丁字交接处，横墙的端头隔皮加砌七分头砖，纵墙隔皮砌通。当采用一顺一丁砌筑形式时，七分头砖丁面方向依次砌丁砖（图6-11）。

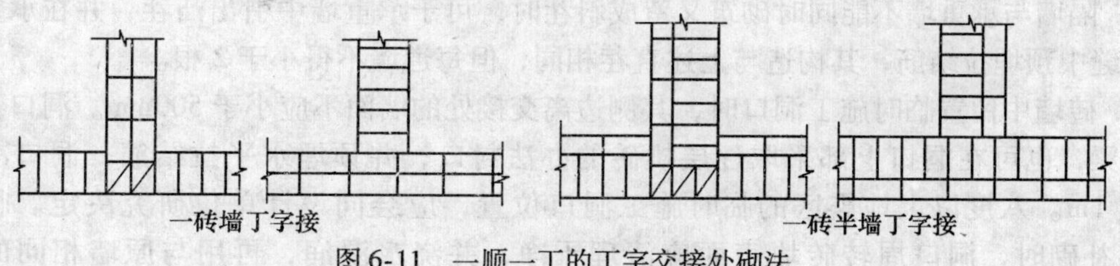

图6-11　一顺一丁的丁字交接处砌法

7. 砖墙的十字交接处，应隔皮纵横墙砌通，交接处内角的竖缝应上下相互错开 1/4 砖长（图 6-12）。

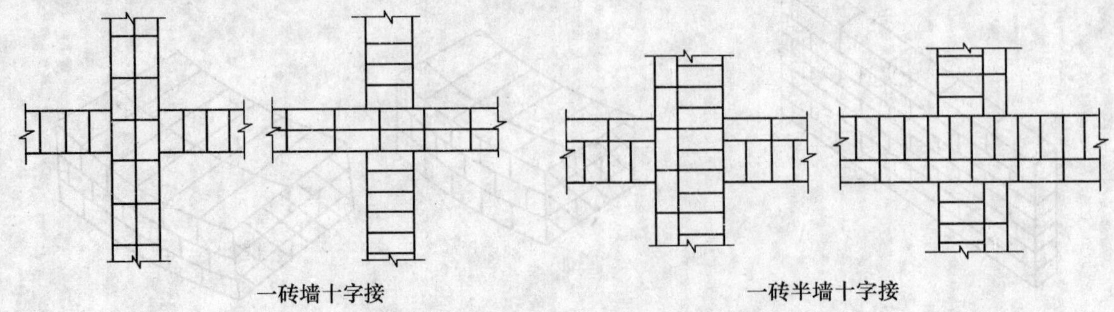

图 6-12　一顺一丁的十字交接处砌法

8. 每层承重墙的最上一皮砖，应是整砖丁砌。在梁或梁垫的下面及挑檐、腰线等处，也应是整砖丁砌。

9. 宽度小于 1m 的窗间墙，应选用整砖砌筑，半砖和破损的砖应分散使用在受力较小的砖墙，小于 1/4 砖块体积的碎砖不能使用。

10. 砖墙的转角处和交接处应同时砌起，对不能同时砌起而必须留茬时，应砌成斜茬，斜茬长度不应小于斜茬高度的 2/3（图 6-13）。

如留斜茬确有困难，除转角处外，可留直茬，但直茬必须做成凸茬，并加设拉结钢筋，拉结筋的数量为每半砖厚墙放置 1 根直径 6mm 的钢筋，间距沿墙高不得超过 500mm，埋入长度从墙的留茬处算起，每边均不小于 500mm；钢筋末端应有 90°弯钩（图 6-14）。抗震设防地区不得留直茬。

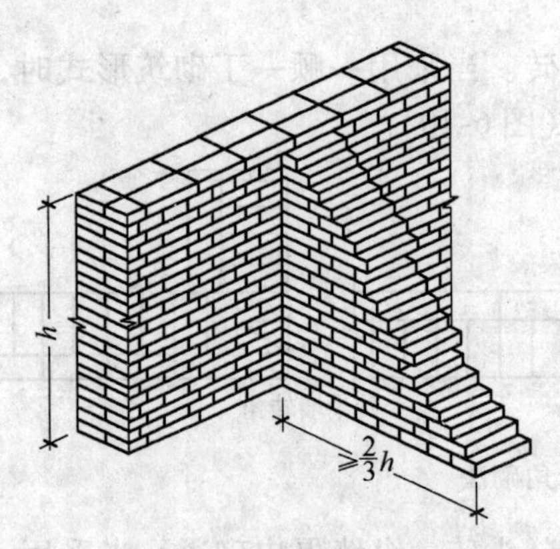

图 6-13　留斜茬砌法

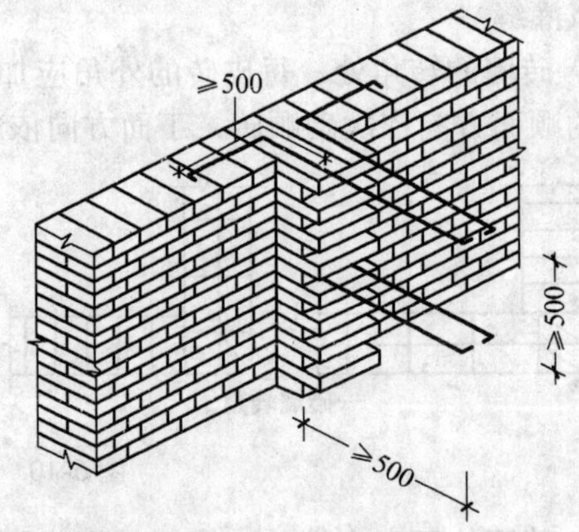

图 6-14　留直茬砌法

11. 隔墙与承重墙不能同时砌筑又留成斜茬时，可于承重墙中引出凸茬，并在承重墙的水平灰缝中预埋拉结筋，其构造与上述直茬相同，但每道墙不得小于 2 根。

12. 砖墙中留置临时施工洞口时，其侧边离交接处的墙面不应小于 500mm。洞口顶部宜设置过梁，也可在洞口上部采取逐层挑砖的办法封口，并预埋水平拉结筋，洞口净宽不应超过 1m。八度以上地震区的临时施工洞口位置，应会同设计单位研究决定。临时施工洞口补砌时，洞口周转砖块表面应清理干净，并浇水湿润，再用与原墙相同的材料补砌严密。

13. 砖墙工作段的分段位置，宜设在伸缩缝、沉降缝、防震缝、构造柱或门窗洞口处，相邻工作段的砌筑高度差不得超过一个楼层的高度，也不宜大于4m。砖墙临时间断处的高度差，不得超过一步脚手架的高度。

14. 墙中的洞口、管道、沟槽和预埋件等应于砌筑时正确留出或预埋，宽度超过300mm的洞口应砌筑平拱或设置过梁。

15. 砖墙每天砌筑高度以不超过1.8m为宜。

16. 在下列部位不得留脚手眼：

（1）半砖墙；

（2）过梁上按过梁净跨的1/2高度范围内的墙体，以及与过梁成60°角的三角形范围内墙体；

（3）宽度小于1m的窗间墙；

（4）梁或梁垫下及其左右500mm范围内的墙体；

（5）门窗洞口两侧200mm和墙转角处450mm范围内的墙体。

四、普通砖与砖垛

（一）独立砖柱砌筑要点

普通砖柱是用普通黏土砖与砂浆砌成，其断面形式有方形、矩形、多角形、圆形。方柱最小断面尺寸为365mm×365mm，矩形柱为240mm×365mm；多角形、圆形柱最小内直径为365mm。

普通砖柱砌筑时应注意以下几点：

1. 砌筑前，应在柱的位置近旁竖立皮数杆。成排同断面的砖柱，可仅在两端的砖柱近旁立皮数杆。

2. 砖柱的各皮高低按皮数杆上皮数线砌筑。成排砖柱，可先砌两端的砖柱，然后逐皮拉通线，依通线砌中间部分的砖柱。

3. 柱面上下皮竖缝应相互错开1/2砖长以上，柱心无通天缝。严禁采用包心砌法，即先砌四周后填心的砌法。图6-15所示是正确砌法。图6-16所示是错误砌法。

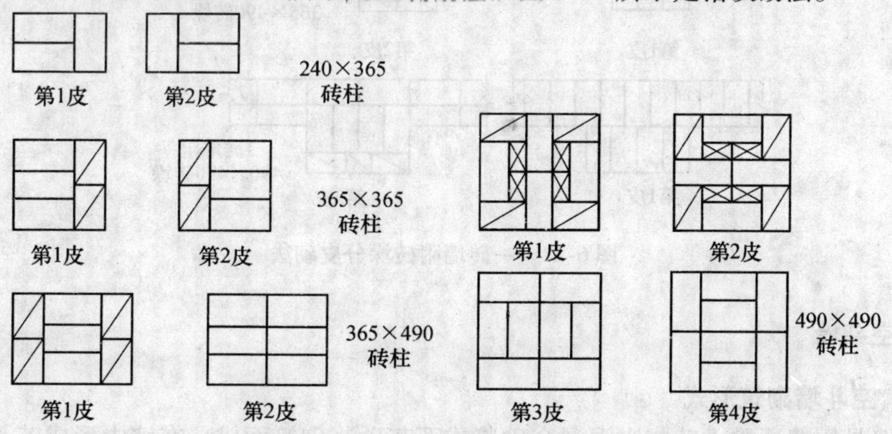

图6-15　矩形柱正确砌法

4. 砖柱的水平灰缝和竖向缝宽度宜为10mm，但不应小于8mm，也不应大于12mm。水平灰缝的砂浆饱满度不得小于80%，竖缝也要求饱满，不得出现透明缝。

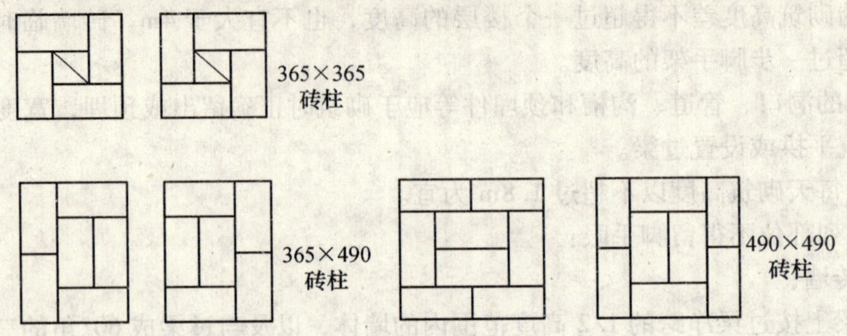

图6-16　矩形柱错误砌法

5. 砖柱上不得留脚手眼。

6. 砖柱每天砌筑高度不应大于1.8m。

（二）砖垛砌筑要点

砖垛又称附墙柱、壁柱，是用烧结普通砖与砂浆砌成。

砖垛根据墙厚不同及垛的大小有多种断面形式，一般采用矩形断面的垛，垛凸出墙面至少120mm，垛宽至少240mm。

砖垛砌筑时，应使墙与垛同时砌，不能先砌墙后砌垛或先砌垛后砌墙，其他砌筑要点与砖墙、砖柱相同。

图6-17所示是一砖墙附有不同尺寸砖垛的分皮砌法。

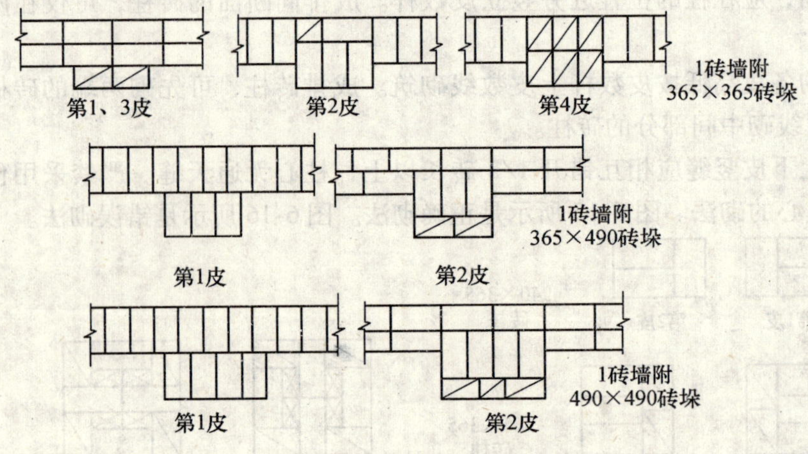

图6-17　一砖墙附砖垛分皮砌法

五、空斗墙

（一）空斗墙砌筑形式

空斗墙是用普通黏土砖与水泥混合砂浆或石灰砂浆砌筑而成，在墙中形成若干空斗。空斗墙的砌筑形式可采用以下几种：

1. 无眠空斗

无眠空斗是全部用斗砖层砌成（图6-18）。

2. 一眠一斗

一眠一斗是一皮眠砖层和一皮斗砖层相隔砌成（图6-19）。

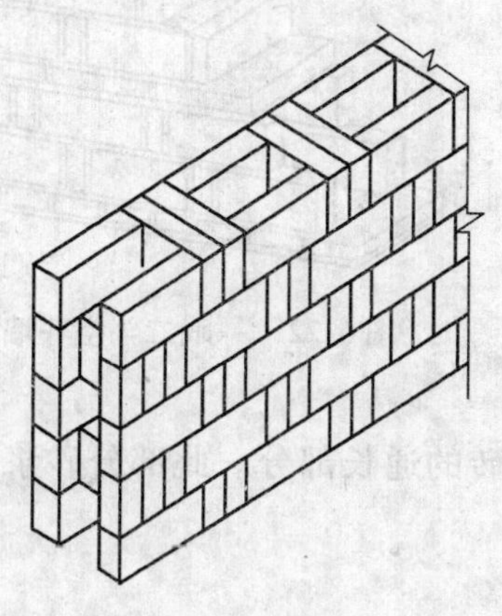

图6-18　无眠空斗

图6-19　一眠一斗

3. 一眠二斗

一眠二斗是一皮眠砖层与二皮斗砖层相隔砌成（图6-20）。

4. 一眠三斗

一眠三斗是一皮眠砖层与三皮斗砖层相隔砌成（图6-21）。

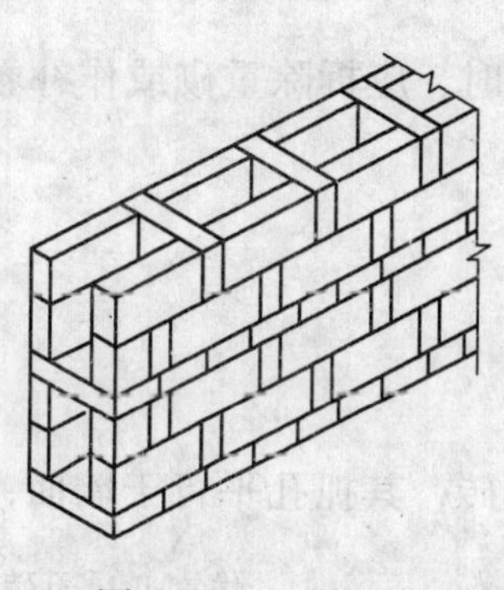

图6-20　一眠二斗

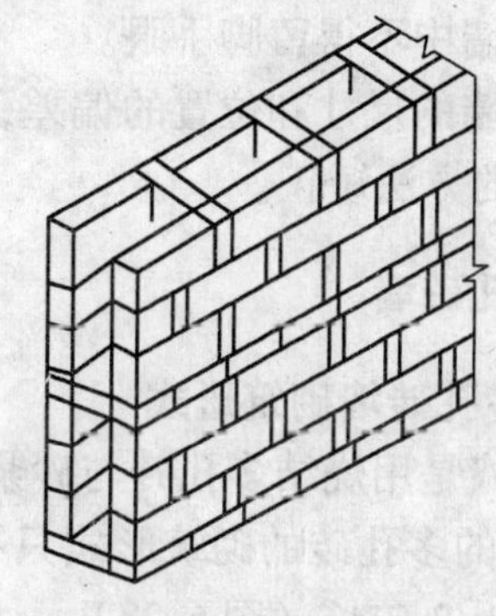

图6-21　一眠三斗

无论哪种砌筑形式，每隔一块斗砖必须砌1块或2块丁砖。墙面不应有竖向通缝。

斗砖是指平行于墙面的侧砌砖；丁砖是指垂直于墙面的侧砌砖；眠砖是指垂直于墙面的平砌砖。

（二）空斗墙砌筑要点

1. 空斗墙砌砖宜采用满刀灰法。

2. 空斗墙应用整砖砌筑。砌筑前应试摆，不够整砖处，可加砌斗砖，不得砍凿斗砖。

3. 在有眠空斗墙中，眠砖层与丁砖接触处，除两端外，其余部分不应填塞砂浆（图6-22）。

4. 空斗墙的水平灰缝和竖向灰缝宽度一般为10mm，但不应小于7mm，也不应大于13mm。

5. 空斗墙中留置的洞口，必须在砌筑时留出，严禁砌完后再行砍凿。

6. 在空斗墙的下列部位应砌成实砌体（平砌或侧砌）：

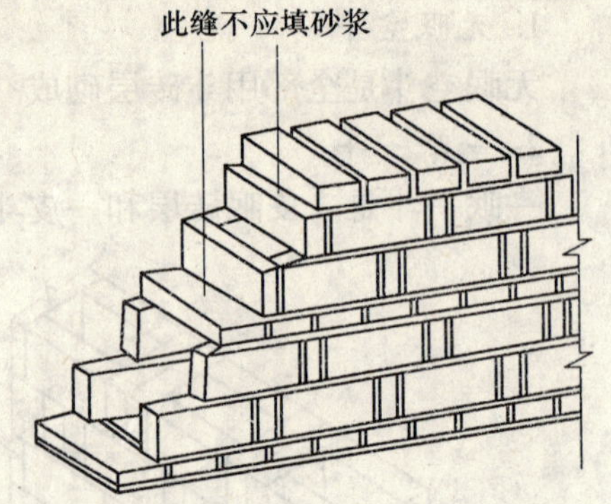

图6-22 一眠二斗空斗墙示意

（1）墙的转角处和交接处；

（2）室内地坪以下的全部砌体；

（3）室内地坪和楼板面上3皮砖部分；

（4）三层房屋外墙底层窗台标高以下部分；

（5）楼板、圈梁、搁栅和檩条等支承面下2~4皮砖的通长部分。此部分砂浆的强度等级不应低于M2.5；

（6）梁和屋架支承处按设计要求的部分；

（7）壁柱和洞口的两侧240mm范围内；

（8）屋檐和山墙压顶下的2皮砖部分；

（9）楼梯间的墙、防火墙、挑檐以及烟道和管道较多的墙；

（10）作填充墙时，与框架拉结筋的连接处；

（11）预埋件处。

7. 空斗墙中如填炉渣时，应随砌随填，填充时应注意不碰动斗砖。

8. 空斗墙中不得留脚手眼。

9. 空斗墙的尺寸和位置的偏差，如超过规定的限值时，应拆除重砌或作补救处理，不应采用敲击的方法矫正。

六、多孔砖墙

（一）多孔砖墙砌筑形式

多孔砖墙是用烧结多孔砖与砂浆砌成。

代号M的多孔砖的砌筑形式只有全顺，每皮均为顺砖，其抓孔平行于墙面，上下皮竖缝相互错开1/2砖长（图6-23）。

代号P的多孔砖有一顺一丁及梅花丁两种砌筑形式，一顺一丁是一皮顺砖与一皮丁砖相隔砌成，上下皮竖缝相互错开1/4砖长；梅花丁是每皮中顺砖与丁砖相隔，丁砖坐中于顺砖，上下皮竖缝相互错开1/4砖长（图6-24）。

（二）多孔砖墙砌筑要点

1. 砌筑时应试摆，多孔砖的孔洞应垂直于受压面。

2. 砌多孔砖宜采用“三一”砌砖法，竖缝宜采用刮浆法。

3. 灰缝应横平竖直，水平灰缝和竖向灰缝宽度应控制在10mm左右，但应不小于8mm，也不应大于12mm。

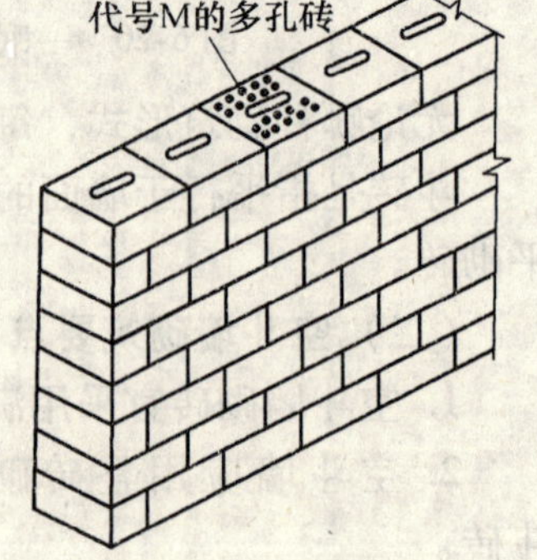

图6-23 代号M的多孔砖砌法

4. 水平灰缝的砂浆饱满度不得小于80%，竖缝要刮浆适宜，并加浆灌缝，不得出现透明缝，严禁用水冲浆灌缝。

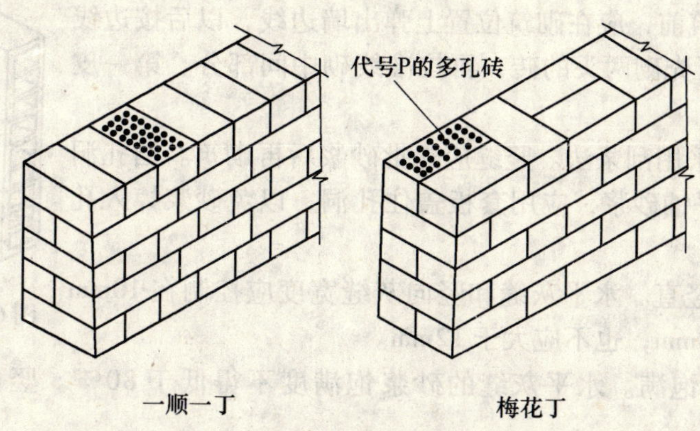

图 6-24　代号 P 的多孔砖砌法

5. 多孔砖墙的转角处和交接处应同时砌筑，不能同时砌筑又必须留置的临时间断处应砌成斜茬。对于代号 M 的多孔砖，斜茬长度应不小于斜茬高度；对于代号 P 的多孔砖，斜茬长度应不小于斜茬高度的 2/3（图 6-25）。

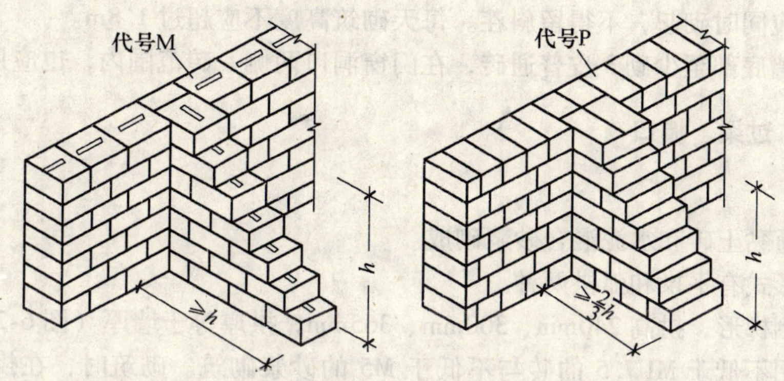

图 6-25　多孔砖斜茬

6. 多孔砖墙留脚手眼的规定同普通砖墙。

7. 多孔砖墙每天可砌高度应不超过 1.8m。

8. 门窗洞口的预埋木砖、铁件等应采用与多孔砖墙横截面一致的规格。

9. 多孔砖墙中不够整块砖的部位，应用烧结普通砖来补砌，不得将砍过的多孔砖填补。

七、空心砖墙

（一）空心砖墙砌筑形式

空心砖墙是用烧结空心砖与水泥混合砂浆砌成。

空心砖一般侧立砌筑，孔洞呈水平方向，特殊要求时，孔洞也可呈垂直方向。

空心砖墙的厚度等于空心砖的厚度。采用全顺侧砌，上下皮竖缝相互错开 1/2 砖长(图6-26)。

（二）空心砖墙砌筑要点

1. 空心砖墙砌筑前，应在砌筑位置上弹出墙边线，以后按边线逐皮砌筑，一道墙可先砌两头的砖，再拉准线砌中间部分。第一皮砌筑时应试摆。

2. 砌空心砖宜采用刮浆法。竖缝应先批砂浆后再砌筑。当孔洞呈垂直方向时，水平铺砂浆，应用套板盖住孔洞，以免砂浆掉入孔洞内。

3. 灰缝应横平竖直。水平灰缝和竖向灰缝宽度应控制在10mm左右，但不应小于8mm，也不应大于12mm。

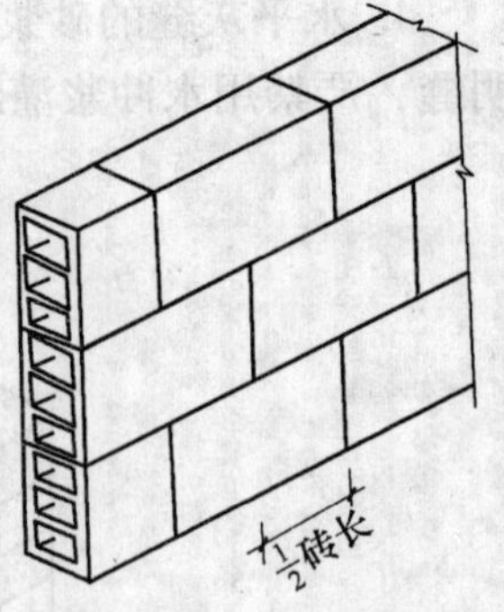

图6-26　空心砖墙砌筑

4. 灰缝应砂浆饱满。水平灰缝的砂浆饱满度不得低于80%。竖向灰缝不得出现透明缝。

5. 空心砖墙中不够整砖部分，宜用无齿锯加工制作非整砖块，不得用砍凿方法将砖打断。补砌时应使灰缝砂浆饱满。

6. 管线槽留置时，可采用弹线定位后用凿子仔细凿槽或用开槽机开槽，不得采用斩砖预留槽的方法。

7. 空心墙应同时砌起，不得留斜茬。每天砌筑高度不应超过1.8m。

8. 空心砖墙底部至少砌3皮普通砖，在门窗洞口两侧一砖范围内，也应用普通砖实砌。

八、砖拱、过梁、檐口

（一）砖拱

砖拱用普通黏土砖和水泥混合砂浆砌成。

砖拱立面形式有平拱和弧拱两种。

砖平拱呈倒梯形，拱高240mm、300mm、365mm，拱厚等于墙厚（图6-27）。

砖平拱应用不低于MU7.5的砖与不低于M5的砂浆砌筑。砌筑时，在拱脚两边的墙端砌成斜面，斜面的斜度为1/4～1/5，拱脚处退进20～30mm。在拱底处支设模板，模板中部应有1%的起拱。在模板上画出砖及灰缝位置及宽度，务必使砖的块数为单数。采用满刀灰法，从两边对称向中间砌，每块砖要对准模板上划线，正中一块应挤紧。竖向灰缝是上宽下窄呈楔形，在拱底灰缝宽度应不小于5mm；在拱顶灰缝宽度应不大于15mm。

砖弧拱的构造与砖平拱相同，其外形呈圆弧形（图6-28）。

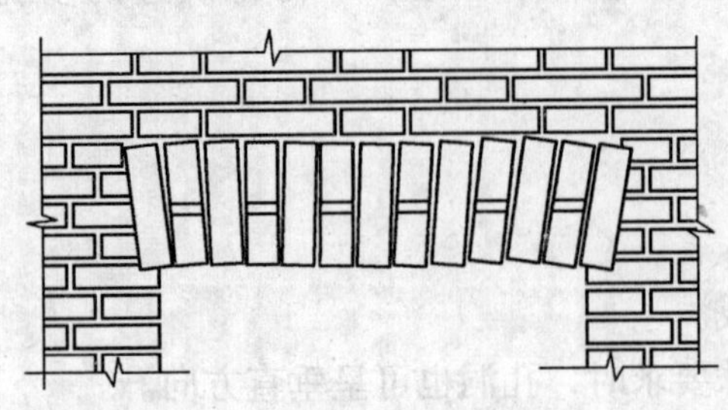

图6-27　砖平拱

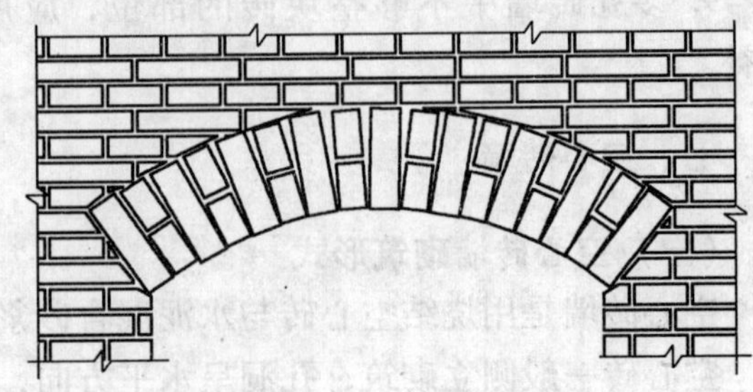

图6-28　砖弧拱

砖弧拱砌筑时，模板应按设计要求做成圆弧形。砌筑时应从两边对称向中间砌。灰缝呈放射状，上宽下窄，拱底灰缝宽度不宜小于5mm，拱顶灰缝宽度不宜大于25mm。也可用加工好的楔形砖来砌，此时灰缝宽度应上下一样，控制在8~10mm。

砖平拱和砖弧拱底部的模板，应待灰缝砂浆达到设计强度的50%以上时，方可拆除。

（二）钢筋砖过梁

钢筋砖过梁是用普通黏土砖与砂浆砌成，底部配有钢筋。在过梁范围内，砖的强度等级不低于MU7.5，砂浆强度不低于M2.5，砌筑形式与墙体一样，宜用一顺一丁或梅花丁。钢筋配置依设计而定，其直径不小于5mm，钢筋水平间距不大于120mm。埋钢筋的砂浆层厚度不宜小于30mm，钢筋两端弯曲成直角钩，伸入墙内长度不小于240mm（图6-29）。

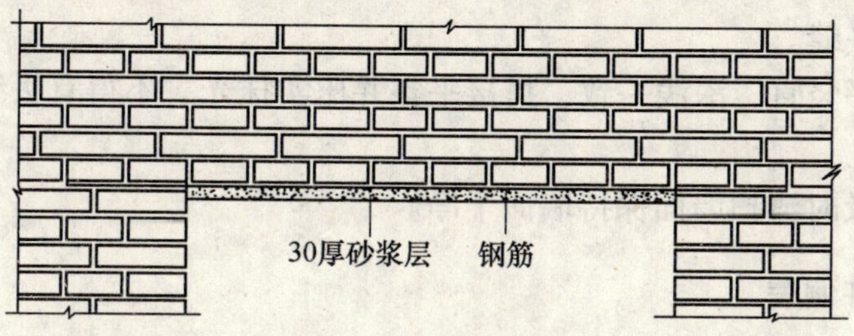

图6-29 钢筋砖过梁

钢筋砖过梁砌筑时，先在洞口顶支设模板，模板中部应有1%的起拱。在模板上铺设1:3水泥砂浆层，厚30mm。将钢筋逐根埋入砂浆层中，钢筋弯钩要向上，两头伸入墙内长度应一致。然后与墙体一起平砌砖层。钢筋上的第一皮砖应丁砌。钢筋弯钩应置于竖缝内。

过梁底的模板，应待砂浆强度达到设计强度50%以上，方可拆除。

（三）砖挑檐

砖挑檐有一皮一挑、二皮一挑和二皮与一皮间隔挑等形式（图6-30）。

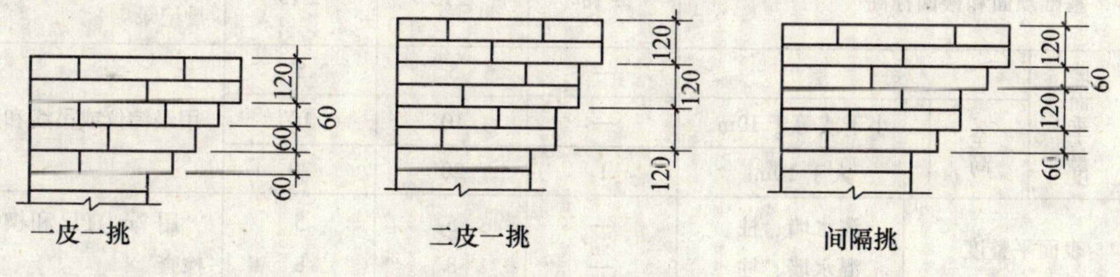

图6-30 砖挑檐

砖挑檐可用普通砖、灰砂砖、粉煤灰砖及免烧砖等，多孔砖及空心砖不得砌挑檐。砖的规格宜用240mm×115mm×53mm。砂浆强度等级不得低于M5。

无论哪种形式，挑层的下面一皮砖应为丁砌，挑出宽度每次应不大于60mm，总的挑出宽度应小于墙厚。

砖挑檐砌筑时，应选用边角整齐、规格一致的整砖。先砌挑檐两头，然后在挑檐外侧每一挑层底角处拉准线，依线逐层砌中间部分。每皮砖要先砌里侧后砌外侧，上皮砖要压住下皮挑出砖，才能砌上皮挑出砖。水平灰缝宜使挑檐外侧稍厚，里侧稍薄。灰缝宽度控制在8~10mm范围内。竖向灰缝砂浆应饱满，灰缝宽度控制在10mm左右。

九、砖墙面勾缝

砖墙面勾缝前，应做好下列准备：

1. 清除墙面粘结的砂浆、泥浆和杂物等，并洒水湿润；
2. 开凿瞎缝，并对缺棱掉角的部位用与墙面相同颜色的砂浆修补齐整；
3. 将脚手眼内清理干净，洒水湿润，并用与原墙相同的砖补砌严密。

墙面勾缝应采用加浆勾缝，宜用细砂拌制的1:1.5水泥砂浆。砖内墙也可采用原浆勾缝，但必须随砌随勾，并使灰缝光滑密实。

普通砖墙勾缝宜采用凹缝或平缝，凹缝深度一般为4~5mm。空斗墙、空心砖墙、多孔砖墙等勾缝应采用平缝。

墙面勾缝应横平竖直，深浅一致，搭接平整并压实抹光，不得有丢缝、开裂和粘结不牢等现象。

勾缝完毕，应及时清扫墙面保持墙面干净。

十、砖砌体允许偏差

砖砌体的尺寸和位置的允许偏差不应超过表6-2的规定。

表6-2　砖砌体尺寸和位置的允许偏差

项次	项目			允许偏差（mm）			检验方法
				基础	墙	柱	
1	轴线位移			10	10	10	用经纬仪复查或检查施工测量记录
2	基础顶面和楼面标高			±15	±15	±15	用水准仪复查或检查测量记录
3	墙面垂直度	每层		—	5	5	用经纬仪或吊线和尺检查
		全高	小于或等于10m	—	10	10	
			大于10m	1	20	20	
4	表面平整度	清水墙、柱、		—	5	5	用2m直尺和楔形塞尺检查
		混水墙、柱		—	8	8	
5	水平灰缝平直度	清水墙		—	7	—	拉10m线和尺检查
		混水墙		—	10	—	
6	水平灰缝厚度（10皮砖累计数）			—	±8	—	与皮数杆比较，用尺检查
7	清水墙游丁走缝			—	20	—	吊线和尺检查，以每层第一皮砖为准
8	外墙上下窗口偏移			—	20	—	用经纬仪或吊线检查，以底层窗口为准
9	门窗洞口宽度（后塞口）			—	±5	—	用尺检查

第七章　砌石工程

一、砌石前准备

在砌筑石砌体前，应做好以下准备工作：

1. 石砌体用石应选质地坚实、无风化剥落和裂纹的石块，并按石块规格对各砌筑部位进行分配，每个砌筑部位所用石块要大小搭配，不可先用大块后用小块。

2. 砌筑前，应清除石块表面的泥垢、水锈等杂质，必要时用水清洗。

3. 在砌筑部位放出石砌体的中心线及边线。

4. 复核各砌筑部位的原有标高，如有高低不平，应用细石混凝土填平。

5. 按石砌体的每皮高度及灰缝厚度等制作皮数杆，皮数杆立于石砌体的转角处和交接处。在皮数杆之间拉准线，依准线逐皮砌石。

6. 准备脚手架。当石砌体砌高 1.2m 以上时就要搭设脚手架。

7. 选用的石块，其强度等级应不低于 MU20。配制的砂浆应为水泥砂浆或水泥混合砂浆，用于石墙的砂浆强度等级应不低于 M2.5；用于石基础的砂浆强度等级应不低于 M5。

二、毛石基础

（一）毛石基础构造

毛石基础是用乱毛石或平毛石与水泥混合砂浆或水泥砂浆砌成。乱毛石是指形状不规则的石块；平毛石是指形状不规则，但有两个平面大致平行的石块。

毛石基础可作墙下条形基础或柱下独立基础。

毛石基础按其断面形状有矩形、梯形和阶梯形等。基础顶面宽度应比墙基底面宽度大 200mm；基础底面宽度依设计计算而定。梯形基础坡角应大于 60°，阶梯形基础每阶高不小于 300mm，每阶挑出宽度不大于 200mm（图 7-1）。

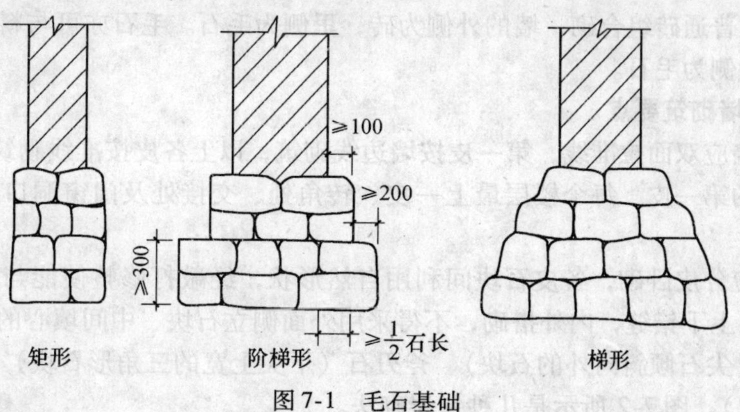

图 7-1　毛石基础

（二）毛石基础砌筑要点

1. 砌毛石基础应双面拉准线，第一皮按所放的基础边线砌筑，以上各皮按准线砌筑。

2. 砌第一皮毛石时，应选用有较大平面的石块，先在基坑底铺设砂浆，再将毛石砌上，并使毛石的大面向下。

3. 砌每一皮毛石时，应分皮卧砌，并应上下错缝，内外搭砌，不得采用先砌外面石块后中间填心的砌筑方法，石块间较大的空隙应先填塞砂浆后用碎石嵌实，不得采用先摆碎石块后塞砂浆或干填碎石块的方法。

4. 灰缝厚度宜为20～30mm，砂浆应饱满，石块间不得有相互接触现象。

5. 毛石基础的每皮毛石内每隔2m左右设置一块拉结石，拉结石宽度：当基础宽度等于或小于400mm，拉结石宽度应与基础宽度相等；基础宽度大于400mm，可用两块拉结石内外搭接，搭接长度不应小于150mm，且其中一块长度不应小于基础宽度的2/3。

6. 阶梯形毛石基础，上阶的石块应至少压砌下阶石块的1/2，相邻阶梯毛石应相互错缝搭接。

7. 毛石基础最上一皮，宜选用较大的平石砌筑。转角处、交接处和洞口处也应选用平毛石砌筑。

8. 对于高低台的毛石基础，应从低处砌起，并由高台向低台搭接，搭接长度不小于基础高度。

9. 毛石基础转角处和交接处应同时砌起，如不能同时砌起又必须留茬时，应留成斜茬，斜茬长度应不小于斜茬高度，斜茬面上毛石不应找平，继续砌时应将斜茬面清理干净，浇水湿润。

10. 毛石基础每天可砌高度为1.2m。

三、毛石墙

（一）毛石墙构造

毛石墙是用平毛石或乱毛石与水泥混合砂浆或水泥砂浆砌成，墙面灰缝不规则，外观要求整齐，其外皮石材可适当加工。毛石墙的转角可用料石或平毛石砌筑。毛石墙的厚度应不小于350mm。

毛石可以与普通砖组合砌，墙的外侧为砖，里侧为毛石。毛石亦可与料石组合砌，墙的外侧为料石，里侧为毛石。

（二）毛石墙砌筑要点

1. 砌毛石墙应双面拉准线，第一皮按墙边线砌筑，以上各皮按准线砌筑。

2. 毛石墙的第一皮、每个楼层最上一皮、转角处、交接处及门窗洞口处应用较大的平毛石砌筑。

3. 毛石墙应分皮卧砌，各皮石块间利用自然形状，经敲打修整使能与先砌石块基本吻合、搭砌紧密，上下错缝，内外搭砌，不得采用外面侧立石块、中间填心的砌筑方法，中间不得有铲口石（尖石倾斜向外的石块）、斧刃石（下尖上宽的三角形石块）和过桥石（仅在两端搭砌的石块）。图7-2所示是几种错误砌法。

4. 灰缝厚度宜为 20 ~ 30mm，砂浆应饱满，不得有干接现象。石块间较大空隙应先填砂浆后塞碎石块。

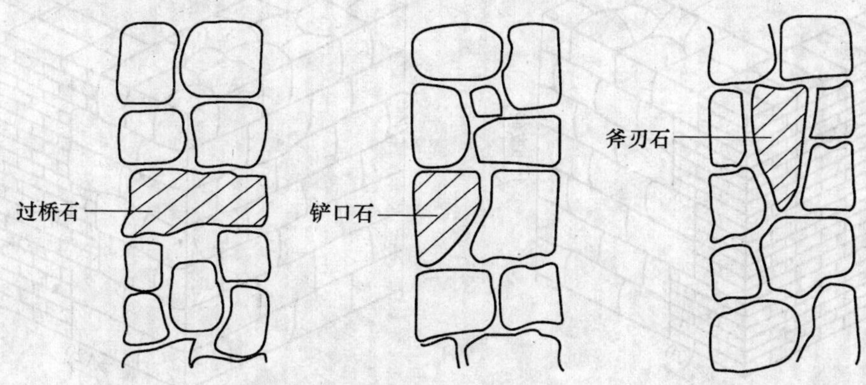

图 7-2　毛石墙错误砌法

5. 毛石墙必须设置拉结石，拉结石应均匀分布，相互错开，一般每 0.7m² 墙面至少设置一块，且同皮内的中距不大于 2m。拉结石长度：墙厚等于或小于 400mm 应与墙厚度相等；墙厚大于 400mm，可用两块拉结石内外搭接，搭接长度不小于 150mm，且其中一块长度不小于墙厚 2/3。

6. 在毛石和普通砖的组合墙中，毛石与砖应同时砌筑，并每隔 5 ~ 6 皮砖用 2 ~ 3 皮丁砖与毛石拉结砌合，砌合长度应小于 120mm，两种材料间的空隙应用砂浆填满（图 7-3）。

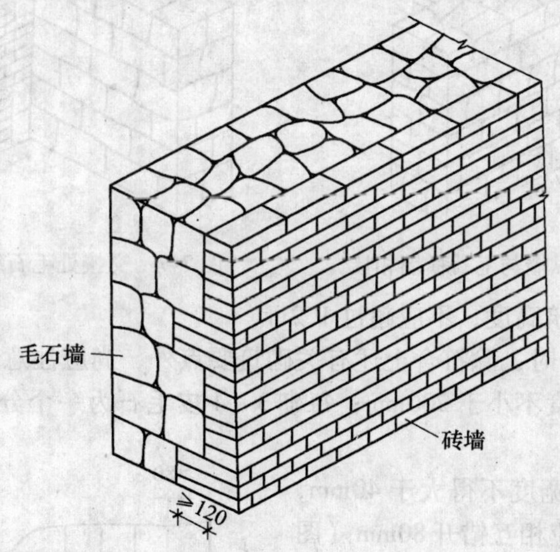

图 7-3　毛石和普通砖组合墙砌法

7. 毛石墙与砖墙相接的转角处应同时砌筑。砖墙与毛石墙在转角处相接，可从砖墙每隔 4 ~ 6 皮砖高度砌出不小于 120mm 长的阳茬与毛石墙相接（图 7-4）。亦可从毛石墙每隔4 ~ 6皮砖高度砌出不小于 120mm 长的阳茬与砖墙相接（图 7-5）。阳茬均应伸入相接墙体的长度方向。

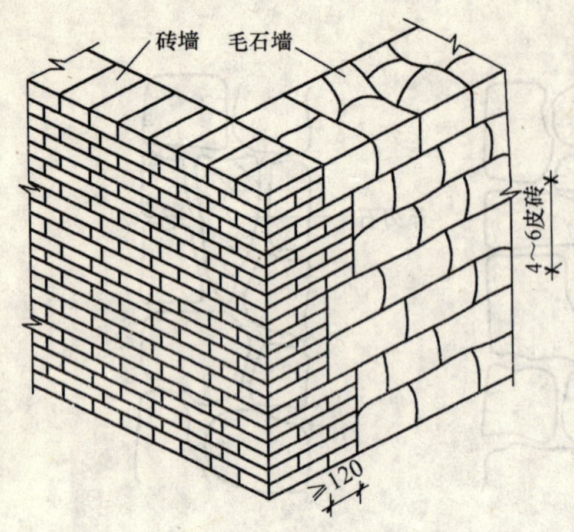

图 7-4　砖墙砌出阳茬与毛石墙相接

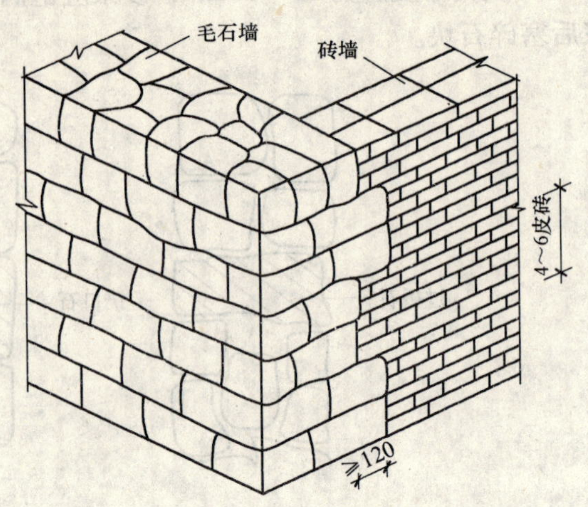

图 7-5　毛石墙砌出阳茬与毛石墙相接

8. 毛石墙与砖墙交接处应同时砌筑。砖纵墙与毛石横墙交接处，应自砖墙每隔 4 ~6 皮砖高度引出不小于 120mm 的阳茬与毛石墙相接（图 7-6）。毛石纵墙与砖横墙交接处，应自毛石墙每隔 4 ~6 皮砖高度引出不小于 120mm 的阳茬与砖墙相接（图 7-7）。

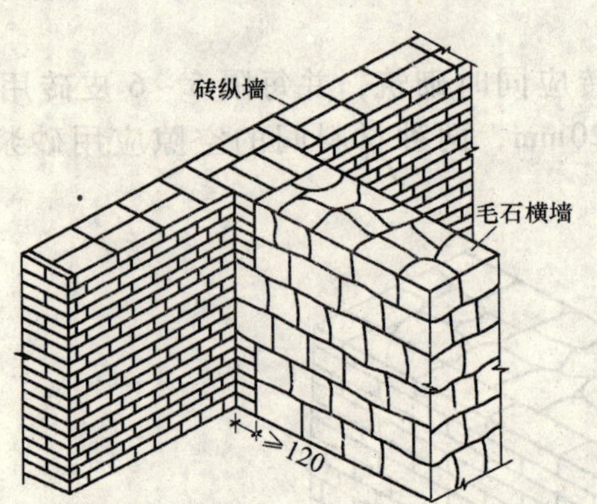

图 7-6　交接处砖纵墙与毛石横墙相接

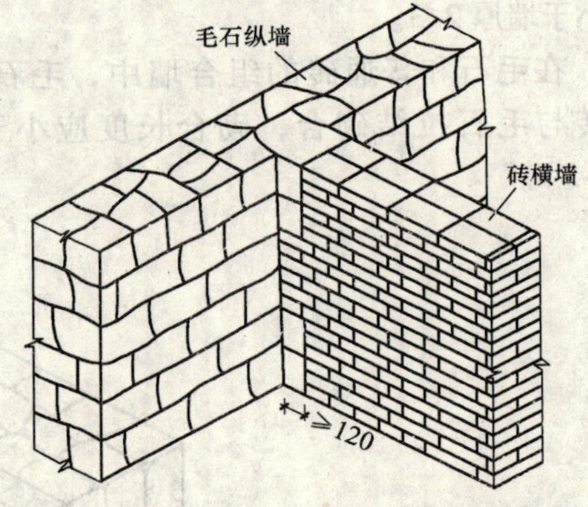

图 7-7　交接处毛石纵墙与砖横墙相接

9. 毛石墙每天的砌筑高度，不应超过 1. 2m。

10. 砌筑毛石挡土墙时，除符合上述有关砌筑要点外，尚应注意以下几点：

（1）毛石的中部厚度不小于 200mm；每砌 3 ~4 皮毛石为一个分层高度，每个分层高度应找平一次；

（2）外露面的灰缝宽度不得大于 40mm，上下皮毛石的竖向灰缝应相互错开 80mm（图 7-8）；

（3）泄水孔在每米高度上间隔 2m 左右设置一个，并在泄水孔与土体间摆长宽各为 300mm，厚 200mm 的碎石作疏水层。

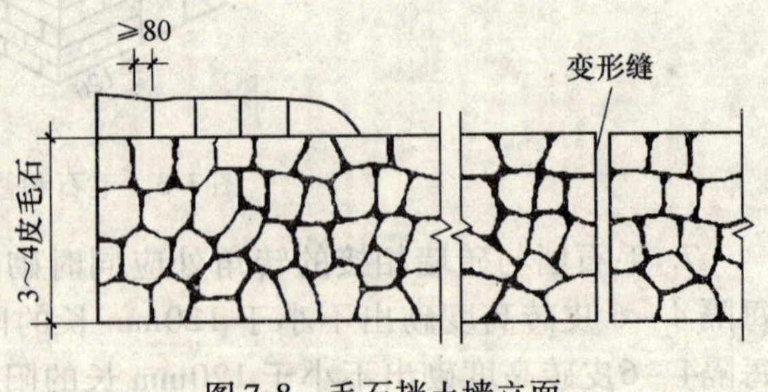

图 7-8　毛石挡土墙立面

四、料石基础

（一）料石基础构造

料石基础是用毛料石或粗料石与水泥混合砂浆或水泥砂浆砌筑而成。

料石基础有条形基础和柱下独立基础等。依其断面形状有矩形、阶梯形等（图7-9）。阶梯形基础每阶挑出宽度不大于200mm，每阶为一皮或二皮料石。

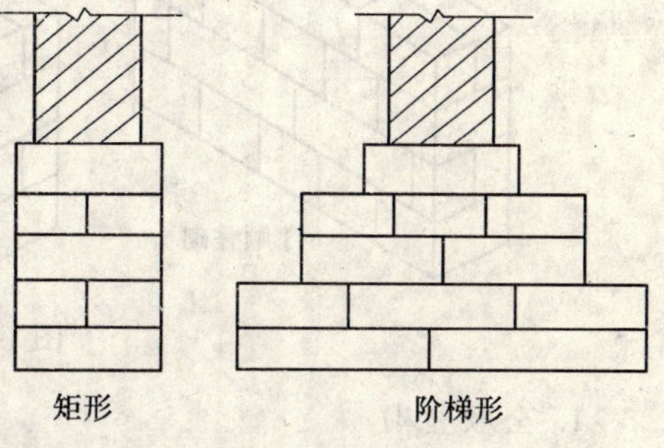

图7-9　料石基础断面形状

料石基础砌筑形式有丁顺叠砌和丁顺组砌。丁顺叠砌是一皮顺石与一皮丁石相隔砌成，上下皮竖缝相互错开1/2石宽；丁顺组砌是同皮内1～3块顺石与一块丁石相隔砌成，丁石中距不大于2m，上皮丁石坐中于下皮顺石，上下皮竖缝相互错开至少1/2石宽（图7-10）。

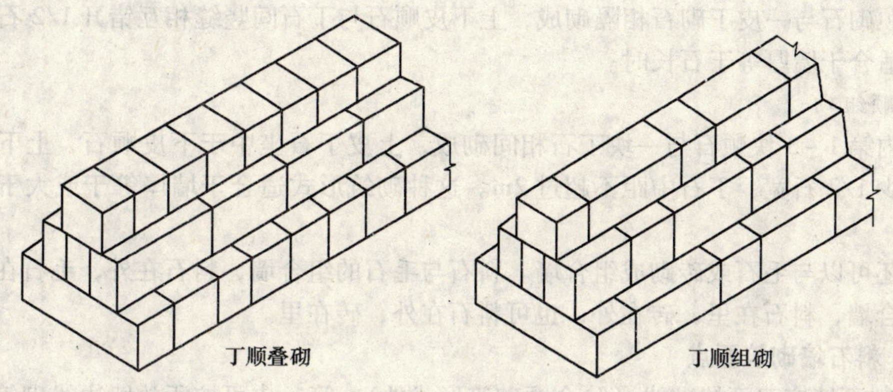

图7-10　料石基础砌筑形式

（二）料石基础砌筑要点

1. 砌筑料石基础应双面拉准线，第一皮按所放的基础边线砌筑，以上各皮按准线砌筑。可先砌转角处和交接处，后砌中间部分。

2. 料石基础的第一皮应丁砌，在基底坐浆。阶梯形基础，上阶料石应至少压砌下阶料石的1/3宽度。

3. 灰缝厚度不宜大于20mm。砌筑时，砂浆铺设厚度应略高于规定灰缝厚度，一般高出厚度为6～8mm。

4. 料石基础的转角处和交接处应同时砌起，如不能同时砌起应留置斜茬。

5. 料石基础每天砌筑高度应不大于1.2m。

五、料石墙

（一）料石墙砌筑形式

料石墙是用料石与水泥混合砂浆或水泥砂浆砌成。料石用毛、粗、半细、细料均可。料石墙砌筑形式有以下几种（图7-11）。

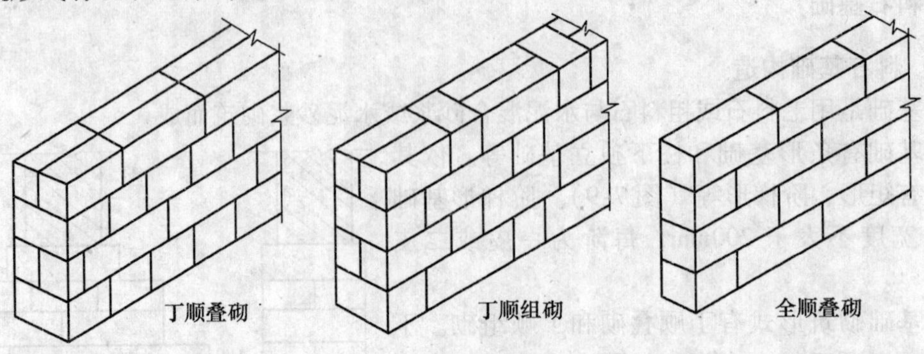

图7-11　料石墙砌筑形式

1. 全顺叠砌

每皮均为顺砌石，上下皮竖缝相互错开1/2石长。此种砌筑形式适合于墙厚等于石宽时。

2. 丁顺叠砌

一皮顺砌石与一皮丁砌石相隔砌成，上下皮顺石与丁石间竖缝相互错开1/2石宽，这种砌筑形式适合于墙厚等于石长时。

3. 丁顺组砌

同皮内第1~3块顺石与一块丁石相间砌成，上皮丁石坐中于下皮顺石，上下皮竖缝相互错开至少1/2石宽，丁石中距不超过2m。这种砌筑形式适合于墙厚等于或大于两块料石宽度时。

料石还可以与毛石或砖砌成组合墙。料石与毛石的组合墙，料石在外，毛石在里；料石与砖的组合墙，料石在里，砖在外，也可料石在外，砖在里。

（二）料石墙砌筑要点

1. 砌料石墙应双面拉准线（除全顺砌筑形式外），第一皮可按所放墙边线砌筑，以上各皮均按准线砌筑，可先砌转角处和交接处，后砌中间部分。

2. 料石墙的第一皮及每个楼层的最上一皮应丁砌。

3. 灰缝厚度：细料石墙不宜大于5mm；半细料石墙不宜大于10mm；粗料石和毛料石不宜大于20mm。

4. 砌筑时，砂浆铺设厚度应略高于规定灰缝厚度，其高出厚度：细料石、半细料石宜为3~5mm；粗料石、毛料石宜为6~8mm。

5. 在料石和毛石或砖的组合墙中，料石和毛石或砖应同时砌起，并每隔2~3皮料石用丁砌石与毛石或砖拉结砌合，丁砌料石的长度宜与组合墙厚度相同（图7-12）。

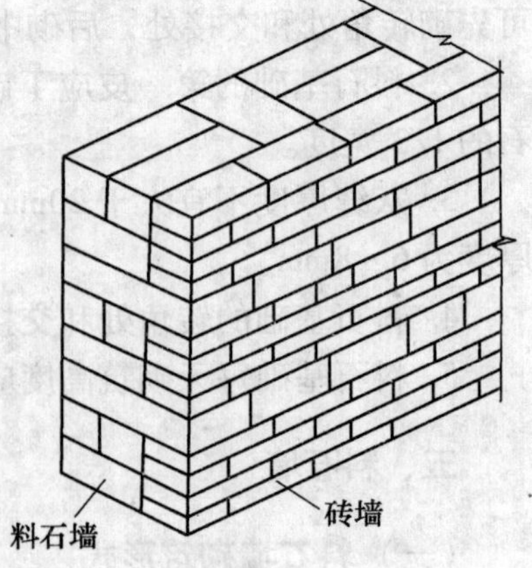

图7-12　料石和毛石或砖的组合墙

6. 料石墙的转角处及交接处应同时砌起，如不能同时砌起，应留置斜茬。

7. 料石墙每天砌筑高度不宜超过1.2m。

8. 料石清水墙中不得留脚手眼。

六、料石柱

（一）料石柱砌筑形式

料石柱是用半细料石或细料石与水泥混合砂浆或水泥砂浆砌成。

料石柱有整石柱和组砌柱两种。整石柱每一皮料石是整块的，即料石的叠砌面与柱断面相同，只有水平灰缝无竖向灰缝。柱的断面形状多为方形、矩形或圆形。组砌柱每皮由几块料石组砌，上下皮竖缝相互错开，柱的断面形状有方形、矩形、T形或十字形（图7-13）。

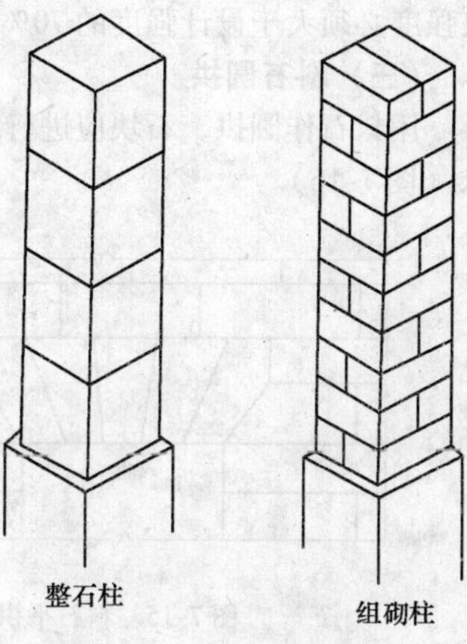

图7-13　料石柱

（二）料石柱砌筑要点

1. 砌筑料石柱前，应在柱座面上弹出柱身边线，在柱座侧面弹出柱身中心线。

2. 整石柱所用石块其四侧应弹出石块中心线。

3. 砌整石柱时，应将石块的叠砌面清理干净。先在柱座面上抹一层水泥砂浆，厚约10mm，再将石块对准中心线砌上，以后各皮石块砌筑应先铺好砂浆，对准中心线，将石块砌上。石块如有竖向偏斜，可用铜片或铝片在灰缝边缘内垫平。

4. 砌组砌柱时，应按规定的组砌形式逐皮砌筑，上下皮竖缝相互错开，无通天缝，不得使用垫片。

5. 灰缝要横平竖直。灰缝厚度：细料石柱不宜大于5mm；半细料石柱不宜大于10mm。砂浆铺设厚度应略高于规定灰缝厚度，其高出厚度为3~5mm。

6. 砌筑料石柱，应随时用线坠检查整个柱身的垂直，如有偏斜应拆除重砌，不得用敲击方法去纠正。

7. 料石柱每天砌筑高度不宜超过1.2m。砌筑完后应立即加以围护，严禁碰撞。

七、料石过梁与拱

（一）料石过梁

用料石作过梁，其厚度应为200~450mm，净跨度不宜大于1.2m，两端各伸入墙内长度不应小于250mm，过梁宽度与墙厚相同，也可用双拼料石，过梁底面应加工平整。

过梁上续砌料石墙时，其正中一块料石长度应不小于过梁净跨度的1/3，其两旁的料石长度应不小于过梁净跨度的2/3（图7-14）。

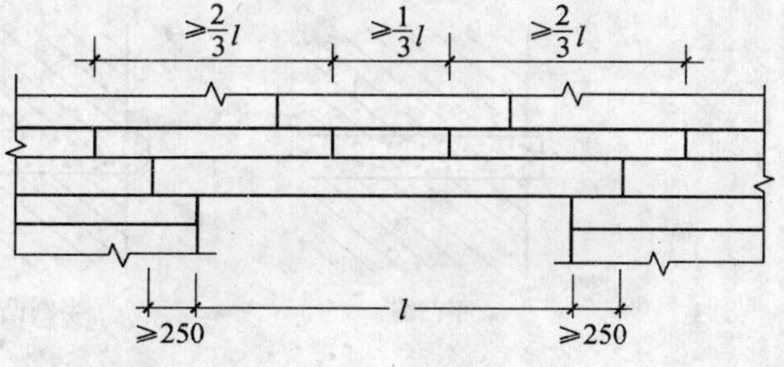

图7-14　料石过梁

（二）料石平拱

用料石作平拱，应按设计要求加工，如设计无规定，则应将料石加工成楔形（上宽下窄），斜度应预先设计。拱两端部的石块，在拱脚处坡度以60°为宜。平拱的石块数应为单数，拱厚与墙厚相等，高度为两皮料石高，拱脚处斜面应修整加工，使与拱石吻合（图7-15）。

平拱砌筑时，应先支设模板，在模板上画出石块位置线，并以两边对称地向中间砌，正中一块锁石要挤紧。所用砂浆强度等级应不低于M10，灰缝厚度宜为5mm。拆模板时，砂浆强度必须大于设计强度的70%。

（三）料石圆拱

用料石作圆拱，石块应进行细加工，使其接触面吻合严密，形状及尺寸均应符合设计要求（图7-16）。

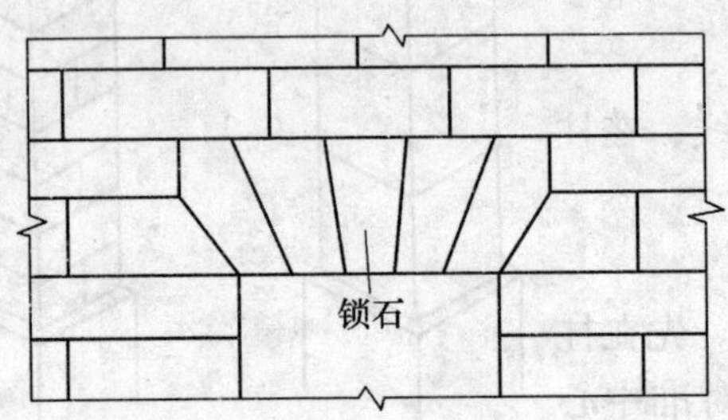

图7-15 料石平拱

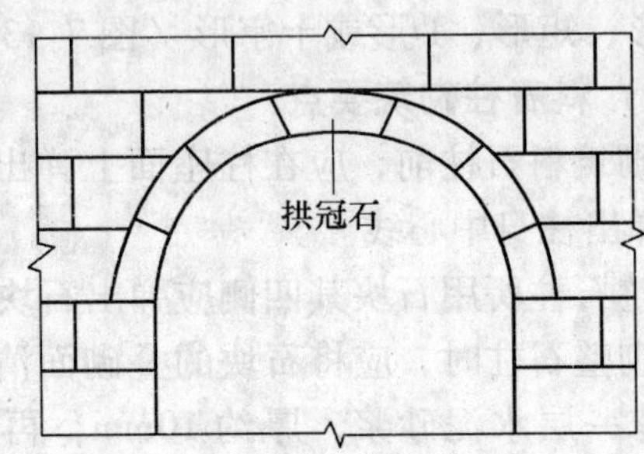

图7-16 料石圆拱

圆拱砌筑时，应先支设模板，在模板上画出石块位置线，并由拱脚对称地向中间砌筑，正中一块拱冠石要对中挤紧。所用砂浆强度应不低于M10，灰缝厚度宜为5mm。拆模板时，砂浆强度必须大于设计强度的70%。

八、石墙面勾缝

石墙面或柱面的勾缝形式有平缝、平凹缝、平凸缝、半圆凹缝、半圆凸缝和三角凸缝等，一般料石墙面多采用平缝或平凹缝；毛石面多采用平缝或平凸缝（图7-17）。

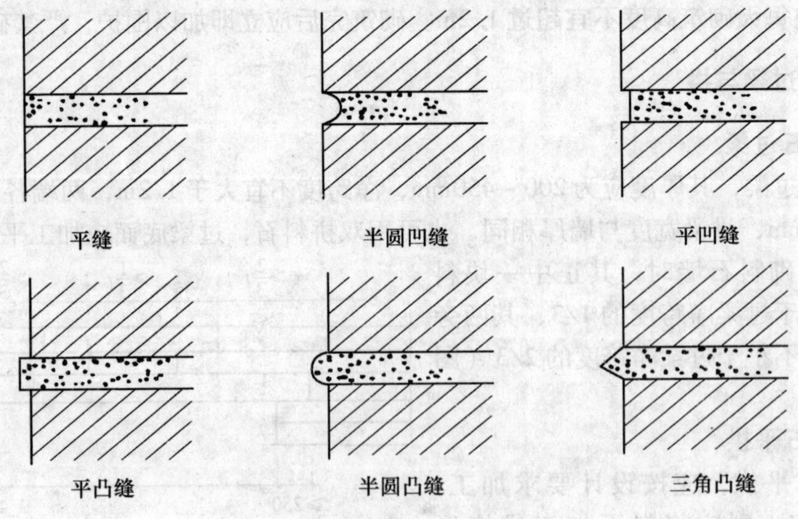

图7-17 石墙面勾缝形式

勾缝砂浆宜用1∶1.5水泥砂浆。

石墙面勾缝按下列程序进行：

1. 拆除墙面或柱面上临时装设的缆风绳、挂钩等物。
2. 清除墙面或柱面上粘结的砂浆、泥浆、杂物和污渍等。
3. 剔缝，即将灰缝刮深10～20mm，不整齐处加以修整。
4. 用水喷洒墙面或柱面，使其湿润，随后进行勾缝。

勾缝线条应顺石缝进行，且均匀一致，深浅及厚度相同，压实抹光，搭接平整。阳角勾缝要两面方正，阴角勾缝不能上下直通。勾缝不得有丢缝、开裂或粘结不牢的现象。勾缝完毕，应及时清扫墙面或柱面，早期应洒水养护。

九、石砌体允许偏差

石砌体的尺寸和位置的允许偏差，不应超过表7-1的规定。

表7-1 石砌体的尺寸和位置的允许偏差

<table>
<tr><th rowspan="4">项次</th><th rowspan="4" colspan="2">项 目</th><th colspan="8">允许偏差（mm）</th><th rowspan="4">检验方法</th></tr>
<tr><th colspan="2">毛石砌体</th><th colspan="6">料石砌体</th></tr>
<tr><th rowspan="2">基础</th><th rowspan="2">墙</th><th colspan="2">毛料石</th><th colspan="2">粗料石</th><th>半细料石</th><th>细料石</th></tr>
<tr><th>基础</th><th>墙</th><th>基础</th><th>墙</th><th>墙柱</th><th>墙柱</th></tr>
<tr><td>1</td><td colspan="2">轴线位移</td><td>20</td><td>15</td><td>20</td><td>15</td><td>15</td><td>10</td><td>10</td><td>10</td><td>用经纬仪或拉线和尺量检查</td></tr>
<tr><td>2</td><td colspan="2">基础和墙砌体顶面标高</td><td>±25</td><td>±15</td><td>±25</td><td>±15</td><td>±15</td><td>±15</td><td>±10</td><td>±10</td><td>用水准仪和尺量检查</td></tr>
<tr><td>3</td><td colspan="2">砌体厚度</td><td>+30
−0</td><td>+20
−10</td><td>+30
−10</td><td>+20
−10</td><td>+15
−0</td><td>+10
−5</td><td>+10
−5</td><td>+10
−5</td><td>用尺量检查</td></tr>
<tr><td rowspan="2">4</td><td rowspan="2">墙面垂直度</td><td>每层</td><td>—</td><td>20</td><td>—</td><td>20</td><td>—</td><td>10</td><td>7</td><td>5</td><td rowspan="2">用经纬仪或吊线和尺量检查</td></tr>
<tr><td>全高</td><td>—</td><td>30</td><td>—</td><td>30</td><td>—</td><td>25</td><td>20</td><td>15</td></tr>
<tr><td rowspan="2">5</td><td rowspan="2">表面平整度</td><td>清水墙柱</td><td>—</td><td>20</td><td>—</td><td>20</td><td>—</td><td>10</td><td>7</td><td>5</td><td rowspan="2">细料石：用2m靠尺和楔形塞尺检查；
其他：用两直尺垂直于灰缝拉2m线和尺量检查</td></tr>
<tr><td>混水墙柱</td><td>—</td><td>20</td><td>—</td><td>20</td><td>—</td><td>15</td><td>—</td><td>—</td></tr>
<tr><td>6</td><td colspan="2">清水墙水平灰缝平直度</td><td>—</td><td>—</td><td>—</td><td>—</td><td>—</td><td>10</td><td>7</td><td>5</td><td>拉10m线和尺量检查</td></tr>
</table>

第八章　小型砌块工程

一、混凝土空心砌块砌体

（一）混凝土空心砌块墙砌筑形式

混凝土空心砌块的主规格为390mm×190mm×190mm，墙厚等于砌块的宽度，其立面砌筑形式只有全顺一种，即各皮砌块均为顺砌，上下皮竖缝相互错开1/2砌块长，上下及砌块孔洞相互对准（图8-1）。

（二）混凝土空心砌块墙砌筑要点

1. 砌块砌筑前，应根据砌块高度和灰缝厚度计算皮数，制作皮数杆，并将皮数杆竖立于墙的转角处和交接处。皮数杆间距宜小于15m。

2. 砌块的生产龄期不应小于28d。并清除砌块表面污物和芯柱所用砌块孔洞的底部毛边。

3. 砌块一般不需浇水，当天气炎热且干燥时，可提前喷水湿润。

4. 必须遵守“反砌”原则，每皮砌块应使其底面朝上砌筑。

5. 砌块应对孔错缝搭砌，个别情况下无法对孔砌筑时，允许错孔砌筑，但搭接长度不应小于90mm。如不能满足上述要求时，应在砌块的水平灰缝内设置拉结钢筋或钢筋网片。拉结钢筋可用2根直径为6mm的HPB级钢筋；钢筋网片可用直径4mm的钢筋焊接而成。拉结钢筋或钢筋网片的长度不应小于700mm（图8-2）。但竖向通缝不得超过两皮砌块。

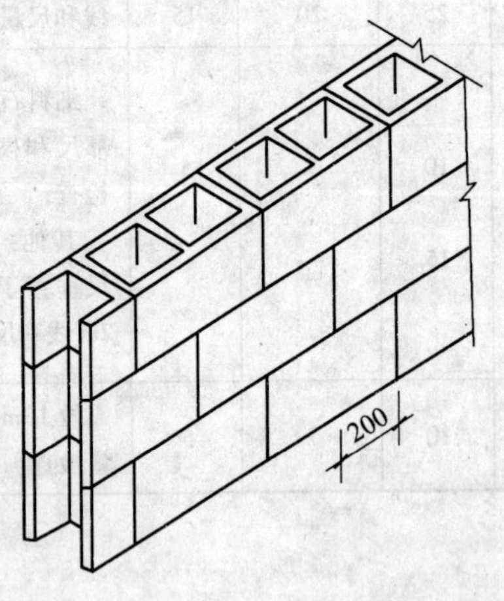

图8-1　混凝土空心砌块墙砌筑形式

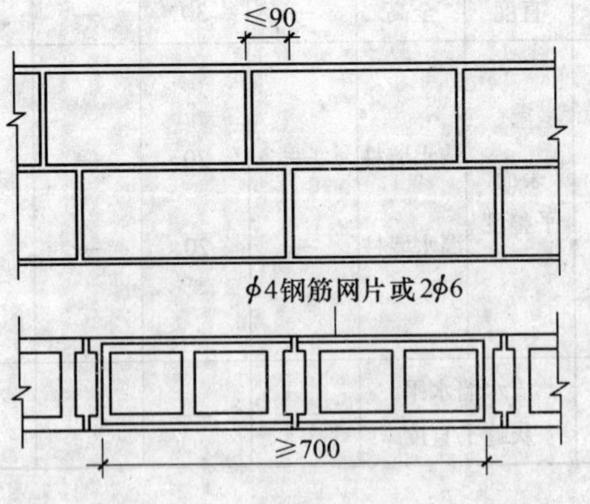

图8-2　混凝土空心砌块墙灰缝中设置拉结钢筋或网片

6. 水平灰缝应平直，按净面积计算的砂浆饱满度不应低于90%。竖向灰缝应采用加浆方法，使其砂浆饱满，严禁用水冲浆灌缝，不得出现瞎缝、透明缝。竖缝的砂浆饱满度不应低于80%。水平灰缝厚度和竖向灰缝宽度一般为10mm，最小不小于8mm，最大不超过12mm。

7. 空心砌块墙的转角处，应隔皮纵、横墙砌块相互搭砌，即隔皮纵、横墙砌块端面露头（图8-3）。

8. 空心砌块墙的T字形交接处，应隔皮使横墙砌块端面露头。当该处无芯柱时，应在纵墙上交接处砌两块一孔半的辅助规格砌块，隔皮砌在横墙露头砌块下，其半孔应位于中间（图8-4）。当该处有芯柱时，应在纵墙上交接处砌一块三孔大规格砌块，砌块的中间孔正对横墙露头砌块靠外的孔洞（图8-5）。

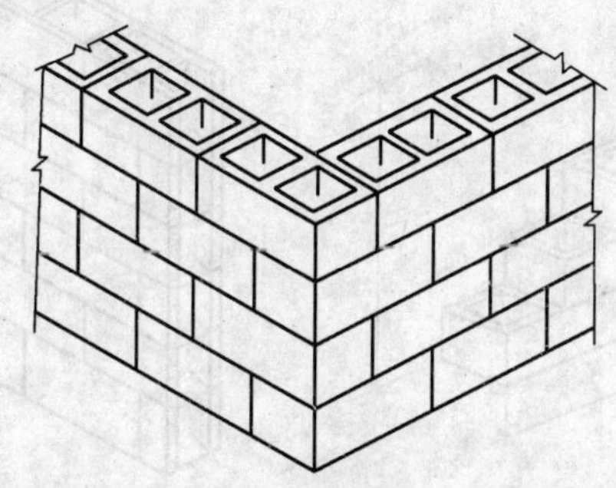

图8-3　空心砌块墙的转角砌法

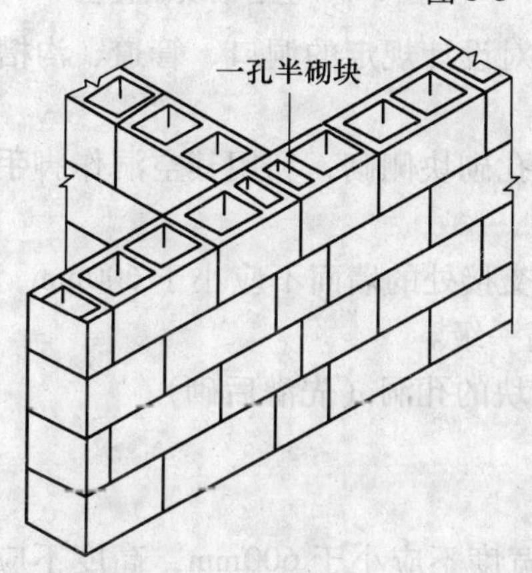

图8-4　空心砌块墙的T字形交接处砌法（无芯柱）

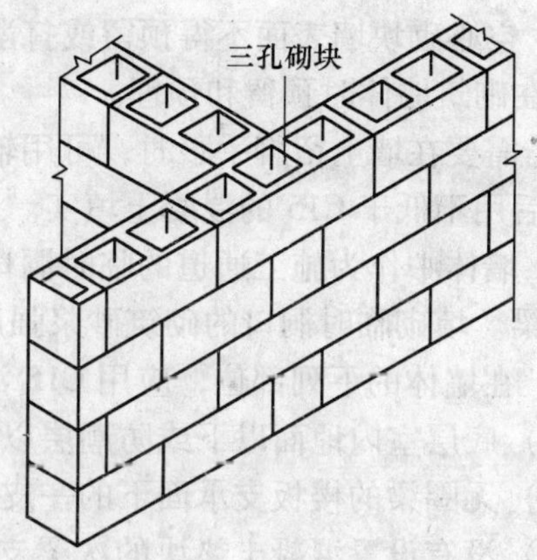

图8-5　空心砌块墙的T字形交接处砌法（有芯柱）

在T字形交接处，纵墙如用主规格砌块，则会造成纵墙面上有连续三皮通缝，这是不允许的。

9. 空心砌块墙的十字形交接处，当该处无芯柱时，在交接处应砌一孔半砌块，隔皮相互垂直相交，其半孔应在中间。当该处有芯柱时，在交接处应砌三孔砌块，隔皮相互垂直相交，中间孔相互对正。

在十字交接处，如用主规格砌块，则会使纵横交接面出现连续三皮通缝，这也是不允许的。

10. 空心砌块墙的转角处和交接处应同时砌起，如不能同时砌起，应留置斜茬，斜茬的长度应等于或大于斜茬高度（图 8-6）。

11. 在非抗震设防地区，除外墙转角处，空心砌块墙的临时间断处可从墙面伸出 200mm 砌成直茬，并每隔三皮砌块高在水平灰缝设 2 根直径为 6mm 的 HPB 级拉结筋；拉结筋埋入长度，从留茬处算起，每边均不应小于 600mm，钢筋外露部分不得任意弯折（图 8-7）。

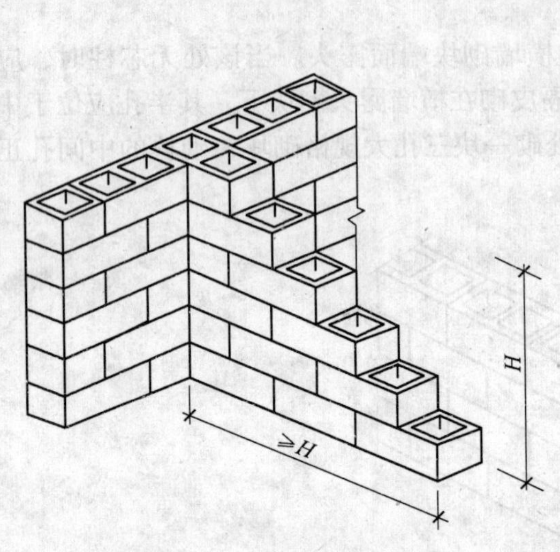

图 8-6　空心砌块墙斜茬

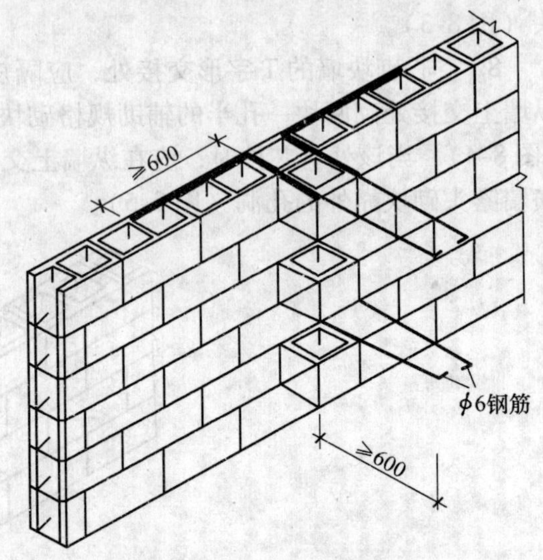

图 8-7　空心砌块墙直茬

12. 空心砌块墙表面不得预留或打凿水平沟槽，对设计规定的洞口、管道、沟槽和预埋件，应在砌筑墙体时预留和预埋。

13. 需要在墙上留脚手眼时，可用辅助规格的单孔砌块侧砌，利用其空洞作脚手眼，墙体完工后用不低于 C15 的混凝土填实。

14. 墙体中作为施工通道的临时洞口，其侧边离交接处的墙面不应小于 600mm，并在顶部设过梁。填砌临时洞口的砌筑砂浆强度等级宜提高一级。

15. 在墙体的下列部位，应用 C15 混凝土灌实砌块的孔洞（先灌后砌）：

（1）底层室内地面以下或防潮层以下的砌体；

（2）无圈梁的楼板支承面下的一皮砌块；

（3）没有设置混凝土垫块的次梁支承处，灌实宽度不应小于 600mm，高度不应小于一皮砌块；

（4）挑梁的悬挑长度不小于 1.2m 时，其支承部位的内外墙交接处，纵横各灌实 3 个孔洞，灌实高度不小于三皮砌块。

16. 如作为后砌隔墙或填充墙时，沿墙高每隔 600mm 应与承重墙或柱内预留的钢筋网片或 2 根直径为 6mm 的 HPB 级钢筋拉结，钢筋伸入墙内的长度不应小于 600mm。

17. 需要移动已砌好的砌块时，应清除原有砂浆，重新铺砂浆砌筑。

18. 空心砌块墙的下列部位不得留置脚手眼：

（1）过梁上部与过梁成 60°角的三角形范围内；

（2）宽度小于 800mm 的空间墙；

（3）梁或梁垫下及其左右各 500mm 的范围内；

(4) 门窗洞口两侧200mm和墙体交接处400mm的范围内；
(5) 设计规定不允许留脚手眼的部位。

19. 空心砌块墙的每天砌筑高度，宜控制在1.5m（或一步脚手架高度）内。

(三) 混凝土空心砌块砌体允许偏差

混凝土空心砌块砌体的允许偏差应符合表8-1的规定。

表8-1 混凝土空心小型砌块砌体的允许偏差

项次	项目			允许偏差（mm）	检查方法
1	轴线位移			10	用经纬仪、水平仪复查或检查施工记录
2	基础或楼面标高			±15	
3	垂直度	每层		5	用吊线法检查
		全高	10m以下	10	用经纬仪或吊线和尺检查
			10m以上	20	
4	表面平整	清水墙、柱		5	用2m靠尺检查
		混水墙、柱		8	
5	水平灰缝平直度	清水墙10m以内		7	用拉线和尺检查
		混水墙10m以内		10	
6	水平灰缝厚度（连续五皮砌块累计数）			±10	用尺量检查
7	垂直灰缝宽度（连续五皮砌块累计数，包括凹面深度）			±15	
8	门窗洞口宽度（后塞框）	宽度		±5	用尺量检查
		高度		±15 −5	

二、加气混凝土砌块砌体

(一) 加气混凝土砌块墙砌筑形式

加气混凝土砌块主规格的长度为600mm，宽度和高度有多种。墙厚一般等于砌块宽度，其立面砌筑形式只有全顺式一种。上下皮竖缝相互错开不小于砌块长度的1/3。如不能满足时，在水平灰缝中设置2根直径为6mm的HPB级钢筋或直径4mm的钢筋网片，加筋长度不少于700mm（图8-8）。

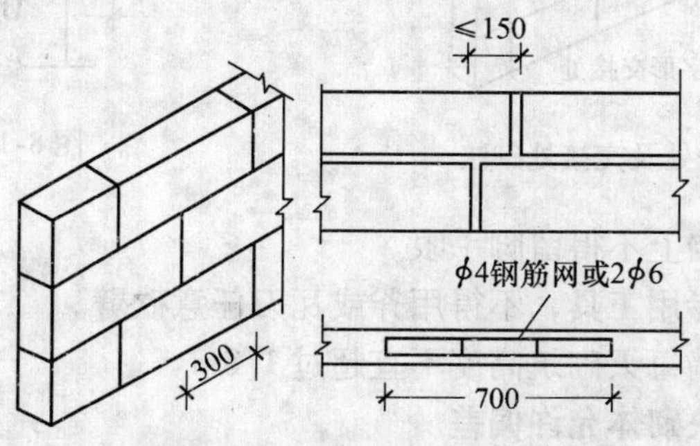

图8-8 加气混凝土墙砌筑形式

（二）加气混凝土砌块墙砌筑要点

1. 按砌块每皮高度制作皮数杆，并竖立于墙的两端，两相对皮数杆之间拉准线，在砌筑位置放出墙身边线。

2. 加气混凝土砌块砌筑时，应向砌筑面适量浇水。

3. 在砌块墙底部应用烧结普通砖或多孔砖，其高度不宜小于200mm。

4. 不同干密度和强度等级的加气混凝土不应混砌。加气混凝土砌块也不得与其他砖、砌块混砌。但在墙底、墙顶及门窗洞口处局部采用烧结普通砖和多孔砖砌筑不视为混砌。

5. 灰缝应横平竖直，砂浆饱满。水平灰缝厚度不得大于15mm，竖向灰缝宜用内外临时夹板夹住后灌缝，其宽度不得大于20mm。

6. 砌块墙的转角处，应隔皮纵、横墙砌块相互搭砌。砌块墙的T字形交接处，应使横墙砌块隔皮端面露头（图8-9）。

7. 砌到接近上层梁、板底时，宜用烧结普通砖斜砌挤紧，砖倾斜度为60°左右，砂浆应饱满。

8. 墙体洞口上部应放置2根直径为6mm的HPB级钢筋，伸过洞口两边长度每边不小于500mm。

9. 砌块墙与承重墙或柱交接处，应在承重墙或柱的水平灰缝内预埋拉结钢筋，拉结钢筋沿墙或柱高每1m左右设一道，每道为2根直径6mm的HPB级钢筋（带弯钩），伸出墙或柱面长度不小于700mm，在砌筑砌块时，将此拉结钢筋伸出部分埋置于砌块墙的水平灰缝中（图8-10）。

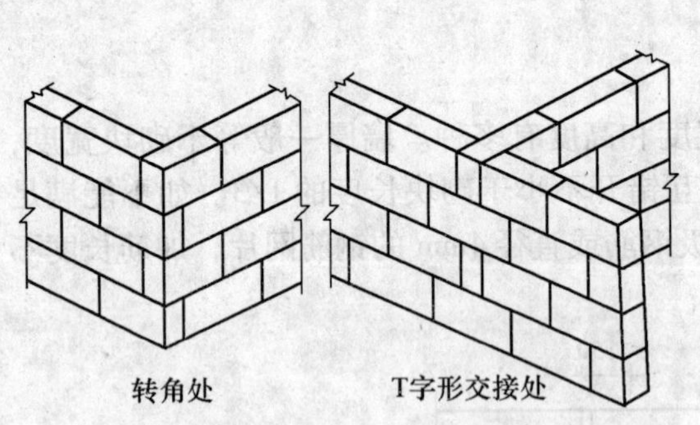

图8-9　加气混凝土墙转角处及交接处砌法

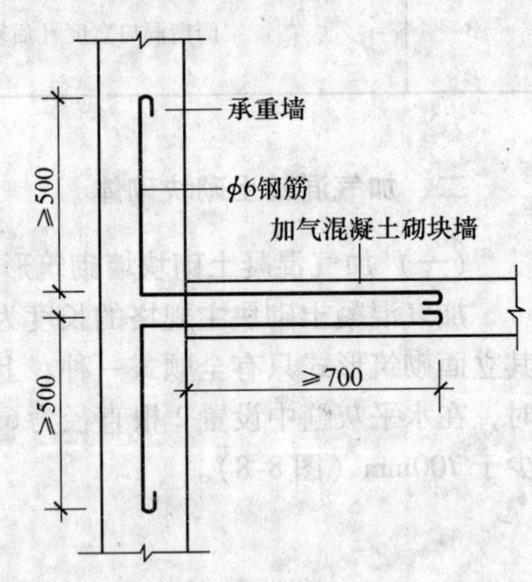

图8-10　砌块墙与承重墙拉结

10. 加气混凝土砌块墙上不得留脚手眼。

11. 切锯砌块应使用专用工具，不得用斧或瓦刀任意砍劈。

12. 加气混凝土砌块墙每天砌筑高度不宜超过1.8m。

（三）加气混凝土砌块砌体允许偏差

加气混凝土砌块砌体结构尺寸和位置的允许偏差应符合表8-2的规定。

表 8-2　加气混凝土砌块砌体结构尺寸和位置的允许偏差

项　次	项　　目	允许偏差（mm）	检验方法
1	砌体厚度	±4	用尺量
2	基础顶面和楼面标高	±15	用水平仪、经纬仪复查或检查施工记录
3	轴线位移	5	
4	墙面垂直度 （1）每　层 （2）全　高	 5 10	 用吊线法检查 用经纬仪或吊线尺量检查
5	表面平整	6	用2m长直尺和塞尺检查
6	水平灰缝平直	7	灰缝上口处用10m长的线拉直并用尺检查

三、粉煤灰砌块砌体

（一）粉煤灰砌块墙砌筑形式

粉煤灰砌块的主规格长度为880mm，宽度有380mm、430mm两种。墙厚等于砌块宽度，其立面砌筑形式只有全顺一种，即每皮砌块均为顺砌，上下竖缝相互错开砌块长度的1/3以上，并不小于150mm，如不能满足时，在水平灰缝中应设置2根直径为6mm的HPB级钢筋或直径4mm钢筋网片加强，加强筋长度不小于700mm（图8-11）。

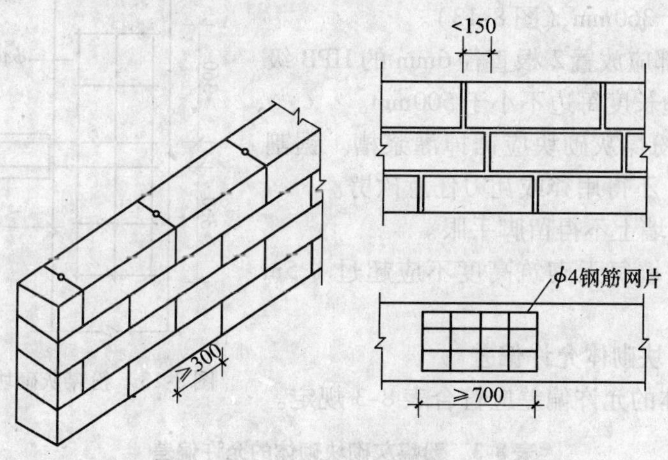

图 8-11　粉煤灰砌块墙砌筑形式

（二）粉煤灰砌块墙砌筑要点

1. 粉煤灰砌块自生产之日算起，应放置一个月以后，方可用于砌筑。

2. 严禁使用干的粉煤灰砌块上墙，一般应提前2d浇水，砌块含水率宜为8%～12%，不得随砌随浇水。

3. 砌筑砂浆应采用水泥混合砂浆。

4. 灰缝应砂浆饱满，横平竖直。水平灰缝厚度不得大于15mm，竖向灰缝宜用内外临时夹板灌缝，在灌浆槽中的灌浆高度应不小于砌块高度，个别竖缝宽度大于30mm时，应用细石混凝土灌缝。

5. 粉煤灰砌块墙的转角处，应隔皮纵、横墙砌块相互搭砌，隔皮纵、横墙砌块端面露头。在T字形交接处，隔皮使横墙砌块端面露头。凡露头砌块应用粉煤灰砂浆将其填补抹平（图8-12）。

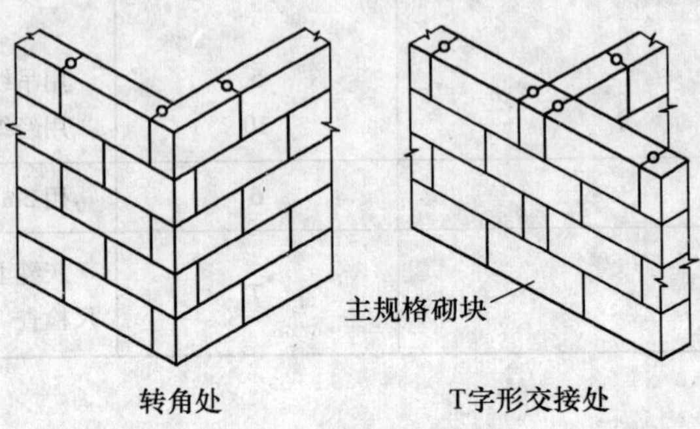

图8-12 粉煤灰砌块墙的转角处及交接处砌法

6. 粉煤灰砌块墙与普通砖承重墙或柱交接处，应沿墙高1m左右设置3根直径4mm的拉结钢筋，拉结钢筋伸入砌块墙内长度不小于700mm。

7. 粉煤灰砌块墙与半砖厚普通砖墙交接处，应沿墙高800mm左右设置直径4mm钢筋网片，钢筋网片形状依照两种墙交接情况而定。置于半砖墙水平灰缝中的钢筋为2根，伸入长度不小于360mm；置于砌块墙水平灰缝中的钢筋为3根，伸入长度不小于360mm（图8-13）。

8. 墙体洞口上部应放置2根直径6mm的HPB级钢筋，伸过洞口两边长度每边不小于500mm。

9. 洞口两侧的粉煤灰砌块应锯掉灌浆槽。锯割砌块应用专用手锯，不得用斧或瓦刀任意砍劈。

10. 粉煤灰砌块墙上不得留脚手眼。

11. 粉煤灰砌块墙每天砌筑高度不应超过1.5m或一步脚手架高度。

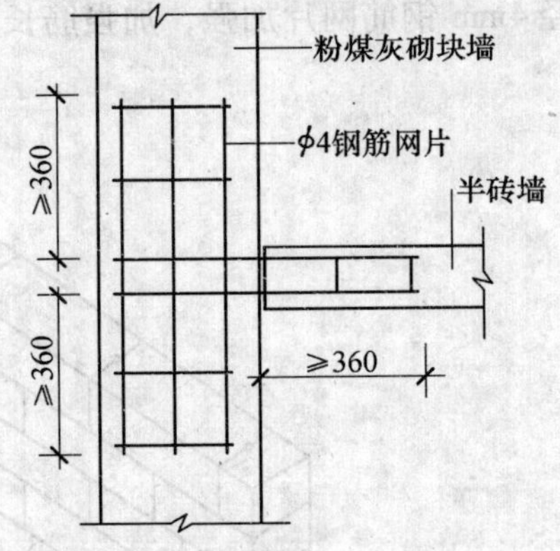

图8-13 粉煤灰砌块墙与半砖墙交接

（三）粉煤灰砌块砌体允许偏差

粉煤灰砌块砌体的允许偏差应符合表8-3规定。

表8-3 粉煤灰砌块砌体的允许偏差

项次	项目	允许偏差（mm）	检验方法
1	轴线位置	10	用经纬仪、水平仪复查或检查施工记录
2	基础或楼面标高	±15	用经纬仪、水平仪复查或检查施工记录

续表

项　次	项　　目			允许偏差（mm）	检 验 方 法
3	垂直度	每楼层		5	用吊线法检查
		全高	10m 以下	10	用经纬仪或吊线尺检查
			10m 以上	20	用经纬仪或吊线尺检查
4	表面平整			10	用 2m 长直尺和塞尺检查
5	水平灰缝平直度		清水墙	7	灰缝上口处用 10m 长的线拉直并用尺检查
			混水墙	10	
6	水平灰缝厚度			+10、-5	与线杆比较，用尺检查
7	垂直缝宽度			+10、-5 >30 用细石混凝土	用尺检查
8	门窗洞口宽度（后塞框）			+10、-5	用尺检查
9	清水墙游丁走缝			2.0	用吊线和尺检查

四、轻骨料混凝土空心砌块砌体

（一）轻骨料混凝土空心砌块墙砌筑形式

轻骨料混凝土空心砌块的主规格为 390mm×190mm×190mm，常用全顺砌筑形式，墙厚等于砌块宽度。上下皮竖向灰缝相互错开 1/2 砌块长，并不应小于 120mm，如不能保证时，应在水平灰缝中设置 2 根直径 6mm 的 HPB 级拉结钢筋或直径 4mm 的钢筋网片（图 8-14）。

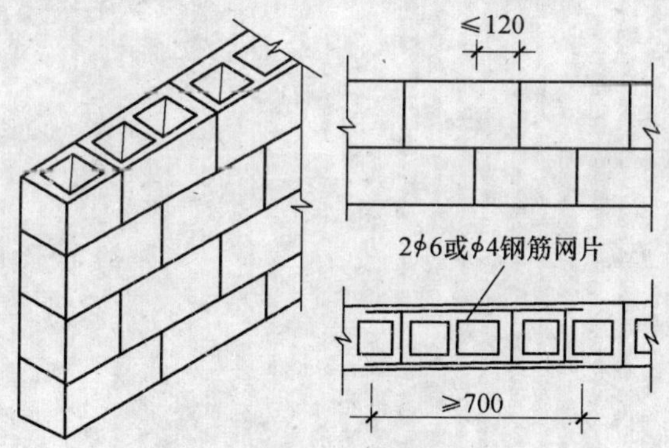

图 8-14　轻骨料混凝土空心砌块墙

（二）轻骨料混凝土空心砌块墙砌筑要点

1. 对轻骨料混凝土空心砌块，宜提前 2d 以上适当浇水湿润。严禁雨天施工，砌块表面有浮水时亦不得进行砌筑。

2. 砌块应保证有 28d 以上的龄期。

3. 砌筑前应根据砌块皮数制作皮数杆，并在墙体转角处及交接处竖立，皮数杆间距不得超过15m。

4. 砌筑时，必须遵守“反砌”原则，即使砌块底面向上砌筑，上下皮应对孔错缝搭砌。

5. 水平灰缝应平直，砂浆饱满，按净面积计算的砂浆饱满度不应低于90%。竖向灰缝应采用加浆方法，使其砂浆饱满，严禁用水冲浆灌缝，不得出现瞎缝、透明缝，其砂浆饱满度不宜低于80%。

6. 需要移动已砌好的砌块或对被撞动的砌块进行修整时，应清除原有砂浆后，再重新铺浆砌筑。

7. 墙体转角处及交接处应同时砌起，如不能同时砌起需留茬时，留茬的方法及要求同混凝土空心砌块墙中所述的规定。

8. 每天砌筑高度不得超过1.8m。

9. 在砌筑砂浆终凝前后的时间，应将灰缝刮平。

10. 轻骨料混凝土空心砌块墙的允许偏差同混凝土空心砌块墙的允许偏差（参见表8-1）。

第九章　配筋砌体工程

一、网状配筋砌体

（一）网状配筋砖柱构造

网状配筋砖柱是用烧结普通砖与砂浆砌成砖柱，在砖柱的水平灰缝中配有钢筋网片。所用的砖不应低于 MU10，所用的砂浆不应低于 M5。

钢筋网片有方格网和连弯网两种形式。方格网是将纵、横向的钢筋点焊成钢筋网，网格为方形，钢筋直径宜采用 3 ~4mm。连弯网是将钢筋连弯成格栅形，分有纵向连弯网和横向连弯网，钢筋直径不应大于 8mm。钢筋网中钢筋的间距，不大于 120mm，亦不小于 30mm。钢筋网的间距，不应大于 5 皮砖，或不应大于 400mm。当采用连弯网时，网的钢筋方向应互相垂直，沿砖柱高度交错设置，钢筋网的间距是指一方向网的间距（图 9-1）。

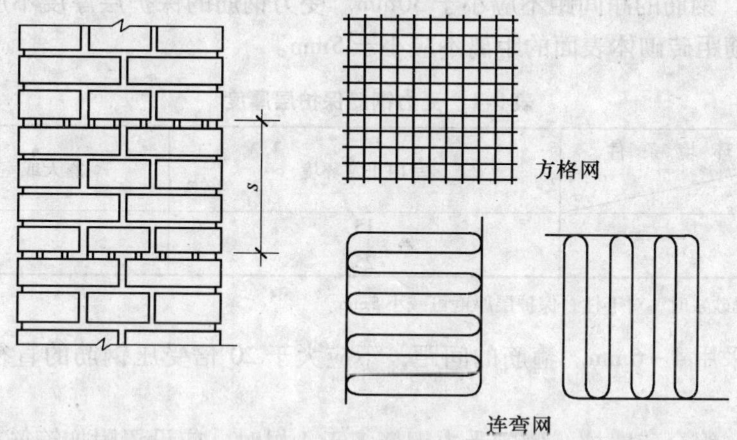

图 9-1　网状配筋砖柱

（二）网状配筋砖柱施工要点

砖柱的砌筑要点与不配筋的砖柱一样。

配有钢筋网的水平灰缝厚度应保证钢筋上下至少各有 2mm 的砂浆层。例如：采用直径 4mm 的方格网，则该层水平灰缝厚度为 $2 \times 2 + 4 \times 2 = 12$mm；若采用直径 6mm 的连弯网，则该层水平灰缝厚度为 $2 \times 2 + 6 = 10$mm。钢筋网应置于砂浆层中间，钢筋网边缘钢筋的砂浆保护层应不小于 15mm。

二、组合砖砌体

（一）组合砖砌体构造

组合砖砌体是由砖砌体和钢筋混凝土面层或钢筋砂浆面层组成，有组合砖柱、组合砖壁柱及组合砖墙等（图9-2）。

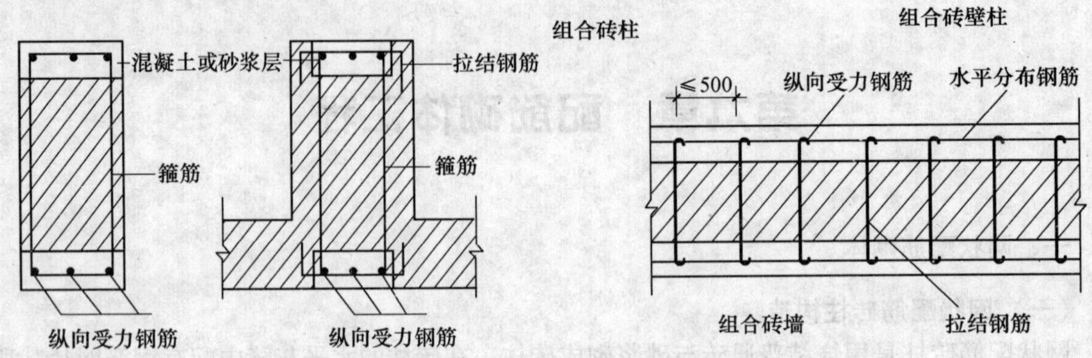

图9-2　组合砖砌体

砖砌体所用的砖不宜低于MU10，砌筑砂浆不得低于M5。

面层混凝土强度等级一般采用C15或C20，面层水泥砂浆强度等级不得低于M7.5，砂浆面层的厚度可采用30～45mm。当面层厚度大于45mm时，其面层宜采用混凝土。

受力钢筋宜采用HPB级钢筋，对于混凝土面层，亦可采用HRB级钢筋。受力钢筋的直径不应小于8mm，钢筋的净间距不应小于30mm。受力钢筋的保护层厚度不应小于表9-1中的规定。受力钢筋距砖砌体表面的距离不应小于5mm。

表9-1　受力钢筋保护层厚度　（mm）

类别 \ 环境条件	室内正常环境	露天或室内潮湿环境
墙	15	25
柱	25	35

注：当面层为水泥砂浆时，对于柱，保护层厚度可减小5mm。

箍筋的直径采用4～6mm。箍筋的间距，不应大于20倍受压钢筋的直径或500mm，并不应小于120mm。

当组合砖柱、组合砖壁柱一侧的受力钢筋多于4根时，应设置附加箍筋或拉结钢筋，附加箍筋及拉结钢筋的直径、间距要求与箍筋相同。

对于组合砖墙，应采用穿通墙体的拉结钢筋作为箍筋，同时设置水平分布钢筋。拉结钢筋直径采用6～8mm，水平方向间距不大于500mm。水平分布钢筋直径不应小于8mm，垂直方向间距不应大于500mm。

组合砖砌体的顶部及底部，以及牛腿部位，必须设置混凝土垫块，受力钢筋伸入垫块的长度，必须满足锚固要求。

（二）组合砖砌体施工要点

1. 先按常规砌筑砖砌体，在砌筑同时，按规定的间距，在砌体的水平灰缝内放置箍筋或拉结钢筋。箍筋或拉结钢筋应埋于砂浆层中，使其砂浆保护层厚度不小于2mm，两端伸出砖砌体外的长度相一致。

2. 受力钢筋按规定间距竖立，与箍筋或拉结钢筋绑牢。组合砖墙中的水平分布钢筋按规定间距与受力钢筋绑牢。

3. 面层施工前，应清除面层底部的杂物，并浇水湿润砖砌体表面（指面层与砖砌体的接触面）。

4. 砂浆面层施工不用支模板，只需从下而上分层涂抹即可，一般应两层涂抹，第一层主要是刮底，使受力钢筋与砖砌体有一定的保护层；第二层主要是抹面，使面层表面平整。

5. 混凝土面层施工时应支设模板，每次支设高度宜为500～600mm。在此段高度内，混凝土还应分层浇筑，用插入式振动器或捣钎捣实混凝土。待混凝土强度达到设计强度30%以上才能拆除模板。

三、钢筋混凝土填心墙

（一）钢筋混凝土填心墙构造

钢筋混凝土填心墙是将砌好的两个独立墙片，用拉结钢筋连接在一起，在两墙片之间设置钢筋，并浇筑混凝土而成（图9-3）。

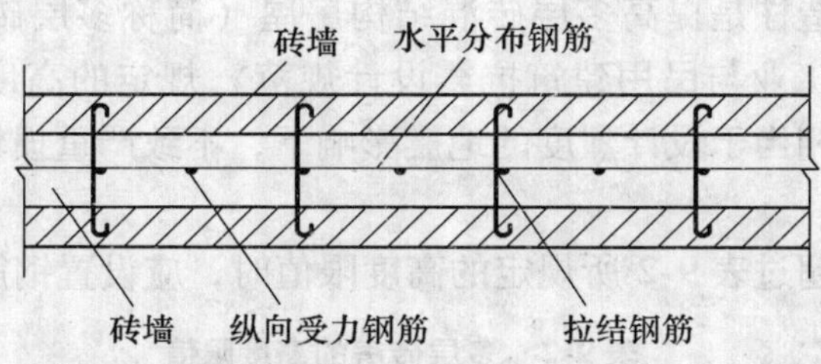

图9-3　钢筋混凝土填心墙

墙片采用烧结普通砖与砂浆砌筑而成。砖强度等级不低于MU7.5，砂浆强度等级不低于M5。墙厚至少为115mm，混凝土强度等级不低于C15。

竖向受力钢筋的直径及间距按设计计算而定，其直径不应小于10mm。水平分布钢筋直径不应小于8mm，垂直方向间距不应大于500mm。拉结钢筋直径为4～6mm，垂直方向及水平方向间距均不应大于500mm，并不应小于120mm。

（二）钢筋混凝土填心墙施工要点

钢筋混凝土填心可采用低位浇筑混凝土和高位浇筑混凝土两种施工方法。

1. 低位浇筑混凝土法

先竖立受力钢筋，绑好水平分布钢筋，并临时固定。同时砌筑两侧墙片，每次砌筑高度不超过600mm，砌筑时按设计要求在砖墙水平灰缝中放置拉结钢筋，拉结钢筋与受力钢筋绑牢。当砌筑砂浆强度达到墙片能承受混凝土产生的侧压力时，将落入两墙片之间的砂浆和砖渣等杂物清理干净，向墙片里侧浇水使其湿润。再分层浇筑混凝土，逐层振捣密实。这一过程反复进行，直至墙体全部完成。

2. 高位浇筑混凝土法

先竖立受力钢筋，绑好水平分布钢筋，并临时固定。同时砌筑两墙片至全高，但不得超过3m。两墙片砌筑高度差不应大于墙内拉结钢筋的竖向间距。砌筑时按设计要求在砖墙水平灰缝中设置拉结钢筋，拉结钢筋与受力钢筋绑牢。在一片砖墙的底部要预留若干清理洞，墙片砌完后，从清理洞口中掏出落入两墙片间的砂浆和碎砖等杂物。清理干净后，再用同品种、同强度等级的砖和砂浆将洞口填塞。当砌筑砂浆强度达到墙片能承受住混凝土产生的侧压力时（不少于3d），浇水湿润墙片里侧，然后分层浇筑混凝土，逐层振捣密实。

上述两种方法施工时，振捣混凝土宜用插入式振动器。分层浇捣厚度不宜超过200mm，振动棒不要触及钢筋及砖墙。

（三）钢筋混凝土填心墙允许偏差

钢筋混凝土填心墙的砖墙部分允许偏差应符合“砖砌体尺寸和位置的允许偏差”的规定（见表6-2）。

钢筋混凝土填心墙混凝土部分允许偏差符合“混凝土结构尺寸和位置的允许偏差”的规定。

四、钢筋混凝土构造柱

（一）钢筋混凝土构造柱的设置

设置钢筋混凝土构造柱是提高多层砖混结构房屋（简称多层砖房）抗震能力的一种措施。当多层砖房超过《工业与民用建筑抗震设计规范》规定的高度限值，如设置了钢筋混凝土构造柱，则在遭受相当于设计烈度的地震影响下，不致严重损坏，并且不经修理或经一般修理仍可继续使用。

当多层砖房的高度超过表9-2所规定的高度限值时，应设置钢筋混凝土构造柱。

表9-2　多层砖房的高度限值　（m）

墙体布置	设计烈度		
	7	8	9
横墙较密	19	13	10
横墙较少	16	10	7

注：①房屋的高度是指室外地坪到主建筑物檐口的高度；

②横墙较密是指横墙间距均不大于4.5m，或横墙间距大于4.5m的房间的面积在一层内小于或等于该层总面积的1/4，否则为横墙较少；

③本表仅适用于横墙厚度为240mm及240mm以上的实心墙；

④房屋层高不宜超过4m。

设计烈度为7度和8度的多层砖房，当房屋高度超过表9-2规定3m左右时，应沿房屋外墙每隔8m左右在内外墙交接处，以及外墙转角处、楼梯间纵横墙交接处设置构造柱；当房屋高度超过表9-2规定6m左右时，应沿房屋外墙每隔4m左右在内外墙部交接处（或墙垛处），以及外墙转角处、楼梯间纵横墙交接处设置构造柱。设计烈度为9度的多层砖房，当房屋高度超过表9-2规定3m左右时，应沿房屋外墙每隔4m在内外墙交接处（或外墙垛处），以及外墙转角和楼梯间纵横墙交接处设置构造柱。

当构造柱沿外墙间距为8m左右时，构造柱应尽量设置在有横墙的内外墙的交接处（图9-4）。

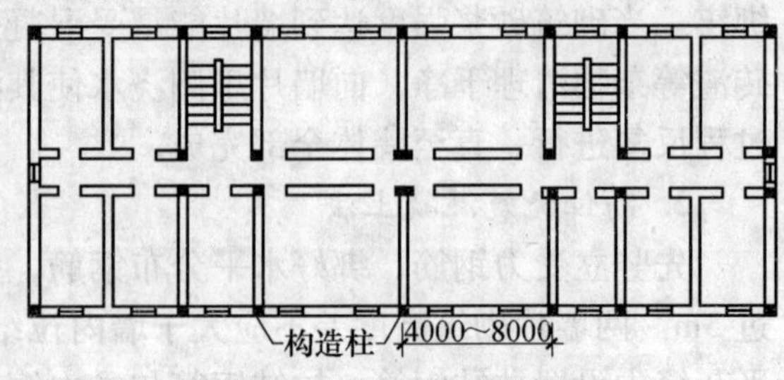

图9-4　构造柱的设置

防震缝、伸缩缝或沉降缝两侧的墙体，应视为房屋的外墙，按外墙规定设置构造柱。

构造柱应沿整个建筑物高度对正贯通，严禁使层与层之间构造柱相互错位。

（二）构造柱的构造措施

设置钢筋混凝土构造柱的墙体，宜用普通黏土砖与水泥混合砂浆砌筑。砖的强度等级不低于 MU7.5，砂浆强度等级不低于 M2.5。

构造柱截面不应小于 240mm × 180mm（实际应用最小截面为 240mm × 240mm）。钢筋一般采用 HPB 级钢筋，竖向受力钢筋一般采用 4 根，直径为 12mm。箍筋采用直径 4 ~ 6mm，其间距不宜大于 250mm。

砖墙与构造柱应沿墙高每隔 500mm 设置 2 根直径为 6mm 的 HPB 级水平拉结钢筋，拉结钢筋两边伸入墙内不应少于 1000mm。拉结钢筋穿过构造柱部位与受力钢筋绑牢。当墙上门窗洞边到构造柱边的长度小于 1000mm 时，拉结钢筋伸到洞口边为止。在外墙转角处，如纵横墙均为一砖半墙，则水平拉结钢筋应用 3 根。

一砖墙转角处及 T 字形交接处构造柱水平拉结钢筋的布置如图 9-5 所示。

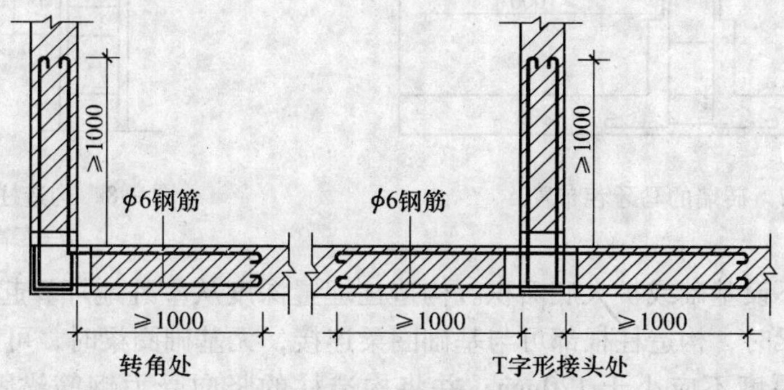

图 9-5　一砖墙转角处及 T 字形交接处构造柱水平拉结钢筋

一砖半墙转角处及 T 字形交接处构造柱水平拉结钢筋的布置如图 9-6 所示。

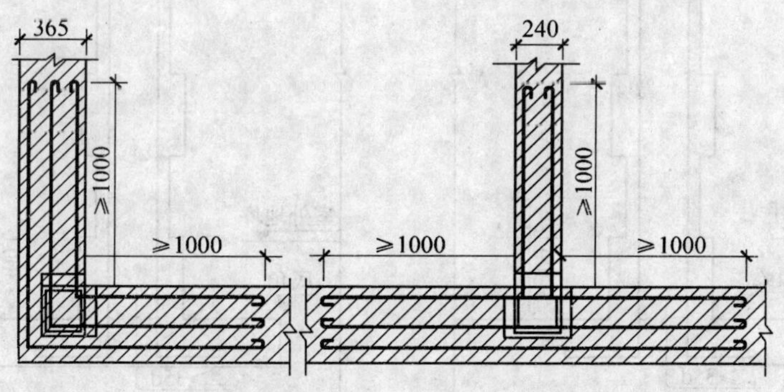

图 9-6　一砖半墙转角处及 T 字形交接处构造柱水平拉结钢筋的布置

当设计烈度为 7 度时，砖墙与构造柱相接处，砖墙可砌成直边。当设计烈度为 8 度、9 度时，砖墙与构造柱相接处，砖墙应砌成马牙茬，每个马牙茬沿高度方向的尺寸不宜超过 300mm（或 5 皮砖高）；每个马牙茬退进应大于 60mm。每个楼层面开始，马牙茬应先退茬后进茬（图9-7）。

构造柱必须与圈梁连接，在柱与圈梁相交的节点处应适当加密构造柱的箍筋，加密范围从圈梁上、下边算起均不应小于层高的1/6或450mm，箍筋间距不宜大于100mm（图9-8）。

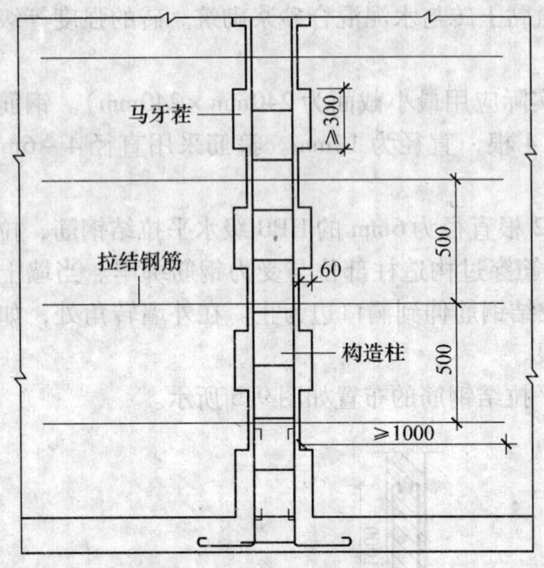

图9-7　砖墙的马牙茬布置

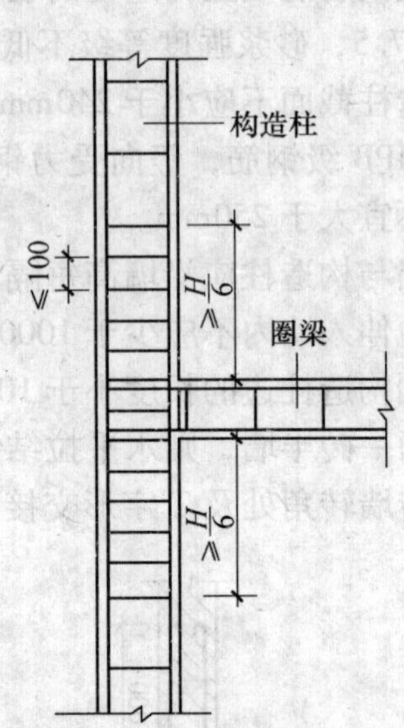

图9-8　构造柱箍筋加密

H—层高

构造柱一般不设基础或扩大底面积。构造柱埋置深度从室外地坪算起不应小于300mm。当墙下有基础圈梁时，构造柱根部可与基础圈梁连接，无基础圈梁时，可在构造柱根部增设混凝土底脚，其厚度不应小于120mm，并将构造柱的竖向受力钢筋锚固在混凝土底脚内（图9-9）。

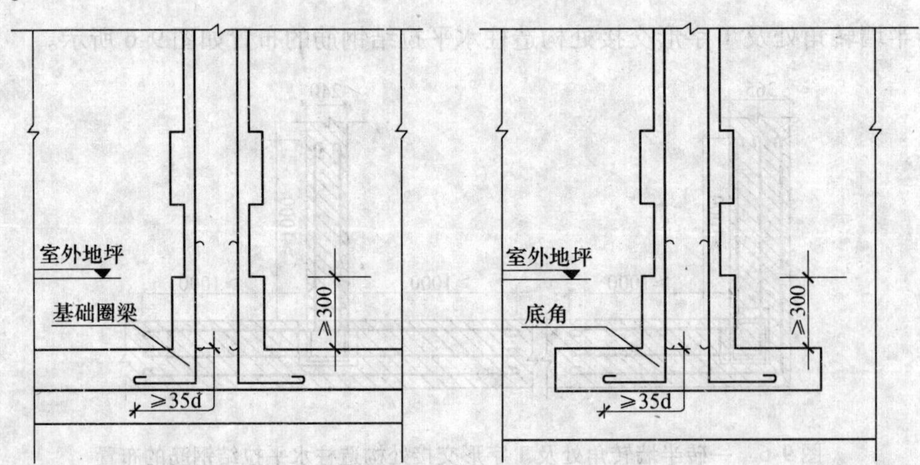

图9-9　构造柱根部

（三）钢筋混凝土构造柱施工要点

1. 应按下列顺序施工：绑扎钢筋，砌砖墙，支模板，浇捣混凝土。

2. 构造柱的竖向受力钢筋，绑扎前必须作除锈、调直处理，钢筋末端应做弯钩。底层构造柱的竖向受力钢筋与基础圈梁（或混凝土底脚）的锚固长度不应小于35倍竖向钢筋直径，并保证钢筋位置正确。

3. 构造柱的竖向受力钢筋需接长时，可采用绑扎接头，其搭接长度一般为35倍钢筋的直径，在绑扎接头区段内的箍筋间距不应大于200mm。

4. 在逐层安装模板之前，必须根据构造柱轴线校正竖向钢筋位置和垂直度。箍筋间距应准确，并分别与构造柱的竖筋和圈梁的纵筋相垂直，绑扎牢靠。构造柱钢筋的混凝土保护层厚度一般为20mm，并不得小于15mm。

5. 砌砖墙时，从每层构造柱脚开始，砌马牙茬应先退后进，以保证构造柱脚为大断面。当马牙茬齿深为120mm时，其上口可采用一皮进60mm，再一皮进120mm的方法，以保证浇筑混凝土后上角密实。马牙茬内的灰缝砂浆必须密实饱满，其水平灰缝砂浆饱满度不得低于80%。

6. 构造柱模板宜用组合钢模板，在各层砖墙砌好后，分层支设。构造柱和圈梁的模板，都必须与所在砖墙面严密贴紧，支撑牢靠，堵塞缝隙，以防漏浆。

7. 在浇筑构造柱的混凝土前，必须将砖墙和模板浇水湿润（钢模板面不浇水，刷隔离剂），并将模板内的残留砂浆、砖渣等杂物清理干净。为了便于清理，可事先在砌墙时，在各层构造柱底部（圈梁面上）留出二皮砖高的洞口，杂物清除后立即用砖砌封闭洞口。

8. 浇筑构造柱的混凝土，其坍落度一般以50~70mm为宜，以保证浇筑密实，亦可根据施工条件、气温高低，在保证浇捣密实的情况下加以调整。

9. 构造柱的混凝土浇筑可以分段进行，每段高度不宜大于2m，或每个楼层分二次浇筑。在施工条件较好，并能确保浇捣密实时，亦可每一楼层一次浇筑。

10. 浇捣构造柱混凝土时，宜用插入式振动器，分层捣实。振捣棒随振随拔，每次振捣层的厚度不得超过振捣棒有效长度的1.25倍，一般为200mm左右。振捣时，振捣棒应避免直接触碰钢筋和砖墙，严禁通过砖墙传振，以免砖墙鼓肚和灰缝开裂。

11. 在新老混凝土接茬处，须先用水冲洗、湿润，再铺10~20mm厚的水泥砂浆（用原混凝土配合比去掉石子），方可继续浇筑混凝土。

12. 在砌完一层墙后和浇筑该层构造柱混凝土前，应及时对已砌好的独立墙体加稳定支撑，必须在该层构造柱混凝土浇捣完毕后，才能进行上一层施工。

（四）构造柱的允许偏差

构造柱尺寸的允许偏差应符合表9-3的规定。

表9-3 构造柱尺寸允许偏差

项次	项目			允许偏差（mm）	检查方法
1	柱中心线位置			15	用经纬仪检查
2	柱层间错位			8	用经纬仪检查
3	柱垂直度	每层		10	和吊线法检查
		全高	10m以下	15	用经纬仪或吊线法检查
			10m以上	20	用经纬仪或吊线法检查

五、钢筋混凝土芯柱

（一）钢筋混凝土芯柱的设置

钢筋混凝土芯柱是设置在混凝土小型空心砌块墙的转角处和交接处，在这些部位的砌块孔洞中插入钢筋，并浇筑混凝土。

对于抗震设防（6~8度）的混凝土小型空心砌块房屋，应按表9-4的要求设置钢筋混凝土芯柱；对医院、教学楼等横墙较少的房屋，应根据房屋增加一层后的层数，按表9-4的要求设置芯柱。除按表9-4要求设置的柱外，根据计算需要设置其他芯柱时，芯柱宜均匀布置，8度设防的五层房屋，芯柱的最大间距不应大于2.4m。

表9-4 混凝土小型空心砌块房屋芯柱设置要求

房屋层数			设置部位	设置数量
6度	7度	8度		
四	三	二	外墙转角、楼梯间四角、大房间内外墙交接处	外墙转角灌实3个孔；内外交接处灌实4个孔
五	四	三		
六	五	四	外墙转角、楼梯间四角、大房间内外墙交接处、山墙与内纵墙交接处、隔开间横墙（轴线）与外纵墙交接处	
七	六	五	外墙转角、楼梯间四角、各内墙（轴线）与外墙交接处、8度时，内纵墙与横墙（轴线）交接处和洞口两侧	外墙转角灌实5个孔；内外墙交接处灌实4个孔；内墙交接处灌实4~5个孔；洞口两侧各灌实1个孔

对于抗震不设防的混凝土小型空心砌块房屋，应在外墙转角、楼梯间的纵横墙交接处的3个孔洞，设置素混凝土芯柱；五层及五层以上的房屋，应在上述部位设置钢筋混凝土芯柱。

（二）钢筋混凝土芯柱构造要求

芯柱所用混凝土强度等级不应低于C15。

芯柱所用插筋不应小于1根直径12mm的HPB级钢筋，插筋应贯通墙身且与圈梁连接。

芯柱应伸入室外地坪以下500mm或锚入浅于500mm基础圈梁内。

芯柱与墙体连接处，应设置拉结钢筋网片，网片可用直径4mm的钢筋焊成，置于砌块的水平灰缝内，每边伸入墙内不宜小于1000mm，且沿墙高每隔600mm设置一道（图9-10）。

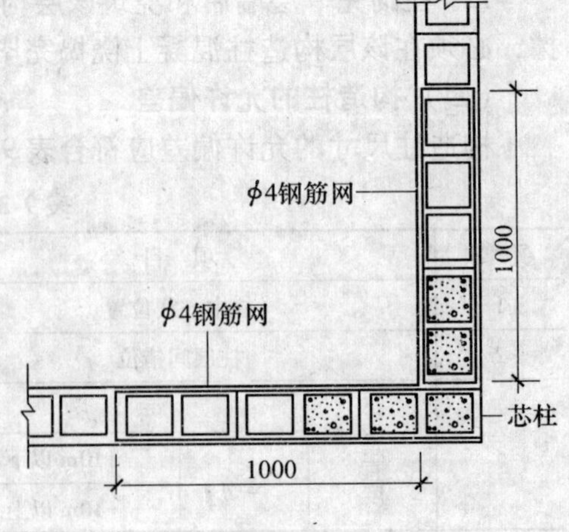

图9-10 芯柱拉结钢筋网片设置

芯柱混凝土应贯通楼板，当采用装配式钢筋混凝土楼板时，应在预制板端头拼缝处留出倒梯形槽

（位于圈梁上），在此槽内设置1根直径8mm的水平钢筋，并使预制板主筋相互拉结，芯柱插筋穿过此槽，与水平钢筋绑牢，在此槽内灌实C15混凝土（图9-11）。

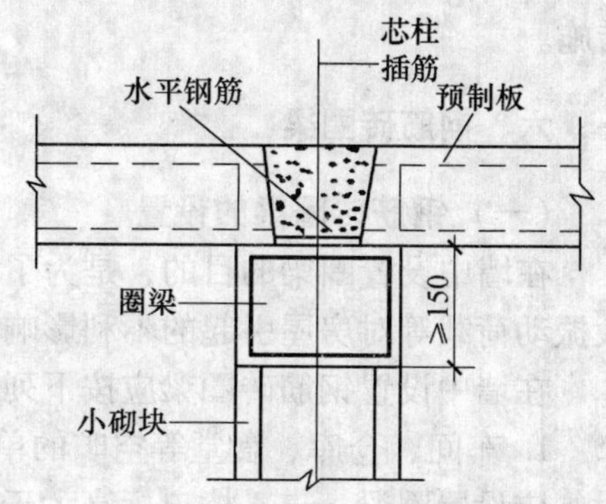

图9-11　芯柱贯穿预制楼板

芯柱插筋应与基础或基础圈梁中的预埋钢筋绑扎或焊接连接；上下楼层的插筋可在楼板面上搭接，搭接长度不小于40d（d为插筋直径）。

对于抗震不设防地区的混凝土小型空心砌块房屋，芯柱中的插筋不应小于1根直径10mm的钢筋。芯柱应沿房屋全高贯通，并与各层圈梁整体现浇，可采用图9-12的做法。水平灰缝中钢筋网片每边伸入墙体不小于600mm。

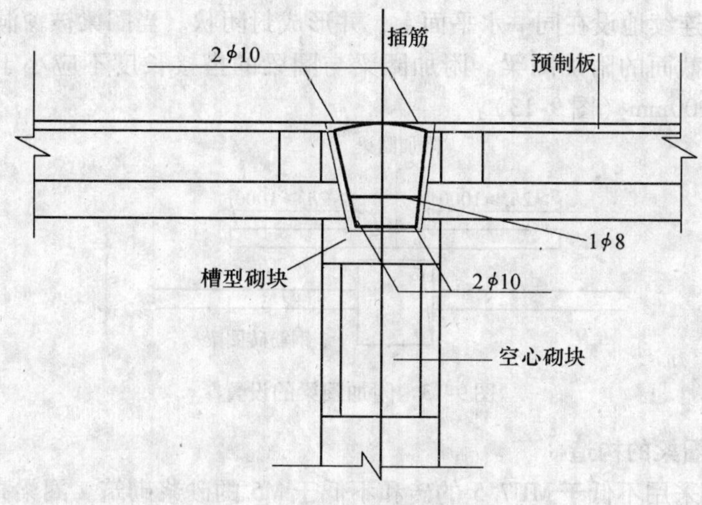

图9-12　芯柱贯穿楼板构造

（三）钢筋混凝土芯柱施工要点

1. 在楼、地面砌筑第一皮砌块时，应采用开口小砌块或U形小砌块，以形成清理口。

2. 浇筑混凝土前，从清理口中掏出落在砌块孔洞中的杂物，并用水冲洗孔洞内壁，将积水排出，用混凝土预制块封闭清理口。

3. 检查竖筋安放位置及其接头连接质量。

4. 芯柱混凝土应在砌完一个楼层高度后连续浇筑。为保证芯柱混凝土密实，混凝土内宜掺入增加流动性的外加剂，混凝土坍落度不应小于70mm。每层芯柱混凝土浇筑时，先注入适量的水泥浆，再分层浇筑并捣实，每层浇筑高度宜为400～500mm，亦可边浇筑边捣实。严禁在浇筑满一个楼层高度后捣实。振捣混凝土宜用软轴插入式振动器。

5. 应事先计算每个芯柱的混凝土用量，按计量浇筑混凝土。

6. 浇筑芯柱混凝土时，砌块砌筑砂浆的强度应达到1MPa以上。

7. 芯柱混凝土应与圈梁同时浇筑。

8. 芯柱混凝土在预制楼板处应贯通，不得削弱芯柱断面尺寸，可采用设置现浇钢筋混凝土板带的方法或预制楼板预留缺口（板端外伸钢筋插入芯柱）的方法，实施芯柱贯通措施。

六、钢筋砖圈梁

（一）钢筋砖圈梁的设置

在墙中设置圈梁的目的，是为了增强房屋的整体刚度，防止由于地基的不均匀沉降或较大振动荷载等对房屋引起的不利影响。

在墙中设置钢筋砖圈梁应按下列规定：

1. 车间、仓库、食堂等空旷的单层房屋，当墙厚不小于240mm时，檐口标高为5~8m时，应设置圈梁一道，檐口标高大于8m时，宜适当增设。

2. 宿舍、办公楼等多层房屋，当墙厚不小于240mm时，且层数为3~4层，宜在檐口标高处设置圈梁一道。当层数超过4层时，可适当增设。

钢筋砖圈梁应连续地设在同一水平面上，并形成封闭状。当圈梁被窗洞口截断时，应在洞口上部增设相同截面的附加圈梁。附加圈梁与圈梁的搭接长度不应小于其垂直间距的2倍，且不得小于1000mm（图9-13）。

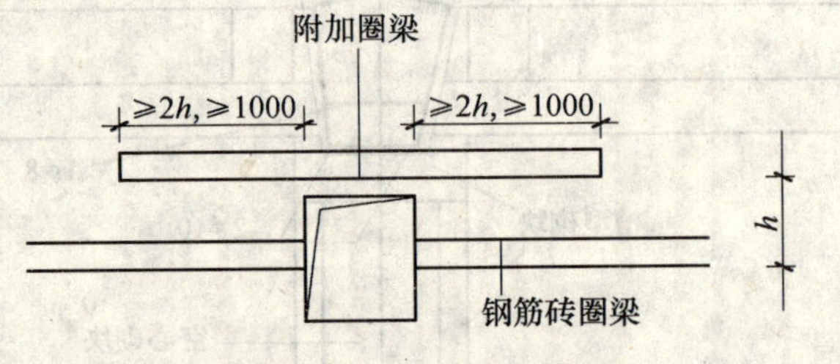

图9-13　附加圈梁的设置

（二）钢筋砖圈梁的构造

钢筋砖圈梁应采用不低于MU7.5的砖和不低于M5的砂浆砌筑。圈梁高度为4~6皮砖。纵向钢筋不宜少于6根直径6mm的HPB级钢筋，钢筋水平间距不宜大于120mm，分上下两层设在圈梁顶部和底部的水平灰缝内（图9-14）。

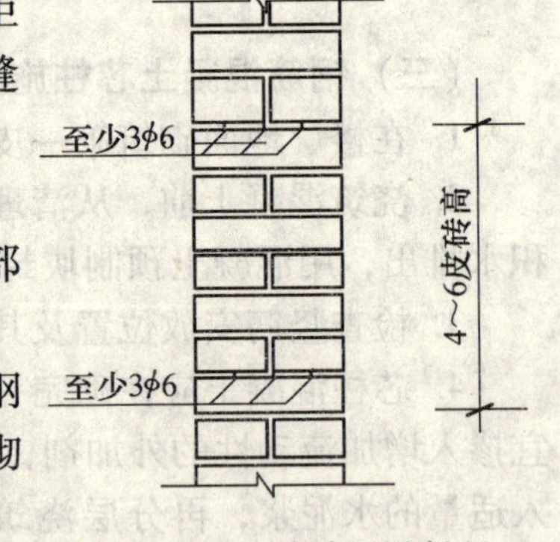

图9-14　钢筋砖圈梁断面

（三）钢筋砖圈梁砌筑要点

1. 钢筋砖圈梁如兼作门窗过梁，砌筑前应在门窗洞口上部支设过梁模板，模板面与墙顶相平。

2. 砌筑时，先铺一层砂浆，将钢筋置于砂浆层中间，使钢筋上下各有不小于2mm厚的砂浆保护层。再按常规方法逐皮砌砖，到上层钢筋处，按同样要求铺设钢筋。

3. 纵向钢筋如需接长，可采用搭接绑扎接头，搭接长度不小于30倍钢筋直径，绑扎点不少于三道。

4. 纵向钢筋下面的一皮砖宜采用丁砌。

第十章　砌体工程冬期施工

一、冬期施工基本要求

（一）冬期砌体工程的施工方法

砌体工程冬期施工方法有外加剂法、暖棚法等。由于掺外加剂砂浆在负温条件下强度可以持续增长，砌体不会发生沉降变形，而且施工工艺简单。因此，砖石工程的冬期施工，应以掺外加剂法为主。对地下工程或急需使用的工程，可采用暖棚法。

（二）冬期施工对材料的要求

1. 普通砖、空心砖、灰砂砖、混凝土小型空心砌块、加气混凝土砌块和石材在砌筑前，应清除表面污物、冰雪等杂物，遭水浸后冻结的砖或砌块不得使用。

2. 砂浆宜优先采用普通硅酸盐水泥拌制；冬期砌筑不得使用无水泥拌制的砂浆。

3. 石灰膏、黏土膏或电石膏等宜保温防冻，如遭冻结，应经融化后方可使用。

4. 拌制砂浆所用的砂，不得含有直径大于1cm的冻结块和冰块。

5. 拌合砂浆时，水的温度不得超过80℃，砂的温度不得超过40℃。当水温超过规定时，应将水、砂先行搅拌，再加水泥，以防出现假凝现象。

6. 冬期砌筑砂浆的稠度，宜比常温施工时适当增加。可通过增加石灰膏或黏土膏的办法来解决，具体要求见表10-1。

表10-1　冬期砌筑砂浆的稠度

砌体种类	稠度（mm）
砖砌体	8～13
人工的毛石砌体	4～6
振动的毛石砌体	2～3

（三）冬期施工用水的加热方法

当有供汽条件时，可将蒸汽直接通入水箱，也可用铁桶等烧水；砂子可用蒸汽排管、火炕加热，也可将汽管插入砂内直接送汽，直接通汽须注意砂的含水率的变化。采用蒸汽排管或火炕加热时，可在砂上浇些温水（加水量不超过5%），以免冷热不匀，也可加快加热速度，砂不得在钢板上灼炒。

水、砂的温度应经常检查，每小时不少于一次。温度计停留在砂内的时间不应少于3min，在水内停留时间不应少于1min。

（四）冬期施工砂浆搅拌后的温度

冬期施工砂浆在搅拌后的温度可按下式计算：

$$T_P = [0.9(m_{ce}T_{ce} + 0.5m_1T_1 + m_{sa}T_{sa}) + 4.2T_w(m_w - 0.5m_1 - W_{sa}m_{sa})] \div$$

$$[4.2(m_w+0.5m_1)+0.9(m_{ce}+0.5m_1+m_{sa})]$$

式中　　T_P——砂浆在搅拌后的温度,℃;

W_{sa}——砂含水率,%;

m_w、m_{ce}、m_1、m_{sa}——水、水泥、石灰膏、砂的用量，kg;

T_w、T_{ce}、T_1、T_{sa}——水、水泥、石灰膏、砂的温度,℃。

（五） 冬期施工砂浆的热损失

冬期施工砂浆在搅拌、运输和砌筑过程中的热损失，可按表10-2和表10-3所列的数据进行估算。

表10-2　砂浆搅拌时的热量损失表　（℃）

搅拌机搅拌时的温度	10	15	20	25	30	35	40
搅拌时的热损失（设周围温度+5℃）	2.0	2.5	3.0	3.5	4.0	4.5	5.0

注：①对于掺氯盐的砂浆，搅拌温度不宜超过35℃；

②当周围环境温度高于或低于+5℃时，应将此数减或增于搅拌温度中再查表。如环境温度为0℃，原定搅拌时温度为0℃，损失应改为3.5℃。

表10-3　砂浆运输和砌筑时热量损失表　（℃）

温度差	10	15	20	25	30	35	40	45	50	55
一次运输的损失	—	—	0.60	0.75	0.90	1.00	1.25	1.50	1.75	2.00
砌筑时损失	1.5	2.0	2.5	3.0	3.5	4.0	4.5	5.0	5.5	6.0

注：①运输损失系按保温车体考虑；砌筑时损失系按“三一”砌法考虑；

②温度差系指当时大气温度与砂浆温度的差值。

（六） 冬期施工砂浆组成材料的加热温度

冬期施工水泥砂浆组成材料的加热温度，可用表10-4进行近似计算。

表10-4　水泥砂浆组成材料的加热温度计算表

水温（℃）	砂浆温度（当砂的含水率为下列数值时）（℃）				砂的温度（℃）	砂浆温度（当砂的含水率为下列数值时）（℃）				水泥温度（℃）	砂浆温度（℃）
	0	1%	2%	3%		0	1%	2%	3%		
1	0.44	0.42	0.40	0.38	-10	-4.4	-4.7	-4.8	-5.1	-10	-1.1
10	4.4	4.2	4.0	3.8	-5	-2.0	-2.1	-2.4	-2.6	-5	-0.5
15	6.6	6.3	6.0	5.7	0	0	0	0	0	0	0
20	8.8	8.4	8.0	7.6	5	2.2	2.4	2.6	2.8	5	0.5
25	11.1	10.5	10.0	9.5	10	4.4	4.7	4.9	5.1		
30	13.2	12.6	12.0	11.4	15	6.6	7.1	7.4	8.2		
35	15.6	14.7	14.0	13.3	20	8.8	9.4	9.8	11.2		
40	17.6	16.8	16.0	15.2	25	11.1	11.8	12.2	13.3		
45	19.8	18.9	18.0	17.1	30	13.2	14.1	14.7	15.3		
50	22.0	21.0	20.0	19.0	35	15.6	16.5	27.1	18.4		
55	24.3	23.1	22.0	20.9	40	17.6	18.8	19.6	20.4		
60	26.4	25.2	24.0	22.8							
65	28.7	27.3	26.0	24.7							
70	30.8	29.4	28.0	26.6							
75	33.5	30.4	30.0	28.5							
80	35.2	36.6	32.0	30.4							

［**例**］某工程砌砖时气温为－10℃，采用水泥砂浆砌筑，砂浆从搅拌到现场经水平、垂直运输和一次周转，砂子露天堆放，水泥放在室内，求水所需的加热温度。

［**解**］经实测砂温为－5℃，含水率为1%，水泥温度为0℃，砌筑时砂浆温度需＋10℃。温度损失参照表10-1、表10-3预计不超过10℃，因此要求砂浆出罐温度为20℃。

查表10-4，当砂温为－5℃，含水率为1%时，砂浆温度为－2.1℃。水泥温度为0℃，砂浆亦为0℃。故要求水加热到能将砂浆达到20＋2.1＝22.1℃的温度。

查表10-4水加热栏，当砂含水率为1%，水应加热到52.5℃才可确保砂浆22.1℃的要求。

（七）冬期施工砂浆的搅拌时间

冬期施工搅拌砂浆的时间应适当延长，一般要比常温期增加0.5～1倍。

（八）冬期施工减少砂浆热损失的措施

冬期施工应采取以下措施减少砂浆在搅拌、运输、存放过程中的热量损失：

1. 砂浆的搅拌应在采暖的房间或保温棚内进行，环境温度不可低于5℃；冬期施工砂浆要随拌随运（直接倾入运输车内），不可积存和二次倒运。

2. 在安排冬期施工方案时，应把缩短运距作为搅拌站设置的重要因素之一考虑。当用手推车输送砂浆时，车体应加保温装置，如图10-1所示。

3. 冬期砂浆应贮存在保温灰槽中，如图10-2所示。砂浆应随拌随用，砂浆的贮存时间对于普通砂浆和掺外加剂砂浆分别不宜超过15min或20min。

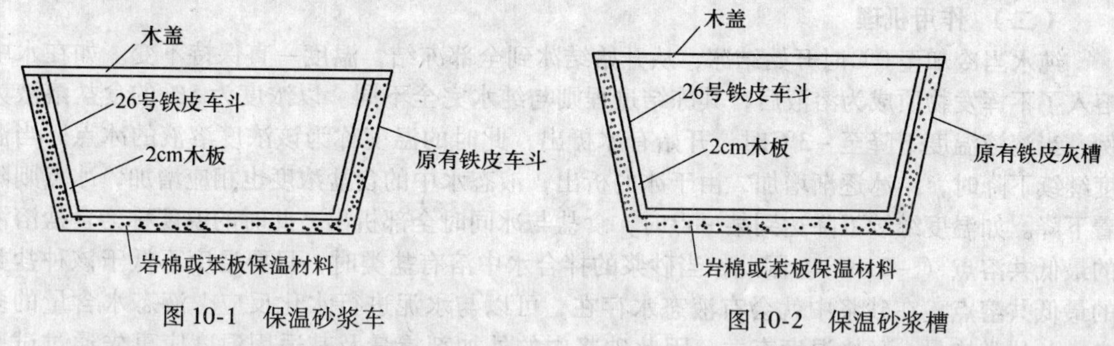

图10-1　保温砂浆车　　　图10-2　保温砂浆槽

4. 保温槽和运输车应及时清理，每日下班后用热水清洗，以免冻结。

（九）严禁使用冻结砂浆

冬期施工严禁使用已遭冻结的砂浆，不准以热水掺入冻结砂浆内重新搅拌使用，也不宜在砌筑时向砂浆内掺水使用。

（十）防止砂浆降温的砌筑方法

冬期施工砌砖宜采用“三一砌砖法”，即一铲灰、一块砖、一挤揉。若采用铺灰器时，铺灰长度要尽量缩短，防止砂浆温度降低太快。

（十一）保证灰缝的尺寸

冬期施工砖砌体的水平和垂直灰缝的平均厚度不可大于10mm，个别灰缝的厚度也不可小于8mm，施工时要经常检查灰缝的厚度和均匀性。

（十二）冬期施工过程的保温

冬期施工每天收工前，将垂直灰缝填满，上面不铺灰浆，同时用草帘等保温材料将砌体上表面加以覆盖。第二天上班时，应先将砖石表面的霜雪扫净，然后再继续砌筑。

（十三） 冬期施工应随时填塞空隙

冬期施工砌毛石基础时，砌体应紧靠槽壁，或在砌筑过程中随时用未冻土、炉渣等填塞沟槽的空隙。

（十四） 冬期施工要防止地基冻结

冬期施工如基土为冻胀性土时，应在未冻的地基上砌筑基础，且在施工时及完工后，均应防止地基遭受冻结，已冻结的地基须开冻后方可砌筑。

（十五） 冬期砌筑工程要加强质量控制

在施工现场留置的砂浆试块，除按常温规定要求外，尚应增设不少于两组与砌体同条件养护试块，分别用于检验各龄期强度和转入常温28d的砂浆强度。

二、外加剂法

（一） 工艺特点

将砂浆的拌合水预先加热，砂和石灰膏（黏土膏）在搅拌前也应保持正温，使砂浆经过搅拌、运输，用于砌筑时具有5℃以上正温。在拌合水中掺入外加剂如氯化钠（食盐）、氯化钙或亚硝酸钠，砂浆在砌筑后可以在负温条件下硬化，因此不必采取防止砌体沉降变形的措施。当采用氯盐时，由于氯盐对钢材的腐蚀作用，在砌体中埋设的钢筋及钢预埋件，应预先做好防腐处理。

（二） 作用机理

纯水当冷却至0℃时开始结冰，从开始结冰到全部冻结，温度一直保持不变。如在水中溶入了不挥发物质成为溶液后，其冻结过程则与纯水完全不同。以浓度为5%的食盐溶液为例，当溶液温度下降至-3℃时，开始有冰析出，此时的温度称为该浓度溶液的冰点。当温度继续下降时，结冰逐渐增加，由于冰的析出，液态水中的食盐浓度也相应增加，冰点则随着下降。如温度继续下降达到某一点时，食盐与冰同时全部析出，此时的温度称为食盐溶液的最低共溶点（-21℃）。因此，当砂浆的拌合水中溶有盐类时，只要温度不低于该种盐类的最低共溶点，在砂浆中就会有液态水存在，可以与水泥进行水化反应。液态水含量的多少，与盐类掺量、环境温度有关。因此砂浆中的外加剂掺量及其适用温度应事先通过试验确定。

（三） 砂浆中的氯盐掺量

氯盐掺量可参考表10-5。

表10-5 砂浆中的氯盐掺量（占拌合水量%）

项次	氯盐种类	砌体种类	日最低气温（℃）			
			等于或高于-10	-11～-15	-16～-20	-21～-25
1	氯化钠（单盐）	砖、砌块	3	5	7	—
		石	4	7	10	—
2	氯化钠	砖、砌块	—	—	5	7
	氯化钙		—	—	2	3

（四） 盐类的掺法

盐类应先溶于水，然后进行搅拌，加盐量可根据表10-6和表10-7以密度计掌握。如在砂浆中掺加微沫剂时，应先加盐类溶液后再加微沫剂溶液。

（五）设计无特殊要求的砂浆强度

如设计无特殊要求，砂浆的强度等级应按常温施工时提高一级。

（六）钢筋防腐措施

氯盐对钢筋有腐蚀作用，当用掺盐砂浆砌筑配筋砖砌体时，可参考以下钢筋防腐措施：

1. 涂刷樟丹二道。干燥后就可砌筑，施工时注意表面不可擦伤。

2. 涂刷沥青漆。沥青漆配方为：30 号沥青∶10 号沥青∶汽油 = 1∶1∶20

3. 涂刷防锈涂料。防锈涂料配方为：水泥∶亚硝酸钠∶甲基硅醇钠∶水 = 100∶6∶2∶30。配制时，先用约三分之二的水溶解亚硝酸钠，在与水泥拌合后再加入甲基硅醇钠，搅拌 3 ~ 5min，剩余的水根据稠度情况酌量加入。配好的涂料涂刷在钢筋表面约 1.5mm 厚，待干燥后即可使用。

表 10-6　食盐溶液浓度与密度对照表

无水 NaCl 含量（kg）			20℃时的溶液密度（g/cm³）
在 1kg 溶液中	在 1L 溶液中	在 1kg 水中	
0.01	0.010	0.010	1.0053
0.02	0.020	0.020	1.0125
0.03	0.031	0.031	1.0196
0.04	0.041	0.042	1.0268
0.05	0.052	0.053	1.0340
0.06	0.062	0.064	1.0413
0.07	0.073	0.075	1.0486
0.08	0.084	0.087	1.0559
0.09	0.096	0.099	1.0633
0.10	0.107	0.111	1.0707
0.11	0.119	0.124	1.0782
0.12	0.130	0.136	1.0857
0.13	0.142	0.149	1.0933
0.14	0.154	0.163	1.1008
0.15	0.166	0.176	1.1085
0.16	0.179	0.190	1.1162
0.17	0.191	0.205	1.1241
0.18	0.204	0.220	1.1319
0.19	0.217	0.235	1.1478
0.20	0.230	0.250	1.1559
0.21	0.243	0.266	1.1639
0.22	0.256	0.282	1.1722
0.23	0.270	0.299	1.1804
0.24	0.283	0.316	1.1888
0.25	0.297	0.333	1.1972
0.26	0.311	0.351	1.0053

表 10-7　氯化钙溶液浓度与密度对照

无水 $CaCl_2$ 含量（kg）			20℃时的溶液密度（g/cm^3）
在 1kg 溶液中	在 1L 溶液中	在 1kg 水中	
0.01	0.010	0.010	1.0070
0.02	0.020	0.020	1.0148
0.04	0.041	0.042	1.0316
0.06	0.063	0.064	1.0486
0.08	0.085	0.087	1.0659
0.10	0.108	0.111	1.0835
0.12	0.132	0.136	1.1015
0.14	0.157	0.163	1.1198
0.16	0.182	0.190	1.1386
0.18	0.208	0.220	1.1578
0.20	0.236	0.250	1.1775
0.22	0.263	0.282	1.1968
0.24	0.292	0.316	1.2175
0.26	0.322	0.351	1.2382
0.28	0.353	0.389	1.2597
0.30	0.384	0.429	1.2816
0.35	0.468	0.538	1.3373
0.40	0.558	0.667	1.3957

（七） 不同条件下的砌筑要求

普通砖在正温度条件下砌筑时，砖应适当浇水湿润，可用喷壶随浇随砌。在负温度下砌筑时砖不浇水，但砖表面的灰砂、冰雪必须清除，并适当增大砂浆稠度。抗震设防烈度为 9 度及 9 度以上的建筑物，普通砖、多孔砖和空心砖均不得以干砖砌筑。

（八） 掺氯盐砂浆砌体应用条件

掺用氯盐的砂浆砌体不得在下列情况下采用：

1. 对装饰工程有特殊要求的建筑物；
2. 使用湿度大于 80% 的建筑物；
3. 配筋、钢埋件无可靠的防腐处理措施的砌体；
4. 接近高压电线的建筑物（如变电所、发电站等）；
5. 经常处于地下水位变化范围内，以及在水下未设防水层的结构。

（九） 掺盐砂浆及其砌体的力学性能

掺盐砂浆在稳定的负温条件［（－15±1）℃］下的强度增长情况如图 10-3，冬期成型室外养护（当时日最低气温为 -15～-28℃）的砂浆强度增长情况如图10-4。

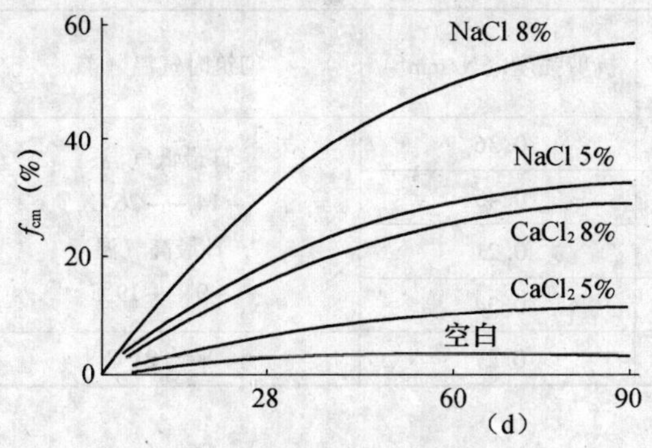

图10-3　砂浆在稳定的负温条件下（-15℃）的时间-强度曲线

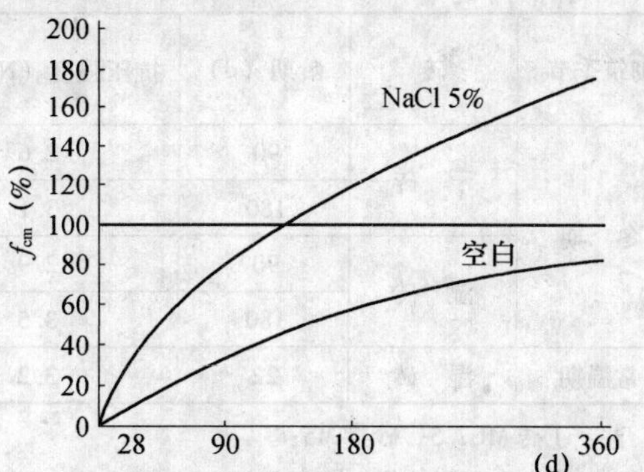

图10-4　冬期成型室外养护的砂浆时间-强度曲线

掺盐砂浆的抗压强度、粘结强度分别见表10-8和表10-9。

用掺盐砂浆砌筑的砖砌体，其抗压强度与抗剪强度见表10-10。

表10-8　掺盐砂浆抗压强度　（N/mm²）

种　类	掺盐量（占水量%）		普通水泥			矿渣水泥			混合水泥		
			f_{28}	f_{28}'	$f_{28}'+f_{28}$	f_{28}	f_{28}'	$f_{28}'+f_{28}$	f_{28}	f_{28}'	$f_{28}'+f_{28}$
水泥石灰砂浆		0	4.2			4.1			5.6		
	NaCl:	5	5.4	0.7	4.5	5.0	0.6	4.8	8.8	0.6	5.0
	NaCl:	8	7.2	1.1	5.1	5.5	1.1	4.8	8.1	1.1	5.1
	NaCl + $CaCl_2$:	5+2	6.5	0.8	4.4	5.9	0.6	4.1	7.0	0.7	5.5
水泥黏土砂浆		0	2.2			1.5			2.4		
	NaCl:	5	3.9	0.5	3.9	3.0	0.5	3.6	2.8	0.4	4.0
	NaCl:	8	4.2	0.9	4.2	2.9	0.6	3.6	3.5	0.9	4.0
	NaCl + $CaCl_2$:	5+2	4.1	0.5	4.4	3.1	0.4	3.9	3.1	0.5	3.5

注：f_{28}为常温养护；f_{28}'为-15℃恒温养护；$f_{28}'+f_{28}$为-15℃恒温28d后转常温28d。

表10-9　掺盐砂浆的粘结强度　（N/mm²）

材　料	常温养护28d		-15℃恒温28d后转常温养护28d的粘结强度
	砂浆抗压强度	粘结强度	
砖—砖	7.1	0.095	0.057
	11.3	0.118	0.097
石—石	5.7	0.153	0.135

注：常温养护的砌体，用普通砂浆砌筑；负温转常温养护的砌体，用掺盐砂浆砌筑，砂浆中掺入5%的食盐。

表 10-10 用掺盐砂浆砌筑的砌体强度

砌筑季节	砖	龄期（d）	抗压强度（N/mm²）	抗剪强度（N/mm²）	砌筑时气温（℃）
冬 期	干 砖	90	2.6	0.36	日最低气温：-14～-26℃，日最高气温 -9～-19℃
		180	3.1	0.45	
	湿 砖	90	2.9	0.21	
		180	3.5	0.34	
常温期	湿 砖	22	3.2	0.27	平均 21℃

注：①砖 MU7.5，砂浆 M5；

②冬期所用砂浆，掺入占水重 5% 的食盐。

三、暖棚法

暖棚法是利用简易结构和廉价的保温材料，将需要砌筑的砌体和工作面临时封闭起来，棚内加热，使之在正温条件下砌筑和养护。暖棚法费用高，热效低，劳动效率不高，因此宜少采用。一般在地下工程、基础工程以及量小又急需使用的砌体，可考虑采用暖棚法施工。

暖棚的加热，可优先采用热风装置，如用天然气、焦炭炉等，必须注意安全防火。

用暖棚法施工时，砖石和砂浆在砌筑时的温度均不得低于 5℃，而距所砌结构底面 0.5m 处的气温也不得低于 5℃。

确定暖棚的热耗时，应考虑围护结构的热量损失，基土吸收的热量（在砌筑基础时和其他地下结构时）和在暖棚内加热或预热材料的热量损耗。

砌体在暖棚内的养护时间，根据暖棚内的温度，按表 10-11 确定。

表 10-11 暖棚法砌体的养护时间

暖棚内温度（℃）	5	10	15	20
养护时间（d）	≥6	≥5	≥4	≥3

砌筑条形基础或类似结构时，暖棚的构造可参考施工图，如图 10-5 所示。

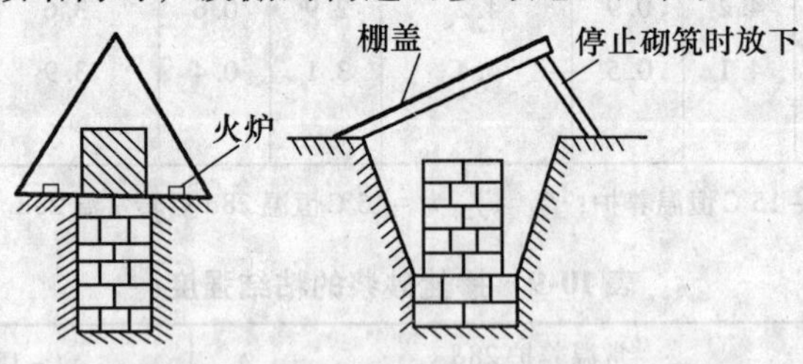

图 10-5 暖棚施工示意图

第十一章　砌体质量通病的防治及安全技术措施

一、砖砌体质量通病的防治

（一）砂浆强度偏低、不稳定

砂浆强度偏低有两种情况，一是砂浆标养试块强度偏低，二是试块强度不低，甚至较高，但砌体中砂浆实际强度偏低。标养试块强度偏低的主要原因是计量不准，或不按配比计量，水泥过期或砂及塑化剂质量低劣等。由于计量不准，砂浆强度离散性必然偏大。主要预防措施是：加强现场管理，加强计量控制。砂浆实际强度偏低比较普遍，也比较复杂，其原因有两点：一是现场客观条件与标养条件差异较大，砌筑时未能根据实际条件对砂浆配比作相应的调整；二是人为的弄虚作假，为了降低成本故意少用水泥，为应付验收送样试块另行配制。主要预防措施是：加强法制观念，严格现场检验制度。

（二）砂浆和易性差，沉底结硬

砂浆和易性差主要表现在砂浆稠度和保水性不符合规定，容易产生沉淀和泌水现象，铺摊和挤浆较为困难，影响砌筑质量，降低砂浆与砖的粘结力。主要原因是水泥标号高而用量太少，塑化材料（石灰膏等）质量差，砂子过细，以及拌制砂浆无计划，存放时间过长等。预防措施是：低强度水泥砂浆尽量不用高强水泥配制，不用细砂，严格控制塑化材料质量和掺量，加强砂浆拌制计划性，随拌随用，灰槽中的砂浆经常翻拌、清底。

（三）砌体组砌方法错误

砖墙面出现数皮砖同缝（通缝、直缝）、里外两张皮，砖柱采用包心法砌筑，影响砌体强度，降低结构整体性。预防措施是：加强工人技术培训，严格按规范方法组砌，缺损砖应分散使用，少用半砖，禁用碎砖。

（四）灰缝砂浆不饱满

砌体灰缝饱满度很低，水平缝低于80%，竖缝脱空、透亮、“瞎眼缝”（无砂浆），直接影响砌体强度，是外墙渗漏的一大隐患；清水墙采用大缩口铺灰，减小了砌体承压面积。预防措施是：改善砂浆和易性，砖应隔夜浇透水，严禁干砖砌筑，铺灰长度不得超过500mm，宜采用一块砖、一铲灰、一揉挤的“三一砌砖法”。

（五）清水墙面灰缝不平直，游丁走缝，墙面凹凸不平

水平灰缝弯曲不平直，灰缝厚度不一致，出现“罗丝”墙；垂直灰缝歪斜，灰缝宽窄不匀，丁不压中（丁砖未压在顺砖中部），墙面凹凸不平。预防措施是：砌前应摆底，并根据砖的实际尺寸对灰缝进行调整；采用皮数杆拉线砌筑，以砖的小面跟线，拉线长度超长（15～20m）时，应加腰线；竖缝，每隔一定距离应弹墨线找齐，墨线用线锤引测，每砌一步架用立线向上引伸，立线、水平线与线锤应“三线归一”。

（六） 清水墙面勾缝污染

清水墙面勾缝深浅不一致，竖缝不实，十字缝搭接不平，缝内残浆未扫净，墙面被砂浆污染；脚手眼睹塞不严、不平，堵孔砖与原墙砖色泽不一致；勾缝砂浆开裂，脱落。预防措施是：勾缝前应开缝，并用水冲刷墙面浮浆；砌墙时，保留一部分堵脚手眼砖；采用专用勾缝镏子，以1:1.5水泥细砂砂浆勾缝；勾缝后应进行清扫，干燥天气应喷水养护。

（七） 墙体留茬错误

砌墙时随意留直茬，甚至阴茬，构造柱马牙茬不标准，茬口以砖渣填砌，接茬砂浆填塞不严，影响接茬部位砌体强度，降低结构整体性。预防措施是：施工组织设计时应对留茬作统一考虑，严格按规范要求留茬，采用18层退茬砌法；马牙茬高度，标准砖留五皮，多孔砖留三皮；对于施工洞所留茬，应加以保护和遮盖，防止运料车碰撞茬子。

（八） 拉结钢筋被遗漏

构造柱及接茬的水平拉结钢筋常被遗漏，或未按规定放置；配筋砖缝砂浆不饱满，露筋年久易锈。预防措施是：拉筋应作为隐检项目对待，尽量采用点焊钢筋网片，对遗漏的拉结钢筋采用建筑胶补栽，适当增加灰缝厚度。

（九） 烟道堵塞、串烟

住宅居室和厨房附墙烟道被堵塞，或各楼层间烟道相互串烟，影响使用和人身安全。原因是碎砖、砂浆、混凝土、垃圾等杂物掉入烟道内造成堵塞，风道管接口错位。预防措施是：各楼层烟道采取定人定位责任制施工，风道管接口应对齐并在周边抹水泥砂浆，采用桶式提芯法砌烟道。

（十） 基础轴线移位

内墙条形基础与上部墙体，常易发生轴线错位。若在±0.00处硬行调正，会使上层墙体和基础产生偏心，影响受力；若不调正，与设计不符。预防措施是：建筑物定位放线时，外墙角处应设龙门板，并妥加保护；横墙轴线不宜采用基槽内排尺方法控制，应设置中心桩；基础大放脚收分砌完后，应拉通线重新核对调正，然后砌筑基础直墙部分。

（十一） 基础标高偏差

基础砌至±0.00处，往往标高不在同一水平面，影响地坪标高及上部墙体高度控制。原因是基层标高控制不准，大放脚宽度大而皮数杆无法贴近，以及铺灰面积太大，砌筑速度跟不上，致使砂浆水分被吸干，无法挤压至规定灰缝厚度。预防措施是：严格控制基础标高，砌筑时随时拉线与皮数杆对照；同时，使铺灰与砌筑同步。

（十二） 基础防潮层失效

基础防潮层大多采用2cm厚防水砂浆或6cm厚混凝土圈梁，该防潮层容易开裂，或因振捣抹压不实，不能有效地阻止地下水分通过防潮层向上渗透，致使墙体长期处在潮湿状态，造成室内墙面粉刷层脱落，室外墙面经盐碱及冻融反复作用，表层逐渐酥松剥落，影响居住环境卫生和结构承载力。预防措施是：防潮层应作为独立的隐检项目，精细施工；防潮层施工应在基础完工并回填土后进行，尽量不留或少留施工缝；防潮层下面三皮砖应满铺满挤灰浆，横竖灰缝砂浆饱满度均应大于80%。

二、石砌体质量通病的防治

（一）　基根不实

地基土松软不实，表层有杂物，底皮石局部嵌入土中，墙基下沉。原因是基坑开挖后未认真验槽，未进行清底、找平和夯实；底皮石块过小。未坐浆就直接干摆浮砌，石块小面朝下。使个别尖棱压入土中；基础砌完后未及时回填土，基土受雨水浸泡，造成墙基下沉。预防措施是：认真验槽和夯实整平，采用坐浆砌筑，石块大面朝下，及时进行回填。

（二）　大放脚上下皮未压接

毛石基础大放脚收台处，上皮石未压搭在下皮石块上或压搭过少，致使下皮石灰缝外露，影响基础受力。原因是毛石规格不合要求，尺寸偏小。砌筑时未严格挑选，未大小搭配使用。

（三）　墙体竖向通缝

乱毛石、卵石墙上下各皮石块未按规范搭砌，尤其是墙角处及纵横墙交接处，形成上下通缝、里外两层皮。原因是乱毛石、卵石形体不规则，难于同时照顾到上下、左右、前后的咬接搭砌。未设拉结石，施工间歇处未按规定留踏步形斜茬，图方便留马牙直茬。预防措施是：认真挑选石块的大小和形状，应搭配使用；每隔一定距离（1～1.5m）丁砌一块拉结石，拉结石与墙等厚，上下错开；立缝要小，要用小石块堵塞空隙，禁止立面、剖面上出现通缝，禁止平面上形成十字缝（四碰头）；转角处尽量采用尺寸较大形体较为规整的石块砌筑。

（四）　砂浆不饱满，石块粘结不牢

毛石砌体水平缝砂浆不饱满，石块与石块之间竖缝无砂浆。用力推石块会松动，敲击时有空洞声，掀开后砂浆与石块完全分离。原因是毛石砌体采用铺石灌浆法砌筑，造成砂浆灌填不满、不实；砌缝过大，砂浆收缩大，高温干燥季节石块未洒水湿润，造成砂浆与石块粘结力降低。预防措施是：采用坐浆法砌筑，根据砌体种类控制灰缝大小和砂浆稠度，石块适当洒水湿润。

（五）　墙面凹凸不平

墙体表面里出外进或外出里进，立面凹凸不平。预防措施是：应拉线砌筑，挑选平整大面作为正面挂线；浇灌混凝土组合柱及混凝土圈梁时，须加好支撑，坚持分层浇灌制度，插振不得过度。

（六）　勾缝砂浆脱落

勾缝砂浆与砌体粘结不牢，甚至开裂脱落，严重时造成渗水漏水。预防措施是：选择合适的砂浆配比及原材料，砂浆稠度控制在4～5cm；勾缝前应开缝，刮缝深度宜大于2cm，清缝后洒水湿润；凸缝应分两次勾成，注意勾缝后的早期养护。

三、砌块砌体质量通病的防治

（一）　砌体强度偏低，不稳定

墙垛、柱子及窗间墙等砌体强度比设计规定的偏低，且随时间不断降低，甚至出现压碎和开裂现象。原因是砌块本身强度偏低，且硅酸盐砌块碳化对强度的降低影响较大，加上砌

体砌筑质量难于保证等。预防措施是：使用前必须对砌块、水泥、石灰膏、砂子等原材料质量进行认真检验，特别是砌块碳化强度稳定性检验，不合格者坚决不用；根据砌块类别确定浇水湿润程度，一般粉煤灰硅酸盐砌块浇水应充分，混凝土砌块不宜过多浇水；严格按预先排定的砌块组砌图砌筑，上下皮应错缝搭砌，混凝土空心砌块应孔对孔、肋对肋错缝搭砌，尽量采用主规格砌块；铺灰长度不宜过长，注意灰缝砂浆饱满密实。

（二） 墙体裂缝

砌块墙体易产生沿楼板的水平裂缝、底层窗台中部竖向裂缝、顶层尽端角部阶梯形裂缝以及砌块周边裂缝等。外因是温度、收缩及地基不均匀下沉；内因是砌块与砂浆粘结强度较低，砌块砌体通缝抗剪强度仅为砖砌体的40% ~50%和25% ~30%。预防措施是：为减少收缩，砌块出池后应有足够的静停时间（30 ~50d）；清除砌块表面脱模剂及粉尘等；采用粘结力强、和易性较好的砂浆砌筑，控制铺灰长度和灰缝厚度；设置芯柱、圈梁、伸缩缝，在温度、收缩比较敏感的部位局部配置水平钢筋。

（三） 墙面渗水

砌块墙面及门窗框四周常出现渗水、漏水现象。主要原因是砌块密实度差，灰缝砂浆不饱满，特别是竖缝；墙体存在贯通性裂缝；门窗框固定不牢，嵌缝不严等。预防措施是：认真检验砌块质量，特别是抗渗性能；加强灰缝砂浆饱满度控制；杜绝墙体裂缝；门窗框周边嵌缝应在墙面抹灰前进行。

四、砌体工程安全技术

1. 在操作之前必须检查操作环境是否符合安全要求，道路是否畅通，机具是否完好牢固，安全设施和用品是否齐全，经检查符合要求后才可施工。

2. 砌基础时，应检查和经常注意基坑土质变化情况，有无崩裂现象。堆放砖石材料应离开坑边1m以上。当深基坑装设挡板支撑时，操作人员应设梯子上下，不得攀跳。运料不得碰撞支撑，也不得踩踏砌体和支撑上下。

3. 墙身砌体高度超过地坪1.2m以上时，应搭设脚手架。在一层以上或高度超过4m时，采用里脚手架必须支搭安全网；采用外脚手架应设护身栏杆和挡脚板后方可砌筑。

4. 脚手架上堆料量不得超过规定荷载，堆砖高度不得超过3皮侧砖，同一块脚手板上的操作人员不应超过两人。

5. 在楼层（特别是预制板面）施工时，堆放机具、砖块等不得超过使用荷载。如超过荷载时，必须经过验算采取有效加固措施后，方可进行堆放及施工。

6. 不准站在墙顶上做划线、刮缝及清扫墙面或检查大角垂直等工作。

7. 不准用不稳固的工具或物体在脚手板面垫高操作，更不准在未经过加固的情况下，在一层脚手架上随意再叠加一层。

8. 砍砖时应面向内打，注意碎砖跳出伤人。

9. 用于垂直运输的吊笼、滑车、绳索、刹车等，必须满足负荷要求，牢固无损；吊运时不得超载，并须经常检查，发现问题及时修理。

10. 用起重机吊砖要用砖笼；吊砂浆的料斗不能装得过满。吊件回转范围内不得有人停留，吊车落到架子上时，砌筑人员要暂停操作，并避开一边。

11. 砖、石运输车辆，两车前后距离平道上不小于2m，坡道上不小于10m；装砖时要先取高处后取低处，防止垛倒砸人。

12. 已砌好的山墙，应临时用联系杆（如檩条等）放置各跨山墙上，使其联系稳定，或采取其他有效的加固措施。

13. 冬期施工时，脚手板上如有冰霜、积雪，应先清除后才能上架子进行操作。

14. 如遇雨天及每天下班时，要做好防雨的措施，以防雨水冲走砂浆，致使砌体倒塌。

15. 在同一垂直面内上下交叉作业时，必须设置安全隔板，操作人员必须配戴安全帽。

16. 人工垂直往上或往下（深坑）传递砖石时，要搭递砖架子，架子的站人板宽度应不小于60cm。

17. 用锤打石时，应先检查铁锤有无破裂，锤柄是否牢固。打锤要按照石纹走向落锤，锤口要平，落锤要准，同时要看清附近情况有无危险，然后落锤，以免伤人。

18. 不准在墙顶或架上修改石材，以免震动墙体影响质量或石片掉下伤人。

19. 不准徒手移动上墙的料石，以免压破或擦伤手指。

20. 不准勉强在超过胸部以上的墙体上进行砌筑，以免将墙体碰撞倒塌或上石时失手掉下造成安全事故。

21. 石块不得往下掷。运石上下时，脚手板要钉装牢固，钉防滑条及扶手栏杆。

22. 已经就位的砌块，必须立即进行竖缝灌浆；对稳定性较差的窗间墙、独立柱和挑出墙面较多的部位，应加临时稳定支撑，以保证其稳定性。

在台风季节，应及时进行圈梁施工，加盖楼板，或采取其他稳定措施。

23. 在砌块砌体上，不宜拉锚缆风绳，不宜吊挂重物，也不宜作为其他施工临时设施、支撑的支承点，如果确实需要时，应采取有效的构造措施。

24. 大风、大雨、冰冻等异常气候之后，应检查砌体是否有垂直度的变化，是否产生了裂缝，是否有不均匀下沉等现象。

第十二章　砌体结构计算

一、砌体结构的计算

（一）砌体和砂浆的强度等级

砌体和砂浆的强度等级，应按下列规定采用：

烧结普通砖、烧结多孔砖的强度等级：MU30、MU25、MU20、MU15和MU10五个等级；

蒸压灰砂砖、蒸压粉煤灰砖的强度等级：MU25、MU20、MU15和MU10四个等级；

砌块的强度等级：MU20、MU15、MU10、MU7.5和MU5五个等级；

石材的强度等级：MU100、MU80、MU60、MU50、MU40、MU30和MU20七个等级；

砂浆的强度等级：M15、M10、M7.5、M5和M2.5五个等级。

（二）砌体的抗压强度设计值

各类砌体的抗压强度设计值见表12-1至表12-5。

表12-1　烧结普通砖和烧结多孔砖砌体的抗压强度设计值　（MPa）

砖强度等级	砂浆强度等级					砂浆强度
	M15	M10	M7.5	M5	M2.5	0
MU30	3.94	3.27	2.93	2.59	2.26	1.15
MU25	3.60	2.98	2.68	2.37	2.06	1.05
MU20	3.22	2.67	2.39	2.12	1.84	0.94
MU15	2.79	2.31	2.07	1.83	1.60	0.82
MU10	—	1.89	1.69	1.50	1.30	0.67

表12-2　蒸压灰砂砖和蒸压粉煤灰砖砌体的抗压强度设计值　（MPa）

砖强度等级	砂浆强度等级				砂浆强度
	M15	M10	M7.5	M5	0
MU25	3.60	2.98	2.68	2.37	1.05
MU20	3.22	2.67	2.39	2.12	0.94
MU15	2.79	2.31	2.07	1.83	0.82
MU10	—	1.89	1.69	1.50	0.67

表 12-3　单排孔混凝土和轻骨料混凝土砌块砌体的抗压强度设计值　（MPa）

砌块强度等级	砂浆强度等级				砂浆强度
	Mb15	Mb10	Mb7.5	Mb5	0
MU20	5.68	4.95	4.44	3.94	2.33
MU15	4.61	4.02	3.61	3.20	1.89
MU10	—	2.79	2.50	2.22	1.31
MU7.5	—	—	1.93	1.71	1.01
MU5	—	—	—	1.19	0.70

注：①对错孔砌筑的起砌体，应按表中数值乘以 0.8；

②对独立柱或厚度为双排组砌的砌块砌体，应按表中数值乘以 0.7；

③对 T 形截面砌体，应按表中数值乘以 0.85；

④表中轻骨料混凝土砌块为煤矸石和水泥煤渣混凝土砌块。

表 12-4　轻骨料混凝土砌块砌体的抗压强度设计值　（MPa）

砌块强度等级	砂浆强度等级			砂浆强度
	Mb10	Mb7.5	Mb5	0
MU10	3.08	2.76	2.45	1.44
MU7.5	—	2.13	1.88	1.12
MU5	—	—	1.31	0.78

注：①表中的砌块为火山渣、浮石和陶粒轻骨料混凝土砌块；

②对厚度方向为双排组砌的轻骨料混凝土砌块砌体的抗压强度设计值，应按表中数值乘以 0.8。

表 12-5　毛石砌体的抗压强度设计值　（MPa）

毛石强度等级	砂浆强度等级			砂浆强度
	M7.5	M5	M2.5	0
MU100	1.27	1.12	0.98	0.34
MU80	1.13	1.00	0.87	0.30
MU60	0.98	0.87	0.76	0.26
MU50	0.90	0.80	0.69	0.23
MU40	0.80	0.71	0.62	0.21
MU30	0.69	0.61	0.53	0.18
MU20	0.56	0.51	0.44	0.51

（三）砌体的弹性模量

各类砌体的弹性模量见表 12-6。

表 12-6　砌体的弹性模量　（MPa）

砌体种类	砂浆强度等级			
	≥M10	M7.5	M5	M2.5
烧结普通砖、烧结多孔砖砌体	1600f	1600f	1600f	1390f
蒸压灰砂砖、蒸压粉煤灰砖砌体	1060f	1060f	1060f	960f
混凝土砌块砌体	1700f	1600f	1500f	—
粗料石、毛料石、毛石砌体	7300	5650	4000	2250
细料石、半细料石砌体	22000	17000	12000	6750

注：轻骨料混凝土砌块砌体的弹性模量，可按表中混凝土砌块砌体的弹性模量采用。

（四）砌体的线膨胀系数和收缩率

各类砌体的线膨胀系数和收缩率见表 12-7。

表 12-7　砌体的线膨胀系数和收缩率

砌体类别	线膨胀系数 10^{-6}/℃	收缩率（mm/m）
烧结普通砖砌体	5	-0.1
蒸压灰砂砖、蒸压粉煤灰砖砌体	8	-0.2
混凝土砌块砌体	10	-0.2
轻骨料混凝土砌块砌体	10	-0.3
料石和毛石砌体	8	—

注：表中的收缩率系由达到收缩允许标准的块体砌筑 28d 的砌体收缩率，当地如有可靠的砌体收缩试验数据时，也可采用当地的试验数据。

（五）砌体的轴心抗拉强度、弯曲抗拉强度、抗剪强度设计值

各类砌体的轴心抗拉强度设计值、弯曲抗拉强度设计值和抗剪强度设计值见表 12-8。

表 12-8　沿砌体灰缝截面破坏时砌体的轴心抗压强度、弯曲抗拉强度和抗剪强度设计值　（MPa）

强度类别	破坏特征及砌体种类		砂浆强度等级			
			≥M10	M7.5	M5	M2.5
轴心抗拉	沿齿缝	烧结普通砖、烧结多孔砖	0.19	0.16	0.13	0.09
		蒸压灰砂砖、蒸压粉煤灰砖	0.12	0.10	0.08	0.06
		混凝土砌块	0.09	0.08	0.07	
		毛石	0.08	0.07	0.06	0.04

续表

强度类别	破坏特征及砌体种类		砂浆强度等级			
			≥M10	M7. 5	M5	M2. 5
弯曲抗拉	沿齿缝	烧结普通砖、烧结多孔砖	0. 33	0. 29	0. 23	0. 17
		蒸压灰砂砖、蒸压粉煤灰砖	0. 24	0. 20	0. 16	0. 12
		混凝土砌块	0. 11	0. 09	0. 08	
		毛石	0. 13	0. 11	0. 09	0. 07
	沿通缝	烧结普通砖、烧结多孔砖	0. 17	0. 14	0. 11	0. 08
		蒸压灰砂砖、蒸压粉煤灰砖	0. 12	0. 10	0. 08	0. 06
		混凝土砌块	0. 08	0. 06	0. 05	
抗剪	烧结普通砖、烧结多孔砖		0. 17	0. 14	0. 11	0. 08
	蒸压灰砂砖、蒸压粉煤灰砖		0. 12	0. 10	0. 08	0. 06
	混凝土和轻骨料混凝土砌块		0. 09	0. 08	0. 06	
	毛石		0. 21	0. 19	0. 16	0. 11

注：①对于用形状规则的块体砌筑的砌体，当搭接长度与块体高度的比值小于1时，其轴心抗拉强度设计值 f_t 和弯曲抗拉强度设计值 f_{tm} 应按表中数值乘以搭接长度与块体高度比值后采用；

②对孔洞率不大于35%的双排孔或多排孔轻骨料混凝土砌块砌体的抗剪强度设计值，可按表中混凝土砌块砌体抗剪强度设计值乘以1. 1；

③对蒸压灰砂砖、蒸压粉煤灰砖砌体，当有可靠的试验数据时，表中强度设计值，允许作适当调整；

④对烧结页岩砖、烧结煤矸石砖、烧结粉煤灰砖砌体，当有可靠的试验数据时，表中强度设计值，允许作适当调整。

（六） 建筑结构的安全等级

建筑结构的安全等级见表12-9。

表12-9　建筑结构的安全等级

安全等级	破坏后果	建筑物类型
一　级	很严重	重要的房屋
二　级	严　重	一般的房屋
三　级	不严重	次要的房屋

注：①对于特殊的建筑物，其安全等级可根据具体情况另行确定；

②对地震区的砌体结构设计，应按现行国家标准《建设抗震设防分类标准》GB 50223根据建筑物重要性区分建筑物类别。

（七） 房屋的静力计算方案

房屋的静力计算，根据房屋的空间工作性能分为刚性方案、刚弹性方案和弹性方案。设计时，可按表12-10确定静力计算方案。

表12-10 房屋的静力计算方案

屋盖或楼盖类别	刚性方案	刚弹性方案	弹性方案
整体式、装配整体和装配式无檩体系钢筋混凝土屋盖或钢筋混凝土楼盖	$S<32$	$32\leqslant S\leqslant 72$	$S>72$
装配式有檩体系钢筋混凝土屋盖、轻钢屋盖和有密铺板的木屋盖或木楼盖	$S<20$	$20\leqslant S\leqslant 48$	$S>48$
瓦材屋面的木屋盖和轻钢屋盖	$S<16$	$16\leqslant S\leqslant 36$	$S>36$

注：①表中 S 为房屋横墙间距，其长度单位为m；

②当屋盖、楼盖类别不同或横墙间距不同时，可按现行“砌体结构设计规范”的规定确定房屋的静力计算方案；

③对无山墙或伸缩缝处无横墙的房屋，应按弹性方案考虑。

（八） 外墙不考虑风荷载影响的最大高度

外墙不考虑风荷载影响的最大高度见表12-11。

表12-11 外墙不考虑风荷载影响时的最大高度

基本风压值（kN/m^2）	层 高（m）	总 高（m）
0.4	4.0	28
0.5	4.0	24
0.6	4.0	18
0.7	3.5	18

注：对于多层砌块房屋190mm厚的外墙，当层高不大于2.8m，总高不大于19.6m，基本风压不大于0.7kN/m^2时可不考虑风荷载的影响。

（九） 受压构件的高厚比及修正系数

构件的高厚比按下式确定：

对矩形截面 $\beta=\gamma_\beta H_0/h$

对T形截面 $\beta=\gamma_\beta H_0/h_T$

式中 γ_β——不同砌体材料的高厚比修正系数，按表12-12采用；

H_0——受压构件的计算高度，按表12-13确定；

h——矩形截面轴向力偏心方向的边长，当轴心受压时为截面较小边长；

h_T——T形截面的折算厚度，可近似按3.5i计算；

i——截面回转半径。

表 12-12　高厚比修正系数 γ_β

砌体材料类别	γ_β
烧结普通砖、烧结多孔砖	1.0
混凝土及轻骨料混凝土砌块	1.1
蒸压灰砂砖、蒸压粉煤灰砖、细料石、半细料石	1.2
粗料石、毛石	1.5

注：对灌孔混凝土砌块，γ_β 取 1.0。

表 12-13　受压构件的计算高度 H_0

<table>
<tr><th colspan="3" rowspan="2">房屋类别</th><th colspan="2">柱</th><th colspan="3">带壁柱墙或周边拉结的墙</th></tr>
<tr><th>排架方向</th><th>垂直排架方向</th><th>$s>2H$</th><th>$2H\geq s>H$</th><th>$s\leq H$</th></tr>
<tr><td rowspan="3">有吊车的单层房屋</td><td rowspan="2">变截面柱上段</td><td>弹性方案</td><td>$2.5H_U$</td><td>$1.25H_U$</td><td colspan="3">$2.5H_U$</td></tr>
<tr><td>刚性、刚弹性方案</td><td>$2.0H_U$</td><td>$1.25H_U$</td><td colspan="3">$2.0H_U$</td></tr>
<tr><td colspan="2">变截面柱下段</td><td>$1.0H_L$</td><td>$0.81H_L$</td><td colspan="3">$1.00H_L$</td></tr>
<tr><td rowspan="5">无吊车的单层和多层房屋</td><td rowspan="2">单跨</td><td>弹性方案</td><td>$1.5H$</td><td>$1.0H$</td><td colspan="3">$1.5H$</td></tr>
<tr><td>刚弹性方案</td><td>$1.2H$</td><td>$1.0H$</td><td colspan="3">$1.2H$</td></tr>
<tr><td rowspan="2">多跨</td><td>弹性方案</td><td>$1.25H$</td><td>$1.0H$</td><td colspan="3">$1.25H$</td></tr>
<tr><td>刚弹性方案</td><td>$1.10H$</td><td>$1.0H$</td><td colspan="3">$1.1H$</td></tr>
<tr><td colspan="2">刚性方案</td><td>$1.0H$</td><td>$1.0H$</td><td>$1.0H$</td><td>$0.4s+0.2H$</td><td>$0.6s$</td></tr>
</table>

注：①表中 H_U 为变截面柱的上段高度；H_L 为变截面柱的下段高度；

②对于上端为自由端的构件，$H_0=2H$；

③独立砖柱，当无柱间支撑时，柱在垂直排架方向的 H_0 应按表中数值乘以 1.25 后采用；

④s 为房屋横墙间距；

⑤自承重墙的计算高度应根据周边支承或拉接条件确定。

（十）墙、柱的允许高厚比

墙、柱的允许高厚比如表 12-14 所示。

表 12-14　墙、柱的允许高厚比 [β]

砂浆强度等级	墙	柱
M2.5	22	15
M5.0	24	16
≥M7.5	26	17

注：①毛石墙、柱允许高厚比应按表中数值降低 20%；

②组合砖砌体构件的允许高厚比，可按表中数值提高 20%，但不得大于 28；

③验算施工阶段砂浆尚未硬化的新砌砌体高厚比时，允许高厚比对墙取 14，对柱取 11。

（十一）砌体房屋伸缩缝的最大间距

砌体房屋伸缩缝的最大间距如表 12-15 所示。

表 12-15　砌体房屋伸缩缝的最大间距

屋盖或楼盖类别		间距（m）
整体式或装配整体式钢筋混凝土结构	有保温层或隔热层的屋盖、楼盖	50
	无保温层或隔热层的屋盖	40
装配式无檩体系钢筋混凝土结构	有保温层或隔热层的屋盖、楼盖	60
	无保温层或隔热层的屋盖	50
装配式有檩体系钢筋混凝土结构	有保温层或隔热层的屋盖	75
	无保温层或隔热层的屋盖	60
瓦材屋盖、木屋盖或楼盖、轻钢屋盖		100

注：①对烧结普通砖、多孔转、配筋砌块砌体房屋取表中数值；对石砌体、蒸压灰砂砖、蒸压粉煤灰砖和混凝土砌块房屋取表中数值乘以 0.8 的系数。当有实践经验并采取有效措施时，可不遵守本表规定；

②在钢筋混凝土屋面上挂瓦的屋盖应按钢筋混凝土屋盖采用；

③按本表设置的墙体伸缩缝，一般不能同时防止由于钢筋混凝土屋盖的温度变形和砌体干缩变形引起的墙体局部裂缝；

④层高大于 5m 的烧结普通砖、多孔砖、配筋砌块砌体结构单层房屋，其伸缩缝间距可按表中数值乘以 1.3；

⑤温差较大且变化频繁地区和严寒地区不采暖的房屋及构筑物墙体的伸缩缝的最大间距，应按表中数值予以适当减小；

⑥墙体的伸缩缝应与结构的其他变形缝相重合，在进行立面处理时，必须保证缝隙的伸缩作用。

（十二） 组合砖砌体构件的稳定系数

组合砖砌体构件的稳定系数如表 12-16 所示。

表 12-16　组合砖砌体构件的稳定系数 Φ_{com}

高厚比 β	配筋率 ρ（%）					
	0	0.2	0.4	0.6	0.8	≥1.0
8	0.91	0.93	0.95	0.97	0.99	1.00
10	0.87	0.90	0.92	0.94	0.96	0.98
12	0.82	0.85	0.88	0.91	0.93	0.95
14	0.77	0.80	0.83	0.86	0.89	0.92
16	0.72	0.75	0.78	0.81	0.84	0.87
18	0.67	0.70	0.73	0.76	0.79	0.81
20	0.62	0.65	0.68	0.71	0.73	0.75
22	0.58	0.61	0.64	0.66	0.68	0.70
24	0.54	0.57	0.59	0.61	0.63	0.65
26	0.50	0.52	0.54	0.56	0.58	0.60
28	0.46	0.48	0.50	0.52	0.54	0.56

注：组合砖砌体构件截面的配筋率 $\rho = A'_s/bh$。

二、砌体结构计算公式

（一） 受压构件（无筋砌体）

$$N \leqslant \Phi f A \tag{12-1}$$

当 $\beta \leqslant 3$ 时，　$\Phi = 1/1 + 12\ (e/h)^2$

$\beta > 3$ 时，　$\Phi = 1/1 + 12\ [e/h + \sqrt{(1/\Phi_0 - 1)}]^2$

$$\Phi_0 = 1/1 + 2\beta^2$$

对矩形截面　$\beta = \gamma_\beta H_0/h$

对 T 形截面　$\beta = \gamma_\beta H_0/h_T$

（二）局部受压（无筋砌体）

1. 砌体截面受局部均匀压力

$$N_L \leqslant \gamma f A_L \tag{12-2}$$

$$\gamma = 1 + 0.35\sqrt{(A_0/A_L - 1)};$$

2. 梁端支承处砌体局部受压

$$\Psi N_0 + N_L \leqslant \eta\gamma f A_L \tag{12-3}$$

$\Psi = 1.5 - 0.5A_0/A_L$　　$N_0 = \sigma_0 A_L$

$A_L = \alpha_0 b$　　$\alpha_0 = 10\sqrt{h_c/f}$

3. 梁端设有刚性垫块和砌体局部受压

$$N_0 + N_L \leqslant \Phi\gamma_1 f A_b \tag{12-4}$$

$N_0 = \sigma_0 A_b$　　$A_b = \alpha_b b_b$

4. 梁下设有长度大于 πh_0 的垫梁下的砌体局部受压

$$N_0 + N_L \leqslant 2.4\delta_2 f b_b h_0 \tag{12-5}$$

$N_0 = \pi b_b h_0 \sigma_0/2$　　$h_0 = 2\sqrt[3]{E_b I_b/Eh}$

（三）轴心受拉构件（无筋砌体）

$$N_t \leqslant f_t A \tag{12-6}$$

（四）受弯构件（无筋砌体）

$$M \leqslant f_{tm} W \tag{12-7}$$

受弯构件的受剪承载力：

$V = f_v b_z$　　$z = I/S$

（五）受剪构件（无筋砌体）

$$V \leqslant (f_v + \alpha\mu\sigma_0)A \tag{12-8}$$

当 $\gamma_G = 1.2$ 时；　$\mu = 0.26 - 0.082\sigma_0/f$

当 $\gamma_G = 1.35$ 时；　$\mu = 0.23 - 0.065\sigma_0/f$

（六）受压构件（网状配筋砖砌体）

$$N \leqslant \Phi_N f_N A \tag{12-9}$$

$$f_N = f + 2(1 - 2e/y)\rho/100 f_y$$

（七）轴心受压构件（组合砖砌体）

$$N \leqslant \Phi_{com}(f_A + f_C A_C + \eta_S f'_y A'_S) \tag{12-10}$$

（八）偏心受压构件（组合砖砌体）

$$N \leqslant fA' + f_C A'_C + \eta_S f'_y A'_S - \sigma_S A_S \text{ 或 } N_{eN} \leqslant f S_S + f_C S_{C,S} + \eta_S f'_y A'_S (h_0 - \alpha'_S) \tag{12-11}$$

受压区高度 x 按下式确定：

$$f S_N + f_C S_{C,N} + \eta_S f'_y e'_N - \sigma_S A_{SeN} = 0$$

$e_N = e + e_a + (h/2 - \alpha_S)$；$e'_N = e + e_a - (h/2 - a'_S)$；$e_a = \beta^2 h/2200(1 - 0.022\beta)$

（九） 轴心受压砖砌体和钢筋混凝土构造柱组合砖墙

$$N \leqslant \Phi_{com}[fA_n + n(f_c A_c + f'_{cy} A'_s)] \tag{12-12}$$

$$n = [1/(l/bc - 3)]^{1/4}$$

式中 N——轴向力设计值；

Φ——高厚比 β 和轴向力偏心距 e 对受压构件承载力影响系数（用于计算受压构件）；

f——砌体抗压强度设计值；

A——截面面积，按砌体毛截面计算；

e——轴向力的偏心距；

h——矩形截面轴向力偏心方向的边长，当轴心受压时为截面较小边长；

α——与砂浆强度等级有关的系数，当砂浆强度等级≥M5 时，$\alpha = 0.0015$；当砂浆强度等级 = M2.5 时，$\alpha = 0.002$；当砂浆强度等级 $f_2 = 0$ 时，$\alpha = 0.009$；

β——构件的高厚比。计算 T 形截面受压构件 Φ 时，应以折算厚 h_T 代替 h_0，$h_T = 3.5i$，i 为 T 形截面回转半径；

γ_β——不同砌体材料的高厚比修正系数；

H_0——受压构件的计算高度；

h_T——T 形截面的折算厚度；

N_1——局部受压面积上的轴向力设计值；

γ——砌体局部抗压强度提高系数；

A_1——局部受压面积；

A_0——影响砌体局部抗压强度的计算面积；

Ψ——上部荷载的折减系数，当 $A_0/A_{fl} \geqslant 3$ 时，$\Psi = 0$；

N_0——局部受压面积内（垫块面积 A_b 上、垫梁）上部轴向力设计值；

N_1——梁端支承压力设计值（用于计算梁端支承处砌体局部受压）；

σ_0——上部平均压应力设计值；

η——梁端底面压应力图形的完整系数，可取 0.7，对于过梁和墙梁可取 1.0；

α_0——梁端有效支承长度，当 $\alpha_0 > \alpha$ 时，取 $\alpha_0 = \alpha$；

α——梁端实际支承长度；

h_c——梁的截面高度；

Φ——垫块上 N_0 及 N_1 合力的影响系数（用于计算梁端设有刚性垫块的砌体局部受压），取 $\beta \leqslant 3$ 时的 Φ 值；

γ_1——垫块外砌体面积的有利影响系数，γ_1 应为 0.8γ，但不小于 1.0；

A_b——垫块面积；

a_b——垫块伸入墙内长度；

b_b——垫块宽度（垫梁在墙厚方向的宽度）；

δ_2——当荷载沿墙厚方向均匀分布时 δ_2 取 1.0，不均匀时 δ_2 取 0.8；

h_0——垫梁折算高度；

E_b、I_b——分别为垫梁的混凝土弹性模量和截面惯性矩；

h_b——垫梁的高度；

N_t——轴心拉力设计值；

f_t——砌体的轴心抗拉强度设计值；

M——弯矩设计值；

f_{tm}——砌体弯曲抗拉强度设计值；

W——截面抵抗矩；

V——剪力设计值；

f_v——砌体抗剪强度设计值；

b——截面宽度；

z——内力臂，当截面为矩形时，取 z 等于 $2h/3$；

I——截面惯性矩；

S——截面面积矩；

h——截面高度；

Φ_N——高厚比和配筋率以及轴向力的偏心距对网状配筋砖砌体受压构件承载力的影响系数；

f_n——网状配筋砖砌体的抗压强度设计值；

ρ——体积配筋率，当采用截面为 A_s 的钢筋组成的方格网，网格尺寸为 a 和钢筋网的竖向间距 s_n 时，$\rho = 2A_s/as_n 100$；

V_s、V——分别为钢筋和砌体的体积；

f_y——钢筋的抗拉强度设计值，当 f_y 大于 320MPa 时仍采用 320MPa；

Φ_{com}——组合砖砌体构件的稳定系数；

f_C——混凝土或面层水泥砂浆的轴心抗压强度设计值，砂浆的轴心抗压强度设计值可取为同强度等级混凝土的轴心抗压强度设计值的 70%，当砂浆为 M15 时，取 5.2MPa；当砂浆为 M10 时，取 3.5MPa；当砂浆为 M7.5 时，取 2.6MPa；

A_c——混凝土或砂浆面层的截面面积；

η_s——受压钢筋的强度系数，当为混凝土面层时，取 1.0；当为砂浆面层时取 0.9；

f'_y——钢筋抗压强度设计值；

A'_s——受压钢筋的截面面积；

σ_s——钢筋 A_s 的应力；

A_s——距轴向力 N 较远侧钢筋的截面面积；

A'——砖砌体受压部分的面积；

A'_c——混凝土或砂浆面层受压部分的面积；

S_s——砖砌体受压部分面积对钢筋 A_s 重心的面积矩；

$S_{c,s}$——混凝土或砂浆面层受压部分面积对钢筋 A_s 重心的面积矩；

S_N——砖砌体受压部分的面积对轴向力 N 作用点的面积矩；

$S_{c,N}$——混凝土或砂浆面层受压部分面积对轴向力 N 作用点的面积矩；

e_N、e'_N——分别为钢筋 A_s、A'_s 重心至轴向力 N 作用点的距离；

e_a——组合砖砌体构件在轴向力作用下的附加偏心距；

h_0——组合砖砌体构件截面的有效高度，$h_0 = h - \alpha_s$；

α_s、α'_s——分别为钢筋 A_s、A'_s 重心至截面较近边的距离；

η——强度系数，当 l/b_c 小于 4 时取 l/b_c 等于 4；

l——沿墙长方向构造柱的间距；

b_c——沿墙长方向构造柱的宽度；

A_n——砖砌体的净截面面积；

A_c——构造柱的截面面积。

第十三章　水准仪、经纬仪和其他工具

水准仪和经纬仪是施工抄平和放线必须使用的仪器和工具，没有合适的仪器和工具放线工作是无法进行的，以下根据建筑施工中必须使用的仪器和工具进行介绍，以便了解其性能和使用方法。

一、水准仪的构造和使用方法

水准仪是抄平的主要工具，在施工中由水准仪给抄平作业提供一条水准视线，以便测定各点间的高差。以下主要介绍目前国产的水准仪的构造和使用方法。

（一）基本构造

水准仪主要由望远镜、水准管、基座等组成。图 13-1 为精密水准仪的构造。

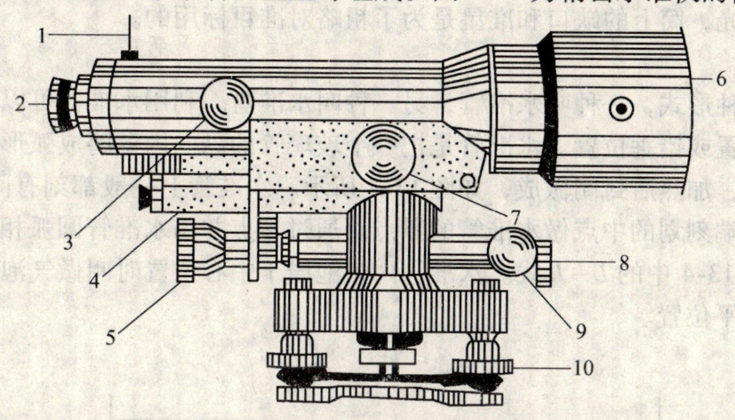

图 13-1　精密水准仪

1—瞄准器；2—望远镜目镜；3—望远镜调焦螺旋；4—水准器反光板；5—微倾螺旋；6—楔形保护玻璃；7—平行玻璃板测微手轮；8—制动螺旋；9—微动螺旋；10—脚螺旋

1. 望远镜

望远镜是瞄准远处目标用的。它主要是由物镜、对光透镜、目镜和十字丝等组成，如图 13-2 所示。

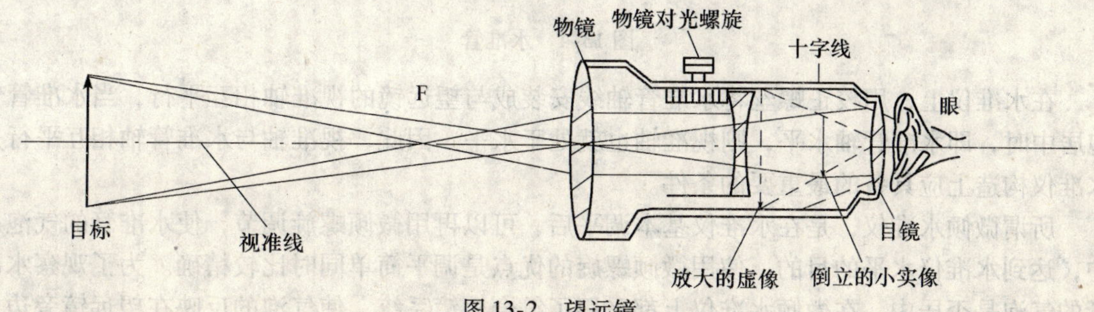

图 13-2　望远镜

望远镜中的十字丝是装在十字丝环上，通过四个校正螺丝固定在望远镜筒上，十字丝一般在玻璃片上刻线，十字丝的构造形式如图 13-3 所示。

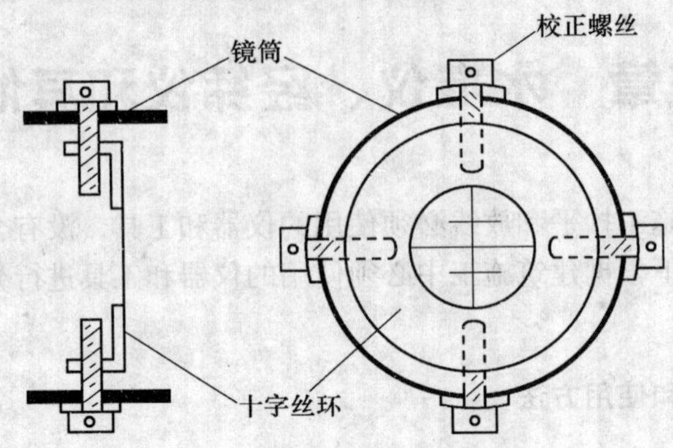

图 13-3　十字丝的构造形式

十字丝中央交点和物镜光心的连线叫做视准轴（也叫视线），当视轴对准目标时，就叫做照准了。所以，视准轴是我们测量时照准的依据。此外，望远镜套筒外部还有对光螺旋，转动时可用来对光，筒上的缺口和准星是为了粗略对准目标用的。

2. 水准器

水准器有两种形式，一种叫水准管，另一种叫水准盒。利用水准器可以把仪器上一些轴线调整到水平位置或铅垂位置。水准管是把一个玻璃管的纵向内壁磨成弧形，管内装上酒精和乙醚的混合液，加热后封闭做成，如图 13-4 所示。水准管上一般都刻有间隔为 2mm 的刻线。水准管上两端刻划的中点做水准管的零点。通过零点并与水准管圆弧相切的直线叫做水准管轴线，见图 13-4 中的 $L-L$ 线。水准管内气泡居于中心位置时叫做气泡居中，这时水准管轴线就处于水平位置。

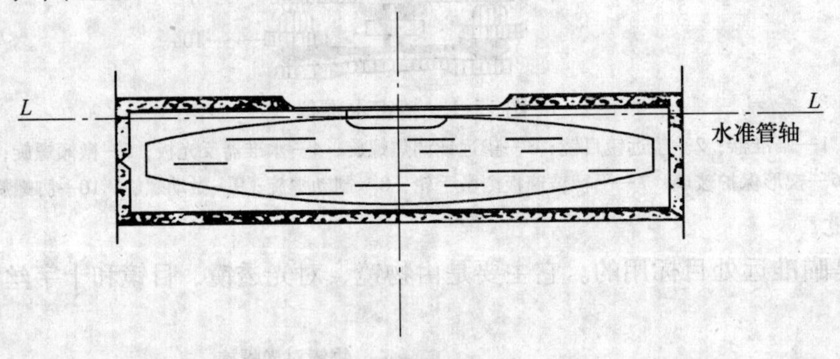

图 13-4　水准管

在水准仪上，用校正螺丝将水准管轴线安装成与望远镜的视准轴相互平行，当水准管气泡居中时，即水准管轴水平，则视准轴也就处于水平。因此，视准轴与水准管轴相互平行是水准仪构造上应具备的最重要的条件。

所谓微倾水准仪，是在水准仪基本调平后，可以再用微倾螺旋调节，使水准管的气泡居中，达到水准仪水平的目的。使用微倾螺旋的优点是调平简单同时比较精确。为了观察水准管的气泡是否居中，在微倾水准仪上都采用了符合棱镜系统，使气泡的反映在望远镜旁边的符合水准泡观察镜中，如图 13-5（a）所示。当调节微倾螺旋使气泡的两端点相吻合时，如图 13-5（b）所示，气泡就居中了。当气泡偏离中点时，气泡的两端点就相互错开，如图 13-5（c）所示，表示气泡没有居中。这样就提高了目估气泡居中的精度。

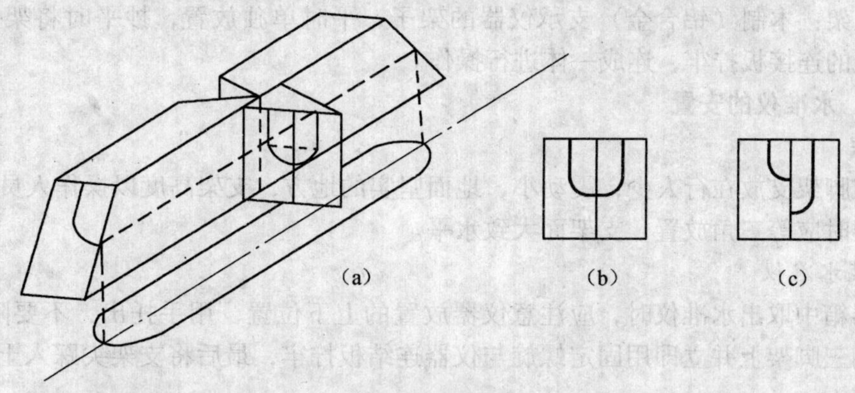

图 13-5　微倾水准仪

（a）水准泡观察镜；（b）气泡居中；（c）气泡没居中

水准盒位于望远镜一侧，它的顶面的内壁是一个球，球面中心有一个小圆圈，圆圈的中心点叫做水准盒的零点。水准盒的轴线是通过圆圈中心球面法线方向的线，如图 13-6 所示。当气泡居中水准盒轴线就处于铅垂位置。

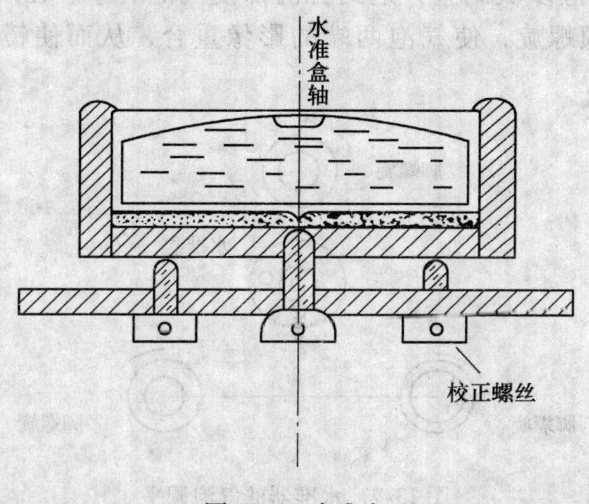

图 13-6　水准盒

在水准仪上，用校正螺丝将水准盒轴线安装成与仪器的竖轴相互平行。当我们调节基座上的定平螺旋使水准盒的气泡居中时，竖轴也处于铅垂位置，也可说水准仪概略定平了。

3. 基座

基座主要由轴座、定平螺旋和连接板组成。起到了支承上部仪器和与三脚架连接作用。

4. 其他部分

制动螺旋：一般装在仪器前面，它是控制水平方向转动的。

微动螺旋：是在制动螺旋固定后，当目标与十字丝还有一些差距时，起稍微转动角度时用，以使目标照准。

微倾螺旋：在使用脚螺旋基本调平后，用它调整水准管的气泡居中，达到使水平更精确。

三脚支架：木制（铝合金）支承仪器的架子，平时单独放置，抄平时将架子上连接螺旋和仪器上的连接板拧牢，连成一体进行操作。

（二）水准仪的安置

1. 支架

先将三脚架支放在行人少，震动小，地面坚实的地方，支架高度以操作人员测视合适为宜。放支架时应等三角放置，支架面大致水平。

2. 安装水准仪

从仪器箱中取出水准仪时，应注意仪器放置的上下位置，用手托出，不要随意地拎出，取出后放到三脚架上并立即用固定螺旋与仪器连结板拧牢，最后将支架尖踩入土中使三脚架稳固于地面上。

3. 调平

将水准仪的制动螺旋放松，使镜筒先平行于两个脚螺旋的连线，然后旋动脚螺旋使水准器的气泡居中，如图 13-7 所示。再将镜筒转动 90°角，与原来两个脚螺旋的连线垂直，这时仅需转动第三个脚螺旋使水准器气泡居中，最后转动几个角度看气泡是否都在居中位置，如果还有偏差则应多次调整，达到各向都使气泡居中。在观测时再利用符合棱镜观测镜观察及调节微倾螺旋，使气泡两端的影像重合，从而使镜筒达到较精确的水平位置。

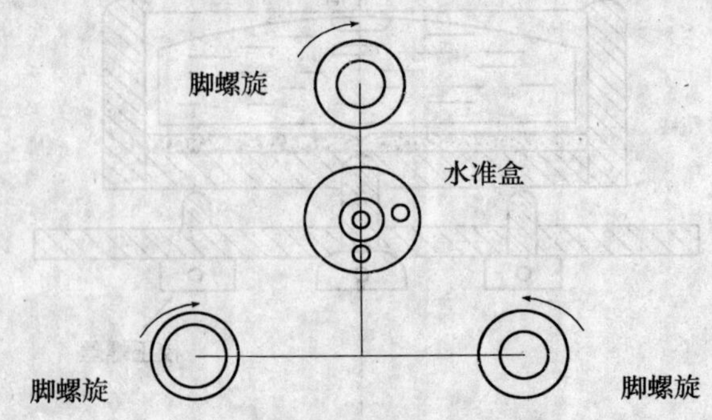

图 13-7 水准器的气泡调平

4. 目镜对光

把镜筒转向明亮的背景，如白墙或天空，旋动目镜的外圈，观察筒内的十字丝达到十分清晰为止。

5. 概略瞄准

在对准目标时，将制动螺旋松开，利用镜筒上的准星和缺口大致瞄准目标，然后再用目镜去观察目标并固定制动螺旋，即为初略瞄准。

6. 物镜对光

转动对光螺旋，使目标在镜中十分清楚，再转动微动螺旋，使十字丝中心对准目标中心，并要求物像和十字丝都十分清楚，这就叫照准目标，此时可以开始进行抄平。这中间需要说明的是，做好对光的标准没有视差，也就是物像恰好落在十字丝的平面内，如图 13-8 所示。

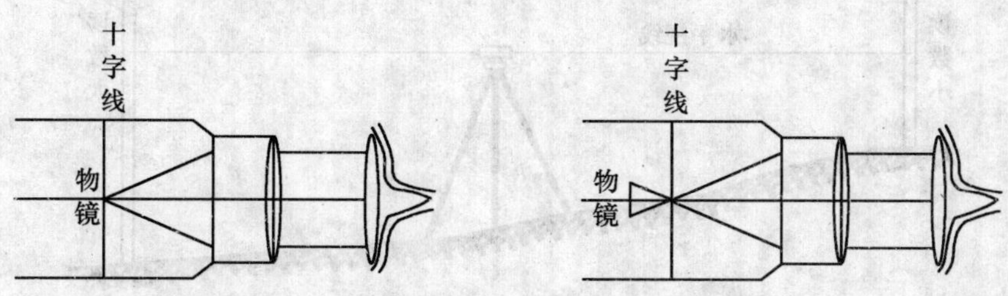

图 13-8　物镜对光

检验的方法是用眼睛在目镜端头上下晃动，看到十字丝交点总是指在物像的一个固定位置上，这是表示没有视差。反之如有错动现象，这就表示有视差。有视差就会影响读数的精确度，这时须继续对光，直到没有错动为止。

以上各步是统一连贯完成的，只要操作熟练并不需要花很多时间。此外还应注意拧螺旋时必须轻轻旋动，不能硬拧或拧过头造成损坏仪器。在安置工作完毕后则可根据需要进行抄平工作。

（三） 水准仪的抄平方法

1. 建筑物的抄平

水准仪安置好后，就可进行抄平工作，抄平就是测定建筑物各点的标高。房屋施工中的抄平一般是根据引进的已知标高，用水准仪来测出所需要点的标高，如测出挖土的深度，或给室内一定高度的平线等。

2. 利用水准仪读取水准尺的读数

在抄平时主要是用水准仪来读取水准尺的读数，经过计算测出高差而确定另一点的标高。如要测定多个不同点的高差，那么首先要将水准尺放到第一点的位置上。用望远镜照准，通过望远镜中十字丝的横丝所指示的读数，取得第一点的测点数值。在读数之前应注意两点：一是先看一下镜筒边上的符合棱镜观察镜中的气泡两端是否吻合，如不吻合则应旋动一下微倾螺旋使之吻合，然后才能读数。二是读数时要注意尺上注字的顺序，并依次读出米，分米，厘米，估读出毫米。如图 13-9 所示，正确读数 1. 545，错误读数 1. 655。

读得准确读数后，记下第一点的观测所读的值，随后转动水准仪，对准第二点并在该处立尺，用望远镜观测第一点的方法读得第二点的数值。这两点数值的差，即为两点间的高差。在测量上把第一点叫后视点，把第二点叫前视点。

高差的计算方法是用后视去减前视的数值，如果相减的值为正数，则说明第二点（前视）比第一点（后视）高；反之说明低。我们知道，当水准仪本身高

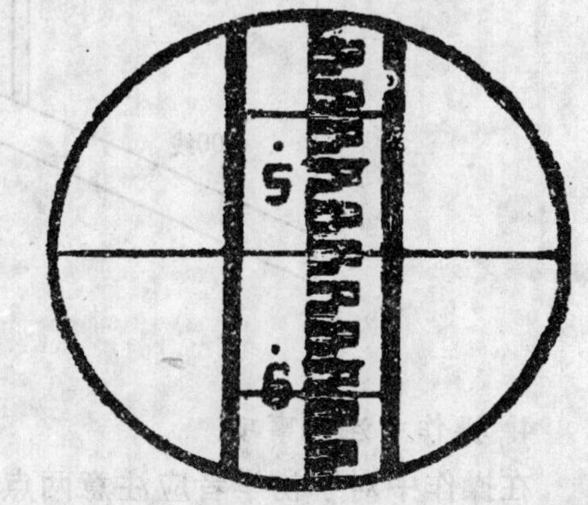

图 13-9　用水准仪来读取水准尺的读数

度不动时，看到的尺上读数大说明尺的零点位置比仪器位置所在地位置要低，反之说明比仪器位置要高，如图 13-10 所示。

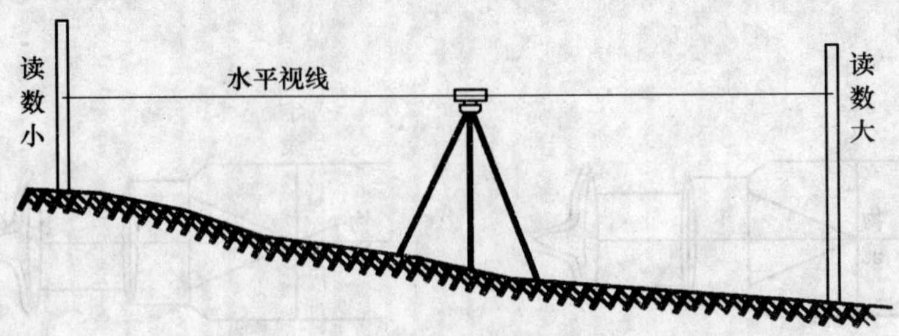

图 13-10　水准仪读数大小

从这个道理中我们懂得了读数小的地势高，读数大的地势低。因此，我们读得后视点如果数值大，而前视点数值小时，说明前视点高，所以当后视值减前视值时得到正值。例如，当读得第一点（后视）值为 1.55m，第二点（前视）读得值为 1.25m，这时两点的高差为：1.55m - 1.25m = 0.30m = 30cm，即说明第二点比第一点高 30cm。

3. 室内抄平

我们在房屋中找平，往往第一点的标高为已知，如选的点为室内 ±0.000 标高点，因此要确定另一点时，则需加上应提高或降低的数值，即可确定第二点的标高位置。如我们将水准尺放在 ±0.000 标高位置上，读得水准尺上读数为 1.67m，而我们要抄室内 50cm 高的平线，这时我们则要将 1.67m 先减去 50cm，就得到了 50cm 平线时尺上应有的读数。这时持尺者则要将尺放到抄平的地方，由观测者在望远镜中读得 1.16m 的值时，则尺的下端零点即为 50cm 标高的位置。持尺者则要在尺底用红蓝铅笔画一道短线，作为记号，当各点都测完后用墨斗弹出黑色平线，如图 13-11 所示。

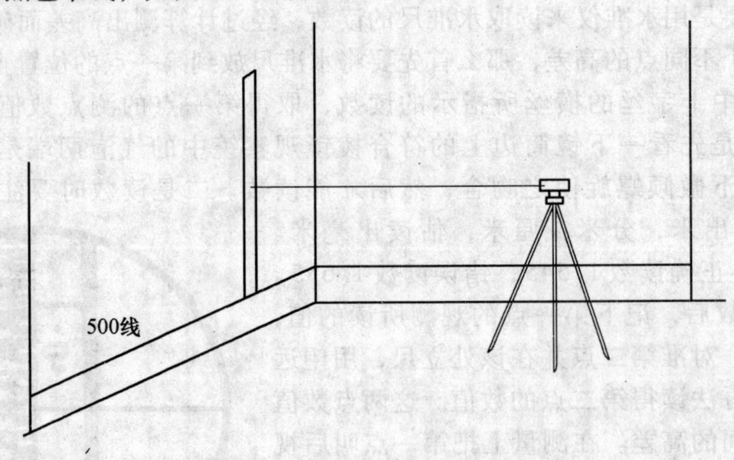

图 13-11　室内抄平

4. 操作中注意事项

在操作中对于初学者应注意两点：一是持尺者用铅笔画线要贴尺底，如图 13-12 所示。避免由于画线不准造成偏差。二是在观测时，为了使读数吻合十字丝的横丝，这时要将尺上下移动，但我们要记住由于望远镜看到的物像在镜中是倒置的，当要使某数字去吻合横丝时，用手指挥尺子上或下的方向，恰好与镜筒中尺上数字应趋靠横丝的方向相反，如图13-12所示。

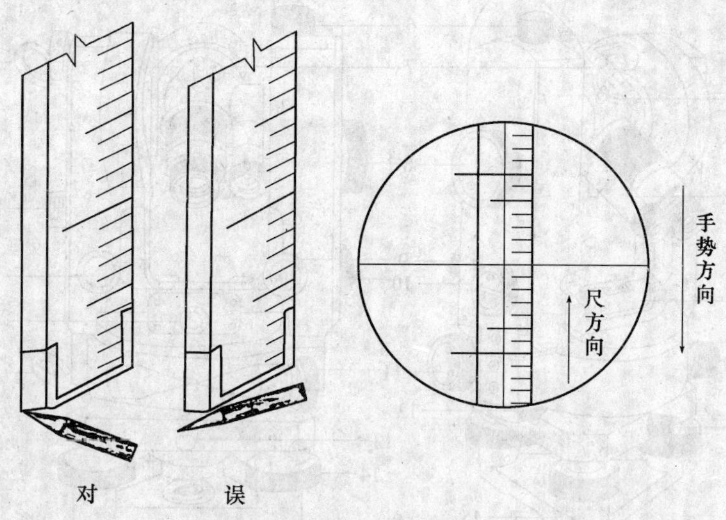

图 13-12　铅笔画线与尺子移动

假如要使读数很快趋靠（向上靠）横丝，那么我们的手势正好应指挥持尺者把尺向下移动。反之如要使这个读数向下趋靠横丝，则手势应指挥向上。最后当这两者吻合时，观测者也应做手势叫对方停止移动，并再看一下镜内数字核对无误后，才可以让对方在尺的下端划痕记号。

（四）　水准仪的维护和保养方法

水准仪是比较贵重的仪器，是我们找平不可缺少的工具。在使用中应经常用软毛刷刷去仪器上的灰尘，注意轻拿、轻放，不要受震动，并要求防雨、防潮、防晒，不要用手去触其物镜、目镜。放入箱内后在盖箱前应将制动螺旋轻轻旋紧，使用一段时间后，要进行检查，如附件是否安全，仪器有无损伤，转动是否灵活，有无杂音，操作螺旋是否有效，校正螺丝有无松动丢失，物镜及目镜有无磨痕，物像十字丝是否清晰，水准器有无裂纹，三脚架、仪器和连接螺旋是否配套，仪器箱的提手、背带、锁是否牢固等。此外还应注意擦洗和检修工作，以保证仪器的正常使用精度不变。

二、经纬仪的安置和使用方法

图 13-13 为我国生产的一种 J_2 级光学经纬仪。

经纬仪的安置包括对中和定平两项内容，其具体过程分述如下。

1. 支架

支三脚架的方法同水准仪操作相同，但须注意三脚架中心应对准下面测点桩位的中心，以便对中时容易找正。

2. 安装仪器

将经纬仪从仪器箱中取出，要用手托起安放到三脚架上，然后用三脚架上的固定螺旋拧紧，并在螺旋下端小钩上挂好线锤，使锤尖与桩中心大致对中（使用光学对点的经纬仪应使光学对点器与桩中心大致对中），并将三脚架踩入土中固定不再移动。

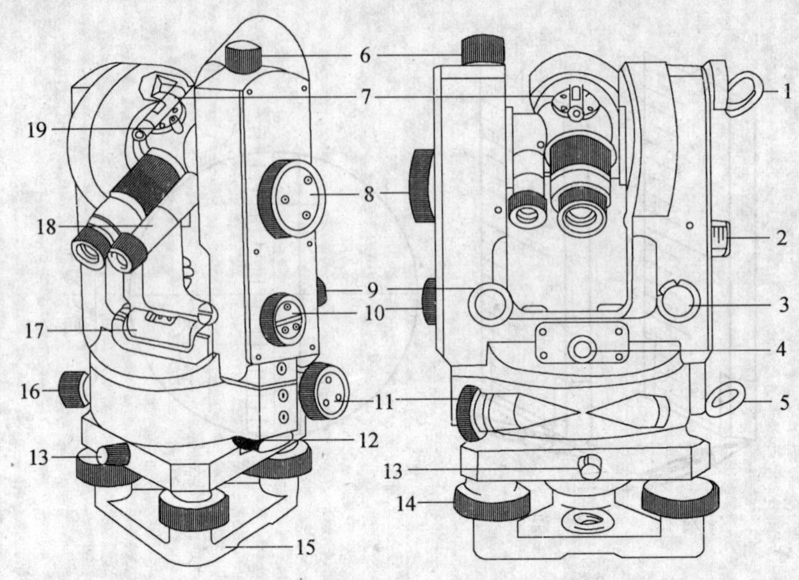

图 13-13　经纬仪

1—竖盘反光镜；2—竖盘指标水准管观察镜；3—竖盘指标水准管微动螺旋；4—光学对中器；5—水平度盘反光镜；6—望远镜制动螺旋；7—光学瞄准器；8—测微器；9—望远镜微动螺旋；10—换像手轮；11—水平微动螺旋；12—水平度盘变换轮；13—轴座固定螺旋；14—脚螺旋；15—底座；16—水平制动螺旋；17—照准部水准管；18—读数显微镜；19—望远镜反光板手轮

3. 对中

对中的目的是要将经纬仪水平度盘的中心安置在桩点的铅锤线上。对中时根据线锤偏离桩点中心的程度来移动仪器，如果偏离太大就必须重新移动三脚架达到对中的目的。利用线锤对中时，观测者必须在仪器两个互相垂直的方向去看锤尖是否对准测点桩上的中心标志（木桩中心一般钉一个小钉）。如果其偏移中心左右前后不大于2mm，就可拧紧固定螺旋，即对中完毕（光学对点的经纬仪对中方法同上）。

4. 定平

定平的目的是使水平度盘处于水平位置。它的定平方法和水准仪一样，不过没有水准仪要求那么精确，只要在各个方面水准管的气泡均能基本居中就认为定平完毕。

5. 使用方法

测角方法，经纬仪安置后，先将度盘读数对准 0°00′00″（若用测微轮式仪器，还要使测微轮将分刻度线对准 0′00″，再用水平制动式微动螺旋将双丝平分度盘 0 线）后，将离合器按钮扳下，松开制动螺旋，转动仪器，用望远镜照准目标（需测视的桩点），照准后固定度盘制动螺旋，对光看清目标，然后用微动螺旋使十字丝中心对准目标，即用十字丝中段竖直的双丝把目标（如桩顶上的小钉）夹在中间。对准后将按钮扳上去，这时检查一下读数应为0°00′00″，再松开制动螺旋转动仪器使在显微观察镜中读得 90°00′00″，即为测量的一直角方向。因为房屋建筑的外框一般都为直角方向，所以 90°角在放线中是经常采用的。因此，当给定了两个测点桩位，在一个桩位上对中后，照准另一桩位即可定出垂直方向的方位线了。房屋定位方法基本就是如此，这里要说明的是在测角时精神一定要集中，观察要仔细，同时在转动螺旋时一定不要弄错上下盘不同的两个螺旋，否则将会造成观测错误，一旦检查不到就会造成事故，即便检查出来也要造成返工耽误时间，因此操作时必须严格细心，才能不出差错。测角如图 13-14 所示。

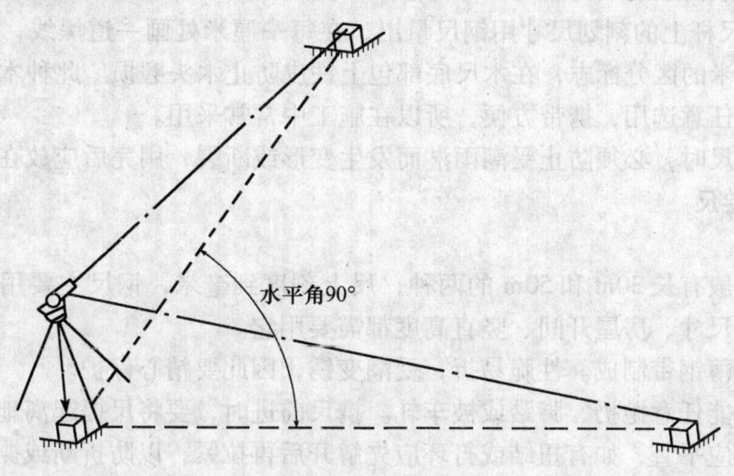

图 13-14　测角示意图

三、水准尺、钢卷尺及其他用具

（一） 水准尺

在工地抄平时有采用正式水准尺中的塔尺，也有采用自制的木尺（亦叫尺杆），如图 13-15 所示。

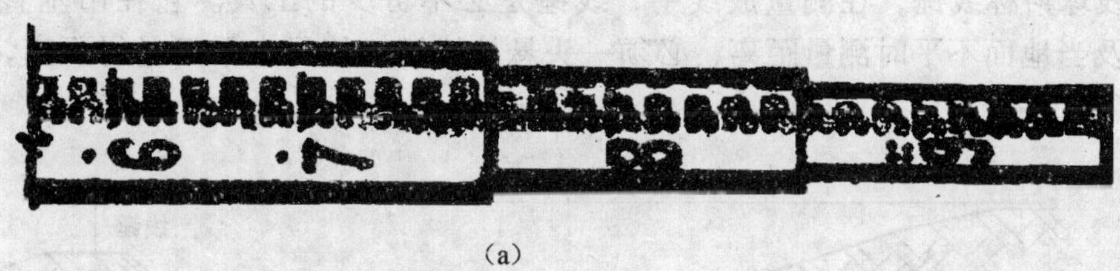

（a）

（b）

图 13-15　塔尺

1. 塔尺

塔尺的底部有一个铁套为尺的零点。尺面上刻有黑白相间的格条，每个黑格或白格都是 1cm 或 0.5cm，尺上每一分米处注有数字，字用黑色标志分辨。在米与米之间的整米处用红色标志分辨。在1米与2米之间的分米数字上加有一个点，如2代表1米2分米。2米到3米间的分米数字上加两个点，如5即代表2米5分米。以此类推。塔尺一般由三节套在一起，拉出使用时必须注意接口处位置是否准确。

2. 自制木尺

自制木尺一般由放线人员用1.5cm厚，4cm宽断面的木杆刨光制成。长度根据需要做成2m、4m不等，尺杆上的刻划尺寸用钢尺量出，在每一厘米处画一道黑线，在边上也同塔尺一样标以米和分米的区分标志，在木尺底部包上铁皮防止木头磨损。此种木尺可以根据抄平的高低深浅不同任意选用，携带方便，所以在施工中常常采用。

在使用水准尺时，必须防止受潮雨淋而发生变形或断裂，用完后应放在室内干燥处。

（二） 钢卷尺

1. 大钢卷尺

大钢卷尺一般有长30m和50m的两种，尺上刻度到毫米，钢尺主要用来丈量距离。在放线中测量轴线尺寸、房屋开间、竖直高度都需要用它。

钢卷尺是由薄钢带制成。性脆易折，受潮变锈，因此要精心保护。

在使用时不能任意抛扔、脚踏或被车轧。携尺前进时，要将尺提起离地面走，不应拖地而行，尺展开后应平直，如有扭结或打环应先解开后再拉紧，以防折断或撕裂。使用中切忌受潮，一旦不慎受潮，则卷回时应用带油性的干布擦拭干净。

2. 小钢盒尺

小钢盒尺一般分为3m、2m和1m等多种，尺上分刻到毫米。用以测量较小的尺寸，如门窗口的高、宽，墙的厚度，附墙垛大小，由中心往两边分尺寸等都可用它，小卷尺亦应防止受潮生锈。

（三） 锤线球

锤线球俗称线锤，在测量放线中，线锤是必不可少的工具。它在吊垂直，经纬仪对中，以及当地面不平时测量距离，必须一头悬挂线锤，使尺水平而量得距离，如图13-16所示。

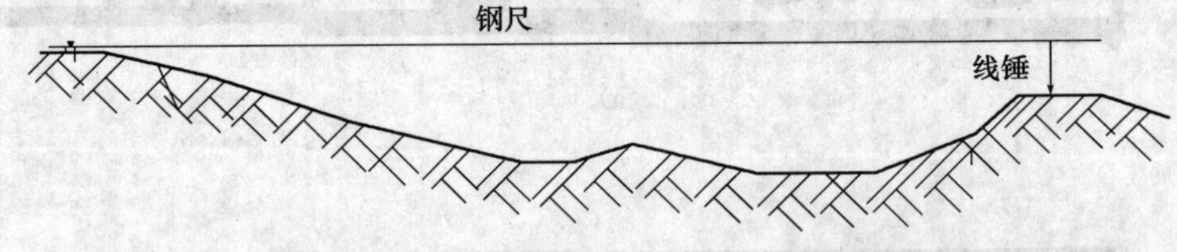

图13-16 一头悬挂线锤使尺水平而量得距离

（四） 小白线

在放线过程中长距离的拉中线、放基础轴线、放边线时都要用。为了收放方便，放线人员制做了一种木制绕线架，如图13-17所示。使用时拉开快，绕回时一手转动架子，一手扶线很快就可把线绕到架上去。

（五） 墨斗和竹笔

墨斗和竹笔主要是弹墨线时应用，是找平中常用的工具，如图13-18所示。使用时墨斗中墨水不宜过多，水多弹线时易使线弹得很粗，或线边有花花点点造成线不准确。

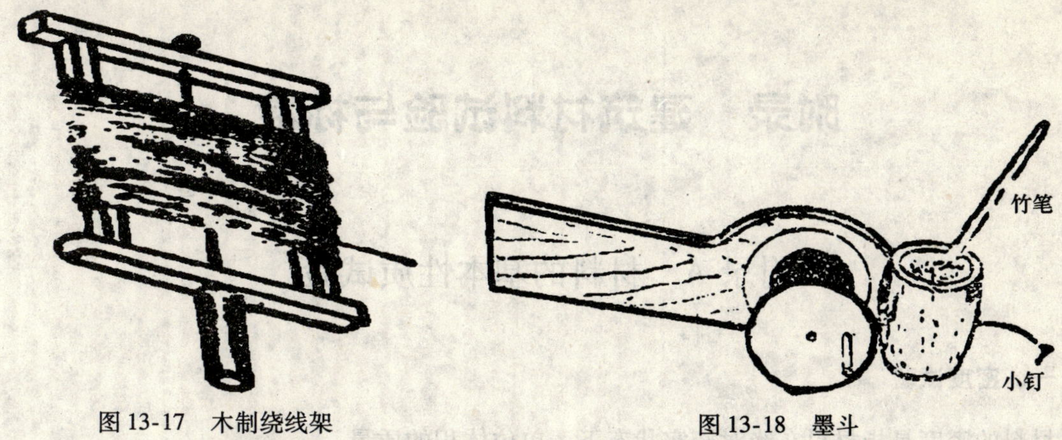

图 13-17　木制绕线架　　图 13-18　墨斗

附录 建筑材料试验与标准

附录 A 材料的基本性质试验

一、密度试验

材料的密度是指材料在绝对密实状态下，单位体积的质量。

（一）主要仪器设备

李氏瓶（见图附-1）、筛子（孔径 0.200mm 或 900 孔/cm^2）、量筒、烘箱、干燥器、天平、温度计、漏斗、小勺等。

（二）试样制备

1. 将试样研磨，用筛子筛分除去筛余物，并放到 105 ~ 110℃的烘箱中，烘至恒重。

2. 将烘干的粉料放入干燥器中冷却至室温待用。

（三）试验方法及步骤

1. 在李氏瓶中注入与试样不起化学反应的液体至突颈下部，记下刻度（V_0）。

2. 用天平称取 60 ~ 90g 试样，用小勺和漏斗小心地将试样徐徐送入李氏瓶中（不能大量倾倒，会妨碍李氏瓶中空气排出或使咽喉部位堵塞），直至液面上升至 20ml 刻度左右为止。

3. 用瓶内的液体将粘附在瓶颈和瓶壁的试样洗入瓶内液体中，转动李氏瓶使液体中气泡排出，记下液面刻度（V_1）。

4. 称取未注入瓶内剩余试样的质量，计算出装入瓶中试样的质量 m。

5. 将注入试样或李氏瓶中液面读数减去注入前的读数，得出试样的绝对体积 V。

（四）结果计算及确定

按下式计算出密度 ρ（精确至 0.01g）：

$$\rho = \frac{m}{V}$$

式中 m——装入瓶中试样的质量，g；

V——装入瓶中试样的体积，cm^3。

按规定，密度试验用两个试样平行进行，以其计算结果的算术平均值作为最后结果。但两次结果之差不应大于 0.02g/cm^3，否则重做。

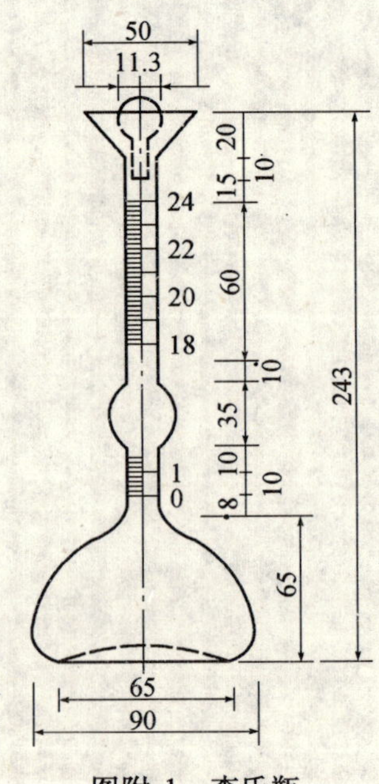

图附-1 李氏瓶

二、视密度试验

视密度是指材料在自然状态下，单位体积（包括材料的绝对密实体积与内部封闭孔隙体积）的质量。其试验方法有容量瓶法和广口瓶法，其中容量瓶法用来测试砂的视密度，广口瓶法用来测试石子的视密度，下面我们就以砂和石子为例分别介绍两种试验方法。

（一）砂的视密度试验（容量瓶法）

1. 主要仪器设备

容量瓶（500mL）、托盘天平、干燥器、浅盘、铝制料勺、温度计、烘箱、烧杯等。

2. 试样制备

将650g左右的试样在温度为105±5℃的烘箱中烘干至恒重，并在干燥器内冷却至室温待用。

3. 试验方法及步骤

（1）称取烘干的试样300g（m_0）装入盛有半瓶冷开水的容量瓶中，摇转容量瓶，使试样在水中充分搅动，以排除气泡，塞紧瓶塞，静置24h左右。

（2）静置后用滴管添水，使水面与瓶颈刻度平齐，再塞紧瓶塞，擦干瓶外水分，称取其质量（m_1）。

（3）倒出瓶中的水和试样，将瓶的内外表面洗净。再向瓶内注入与前面水温相差不超过2℃的冷开水至瓶颈刻度数，塞紧瓶塞，擦干瓶外水分，称取其质量（m_2）。

4. 结果计算及确定

按下式计算砂的视密度（精确值0.01g/cm³）：

$$\rho' = \left(\frac{m_0}{m_0 - m_1 + m_2} - \alpha_t\right) \times 1000(\mathrm{kg/m^3})$$

式中 m_0——试样的烘干质量，g；

m_1——试样、水及容量瓶的总重，g；

m_2——水及容量瓶的总重，g；

α_t——称量时的水温对水相对密度影响的修正系数，见表附-1。

表附-1 不同水温下砂的表观密度温度修正系数

水温（℃）	15	16	17	18	19	20	21	22	23	24	25
α_t	0.002	0.003	0.003	0.004	0.004	0.005	0.005	0.006	0.006	0.007	0.008

按规定，视密度应用两份试样测定两次，并以两次结果的算术平均值作为测定结果，如两次测定结果的差值大于0.02g/cm³时，应重新取样测定。

（二）石子视密度试验（广口瓶法）

1. 主要仪器设备

广口瓶、烘箱、天平、筛子、浅盘、带盖容器、毛巾、刷子、玻璃片。

2. 试样制备

将试样筛去5mm以下的颗粒，用四分法（此方法见试验四，混凝土用骨料试验中的取样方法）缩分至不少于2kg，洗刷干净后，分成两份备用。

3. 方法与步骤

（1）将试样浸水饱和后，装入广口瓶中，装试样时广口瓶应倾斜放置，然后注满饮用水，用玻璃片覆盖瓶口，以上下左右摇晃的方法排除气泡。

（2）气泡排尽后，向瓶中添加饮用水，直至水面凸出到瓶口边缘，然后用玻璃片沿瓶口迅速滑行，使其紧贴瓶口水面。擦干瓶外水分后，称取试样、水、瓶和玻璃片的总质量（m_1）。

（3）将瓶中的试样倒入浅盘中，置于105±5℃的烘箱中烘干至恒重，取出来放在带盖的容器中冷却至室温后称出试样的质量（m_0）。

（4）将瓶洗净，重新注入饮用水，用玻璃片紧贴瓶口水面，擦干瓶外水分后称出质量（m_2）。

4. 试验结果的计算及确定

试样的视密度 ρ_g 按下式计算（精确到0.01g/cm³）：

$$\rho_g = \left(\frac{m_0}{m_0 + m_2 - m_1} - \alpha_t\right) \times 1000(\mathrm{kg/m^3})$$

式中 m_0——试样的烘干重量，g；

m_1——试样、水、玻璃片及容量瓶的总重，g；

m_2——水、玻璃片、水及容量瓶的总重，g；

α_t——考虑称量时的水温对水视密度影响的修正系数，见表附-2。

表附-2 不同水温下碎石或卵石的表观密度温度修正系数

水温（℃）	15	16	17	18	19	20	21	22	23	24	25
α_t	0.002	0.003	0.003	0.004	0.004	0.005	0.005	0.006	0.006	0.007	0.008

按规定，视密度应用两份试样测定两次，并以两次结果的算术平均值作为测定结果，如两次测定结果的差值大于0.02g/cm³时，应重新取样测定，对颗粒材质不均匀的试样，如两次试验结果的差值大于20kg/m³时，可取四次测定结果的算术平均值作为测定值。

三、体积密度试验

体积密度是指材料在自然状态下，单位体积的质量。体积密度的测试包括规则几何形状试样的测定与不规则形状试样的测定，其测定方法如下：

（一）规则几何形状试样的测试（如砖）

1. 主要仪器设备

游标卡尺、天平、烘箱、干燥器等。

2. 试样制备

将规则形状的试样放入105～110℃的烘箱内烘干至恒重，取出放入干燥器中，冷却至室温待用。

3. 试验方法及步骤

（1）用游标卡尺量出试样尺寸（试样为正方形或平行六面体时以每边测量上、中、下三个数值的算术平均值为准。试样为圆柱体，按两个互相垂直的方向量其直径，各方向上、中、下量三次，以六次的平均值为准确定直径），并计算出其体积（V_0）。

（2）用天平称量出试件的质量（m）。

4. 试验结果计算

按下试计算出体积密度 ρ_0

$$\rho_0 = m/V_0$$

式中　m——试样的质量，g；

V_0——试样的体积，cm^3。

（二）不规则形状试样的测试（如卵石等）

此类材料体积密度的测试采用排液法（即砂石视密度的测定方法），其不同之处在于应对材料表面涂蜡，封闭开口孔后，再用容量瓶法或广口瓶法进行测试。方法同上。

四、堆积密度试验

堆积密度是指粉状或颗粒状材料，在堆积状态下，单位体积的质量。堆积密度的测试是在测试原理相同的基础上，根据测试材料的粒径不同，而采用不同的方法。下面我们就以细骨料和粗骨料为例介绍两种堆积密度的测试方法。

（一）细骨料堆积密度试验

1. 主要仪器设备

标准容器（容积为1L）、标准漏斗（见图附-2）、台秤、铝制料勺、烘箱、直尺等。

2. 试样制备

用四分法缩取3L试样放入浅盘中，将浅盘放入温度为105±5℃的烘箱中烘至恒重，取出冷却至室温，分为大致相等的两份待用。

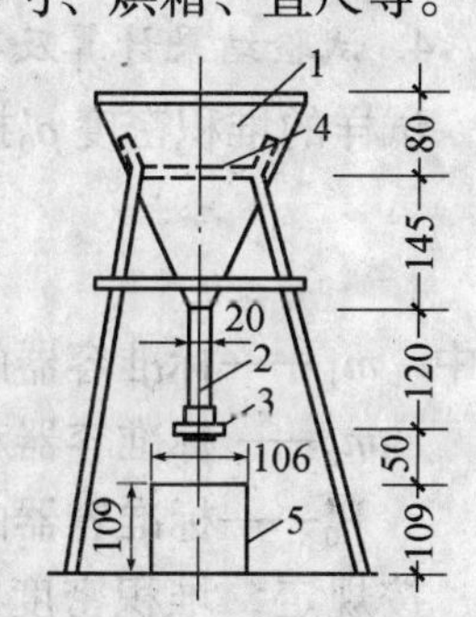

图附-2　砂堆密度漏斗

1—漏斗；2—ϕ20管子；3—活动门；4—筛；5—容量筒

3. 试验方法及步骤

（1）称取标准容器的质量（m_1）。

（2）取试样一份，用漏斗和铝制料勺将其徐徐装入标准容器，直至试样装满并超出标准容器筒口。

（3）用直尺将多余的试样沿筒口中心线向两个相反方向刮平，称其质量（m_2）。

4. 试验结果计算及确定

试样的堆积密度 ρ'_0 按下式计算（精确至10kg/m^3）：

$$\rho'_0 = \frac{m_2 - m_1}{V'_0}$$

式中　m_1——标准容器的质量，kg；

m_2——标准容器和试样总质量，kg；

V'_0——标准容器的容积，L。

（二）粗骨料堆积密度试验

1. 主要仪器设备

容量筒（规格容积见表附-3）、平头铁锹、烘箱、磅秤。

表附-3　容量筒的规格要求

碎石或卵石的最大粒径（mm）	容量筒容积（L）	容量筒规格（mm）		筒壁厚度（mm）
		内　径	净　高	
10.0；16.0；20.0；25.0	10	208	294	2
31.5；40.0	20	294	294	3
63.0；80.0	30	360	294	4

2. 试样制备

用四分法缩取不少于表附-3 规定数量的试样，放入浅盘，在 105 ± 5℃ 的烘箱中烘干，也可以摊在洁净的地面上风干，拌匀后分成大致相等的两份待用。

3. 试验方法与步骤

（1）称取容量筒质量 m_1（kg）。

（2）取试样一份置于平整、干净的混凝土地面或铁板上，用平头铁锹铲起试样，使石子在距容量筒上口约 5cm 处自由落入容量筒内，容量筒装满后，除去凸出筒口表面的颗粒并以比较合适的颗粒填充凹陷空隙，应使表面凸起部分和凹陷部分的体积基本相等。

（3）称出容量筒连同试样的总质量，m_2（kg）。

4. 试验结果计算及确定

试样的堆积密度 ρ_0' 按下式计算（精确至 0.01kg/m^3）：

$$\rho'_0 = \frac{m_2 - m_1}{V'_0}$$

式中　m_1——标准容器的质量，kg；

m_2——标准容器和试样总质量，kg；

V'_0——标准容器的容积，L。

按规定，堆积密度应用两份试样测定两次，并以两次结果的算术平均值作为测定结果。

五、吸水率试验

材料的吸水率是指材料吸水饱和时的吸水量与干燥材料的质量或体积之比。现介绍其测试方法。

（一）主要仪器设备

天平、游标卡尺、烘箱、玻璃（或金属）盆等。

（二）试样制备

将试样置于不超过 110℃ 的烘箱中，烘干至恒重，再放到干燥器中冷却到室温待用。

（三）试验方法及步骤

（1）从干燥器中取出试样，称其质量 m（g）；

（2）将试样放在盆中，并在盆底放些垫条（如玻璃棒或玻璃管，使试样底面与盆底不致紧贴，试件之间应留 1～2cm 的间隔，使水能够自由进入）。

（3）加水至试样高度的1/3 处，过 24h 后，再加水至高度 2/3 处，再过 24h 加满水，并放置 24h。逐次加水的目的在于使试件孔隙中的空气逐渐逸出。

（4）取出试样，用拧干的湿毛巾抹去表面水分（不得来回擦试），称其质量 m_1。

（5）为检验试样是否吸水饱和，可将试样再浸入水中至高度 3/4 处，过 24h 重新称量，两次质量之差不得超过 1%。

（四）试验结果计算及确定

材料的吸水率 $W_{质}$ 或 $W_{体}$ 按下式计算：

$$W_{质} = \frac{m_1 - m}{m} \times 100\%$$

$$W_{体} = \frac{m_1 - m}{V_0} \times 100\%$$

式中　$W_{质}$——质量吸水率,%；

$W_{体}$——体积吸水率（用于高度多孔材料),%；

m——试样干燥质量，g；

m_1——试样吸水饱和质量，g。

按规定吸水率试验应用三个试样平行进行，并以三个试样吸水率的算术平均值作为测试结果。

附录 B　烧结普通砖试验

一、取样方法

在成品堆垛中按机械抽样法取样，抽样前预先确定好抽样方案。如每隔几垛，在垛上哪一部位，取其一个位置上的几块，使所取样品，能均匀分布于该批成品的堆垛范围中，并具有代表性，然后抽取之，数量为 200 块。

（一）外观检查用砖

检验按 GB/T—2542 进行抽样数量 50 块，尺寸偏差检验的样品用随机抽样法从外观质量检验后的样品中抽取，数量 20 块。其他检验项目的样品用随机抽样法从外观质量检验后的样品中抽取。其中泛霜 5 块、石灰爆裂 5 块。

（二）物理力学试验用砖

在外观检查后的样品中，按机械抽样法抽取，但试件的外观质量必须符合成品的外观指标，否则以原规定抽样位置相邻的合格砖替补。试验用砖数量为 15～20 块，抗压 10 块，抗冻 5 块，吸水和饱和系数 5 块。试样取完后，应在每块砖上注明试验内容及编号，不允许随便更换样品或改变试验内容。

二、尺寸偏差检验

检验样品数为 20 块，其方法按 GB/T—2542 进行，其中每一尺寸测量不足 0.5mm 按 0.5mm 计，每一方向尺寸以两个测量值的算术平均值表示。样本平均偏差是 20 块试样同一方向测量尺寸的算术平均值减去其公称尺寸的差值，样本极差是抽检的 20 块试样中同一方向最大测量值与最小测量值之差。

三、外观质量

检验按 GB/T—2542 进行，颜色的检验：抽试样 20 块装饰面朝上随机分两排并列，在自然光下距离试样 2m 目测。

四、普通黏土砖抗压强度试验

（一）目的

学会普通黏土砖抗压强度试验方法，并通过测试的抗压强度，确定黏土砖的强度等级。

（二）主要仪器设备

压力试验机、锯砖机或切砖器、量尺、镘刀等。

（三）试件制备

1. 将一组（10 块）砖样切断或锯成两个半截砖，断开的半截砖边长不得小于 100mm，如果不足 100mm，应另取备用试样补足。

2. 在试样制备台上，将已断开的半截砖放入室温的净水中，浸泡 10～20min。

3. 取出后，以断口相反方向叠放，两者之间抹以厚度不超过 5mm 的用 32.5 或 42.5 级普通硅酸盐水泥调制成稠度适宜的水泥净浆粘结，上、下两面用厚度不超过 3mm 的同种水泥浆抹平，制成的试件上下两面需互相平行，并垂直于侧面。

4. 制成的抹面试件应置于不低于 10℃ 的不通风的室内养护 3 天，再进行抗压强度试验。

（四）试验方法及步骤

1. 测量每个试件连接面的长宽尺寸各两个，分别取其平均值（精确到 1mm）。

2. 将试样平放在加压板中央，垂直于受压面加荷，加荷应均匀平稳，不得发生冲击或振动，加荷速度为 5 ±0.5kN/s，直至试件破坏为止，记录最大破坏荷载 R。

（五）试验结果的计算

1. 平均值 $\bar{R}$ 的计算

$$\bar{R} = \frac{\sum_{i=1}^{10} R_i}{10}$$

式中 $\bar{R}$——10 块砖样的抗压强度算术平均值，MPa；

R_i——单块砖样抗压强度测定值，MPa。

2. 强度标准值计算

$$f_k = \bar{R} - 2.1S$$

$$S = \sqrt{\frac{1}{9}\sum_{i=1}^{10}(R_i - \bar{R})^2}$$

式中　f_k——强度标准值，MPa；

S——10 块砖样的抗压强度标准差，MPa。

3. 试验结果鉴定

将以上所得的强度平均值 $\bar{R}$ 和强度标准值 f_k，对照规范 GB 5101—93，从而判定砖的标号或检验此砖是否达到强度标号要求。

附录 C　石灰试验

一、试验原理

石灰中活性氧化钙是指游离的氧化钙。它不同于总钙量，因为活性氧化钙不包括碳酸钙、硅酸钙以及其他钙盐中的钙。石灰中的氧化钙含量，以能溶解于蔗糖溶液中、并能与盐酸作用而生成蔗糖钙的钙含量占石灰原试样的重量百分率表示之。原理是活性氧化钙能与蔗糖化合成的在水中的溶解度较大的蔗糖钙，而其他钙盐则不与蔗糖作用，故利用不同反应条件，用已知浓度的盐酸进行滴定（用酚酞指示剂），盐酸达到终点时的耗量，可以计算出活性 CaO 的含量。

氧化镁的测定方法是用 EDTA 络合滴定法。先测定钙镁合量，然后测定出钙含量，以钙镁合量值通过计算确定氧化镁的含量。

二、试验仪具和试剂

试验仪具和试剂

烘箱、分析天平、标准筛、称量瓶、干燥器、锥形瓶、滴定管、量筒、烧杯、移液管、容量瓶、试剂瓶、表面皿、玻璃珠、试验架和万能夹等装置设备。试验试剂：盐酸、蔗糖、酚酞、酒石酸钾钠、氯化铵、氢氧化铵、三乙醇胺、酸性络兰 K 萘酚绿 B 钙指示剂（钙试剂羧酸钠盐）、氧化钠、氢氧化钠、乙二胺四乙酸二钠盐（Na_2EDTA）、无水碳酸钠、碳酸钙、无水乙醇、精密试纸。

三、试剂的配制

（一）盐酸溶液

1. 取 41mL 浓盐酸用蒸馏水稀释至 1L。

2. 在分析天平上用减量法称取无水碳酸钠约 0.2～0.3g，在锥形瓶中用蒸馏水小心加热溶解，冷却后滴入甲基橙指示剂 2 滴，此时溶液呈黄色。用配制好的 HCl 溶液盛于滴定管中。进行滴定直至锥形瓶中溶液由黄色刚转变为橙色为止。记录盐酸耗量，按下式计算出 HCl 溶液的准确浓度。

$$M_{hci} = \frac{m \cdot 2}{0.106 \cdot V_{HCl}}$$

式中 m——无水碳酸钠的质量，g；

V_{HCl}——滴定时消耗盐酸标准摩尔浓度溶液的体积，mL；

0.106——无水碳酸钠的摩尔质量，g。

（二）氨性缓冲溶液

取54g氯化铵，置于1000mL烧杯中加水溶解，再加入350mL相对密度为0.90的氨水，以蒸馏水稀释为1000mL。

（三）K-B指示剂

以1:2的酸性铬兰K与萘酚绿B配制成0.2%的溶液，避光保存。

（四）钙指标剂

称取50g氯化钠，在研钵中研细，加入0.5g钙指标剂，研混均匀，避光干燥。（其余试剂配制从略）。

四、试验方法与步骤

（一）有效钙的测定（中和法）

1. 将石灰试样粉碎，通过1mm筛孔，用四分法缩分为200g，再用研钵磨细通过0.18mm筛孔，用四分法缩分为10g左右。

2. 将试样在105~110℃的烘箱中烘干2~3h，然后移于干燥器中冷却。

3. 用称量瓶按减量法称取试样约0.5g（准确至0.5mg）移于干燥的250mL的锥形瓶中，迅即加入蔗糖约5g盖于试样表面（以减少试样与空气接触），同时加入玻璃珠15~20粒。接着即加入新煮沸并已冷却的蒸馏水40~50mL，立即加盖瓶塞，并强烈摇荡10~15min（注意时间不宜过短）。如试样结块或出现粘于瓶壁现象，则应重新取样。

4. 摇荡开启瓶塞，加入酚酞指示剂2~3滴，溶液即呈现粉红色，然后用盐酸标准溶液滴定。在滴定时应读出滴定管初读数，然后以2~3滴/s的速度滴定，直至粉红消失。如在30s内仍出现红色，应再滴盐酸以中和，最后记录盐酸标准溶液耗用体积（V）。

（二）氧化镁的测定（络合法）

1. 采用与有效钙测定相同的方法，用称量瓶称取石灰试样0.5g（准确至0.5mg），移于250mL的烧杯中，用蒸馏水湿润，并加30mL1:10的盐酸，用表面皿盖上烧杯，在煤气炉（或电炉）上加热8~10min，使其溶解、酸化，但以不沸为宜。然后，用吸管吸取蒸馏水冲洗表面皿，洗液冲入烧杯中。

2. 待冷却后将烧杯内的溶液和沉淀物移入250mL的容量瓶中，加蒸馏水至刻度线，仔细摇匀静置。待容量瓶中沉淀物沉淀后，用移液管吸取25mL试液置于250mL的锥形瓶中，加50mL蒸馏水稀释。然后，顺序加入掩蔽助剂酒石酸钾钠溶液1mL；掩蔽剂三乙醇胺溶液5mL；调节剂氨性缓冲溶液10mL，使试液调节至pH值=10。再加入酸性铬兰K-萘酚绿B指示剂约4~5滴，此时溶液呈酒红色。最后用已知浓度（通常用0.025M）的EDTA标准溶液滴定，直至试液由酒红色变为纯蓝色即为滴定终点，记录EDTA溶液的耗用体积（V_1）。

3. 再从前述同一容量瓶中，用移液管吸取25mL试液置于另一250mL的锥形瓶中，加蒸馏水150mL稀释。然后，依次加入掩蔽剂三乙醇胺溶液5mL，使试液调节至pH值≥12。再加入钙指示剂约0.1g。此时试液呈酒红色。最后用已知浓度（通常用0.025M）的EDTA

标准溶液滴定，直到试液由酒红色转变为纯蓝色即为滴定终点，记录 EDTA 溶液的耗用体积（V_2）。

五、试验结果计算

1. 石灰有效钙含量计算。

$$(CaO)_{ef} = \frac{V \cdot M \cdot 0.05608}{m \cdot 2} \cdot 100$$

式中　$(CaO)_{ef}$——石灰有效氧化钙含量，%；

V——滴定时消耗盐酸标准溶液体积，mL；

M——盐酸标准溶液摩尔浓度；

0.05608——氧化钙毫摩尔质量，g；

m——石灰试样质量，g。

2. 石灰氧化镁含量计算。

$$MgO = \frac{T_{MgO}(V_1 - V_2)}{m \cdot \frac{1}{10} \cdot 1000} \cdot 100$$

式中　MgO——石灰中氧化镁含量，%；

T_{MgO}——EDTA 标准溶液对氧化镁的滴定度，即 1mL EDTA 标准相当于氧化镁毫摩尔数；

V_1——滴定钙、镁含量消耗的 EDTA 标准溶液体积，mL；

V_2——滴定钙含量消耗的 EDTA 标准体积，mL；

$\frac{25}{250} = \frac{1}{10}$——试验时试液体积取分数；

m——石灰试样质量，g。

附录 D　水泥试验

一、水泥细度检验

（一）目的

水泥细度测定的目的，在于通过控制细度来保证水泥的活性，从而控制水泥的质量。

（二）检验方法

细度可用透气式比表面积仪或筛析法测定，这里主要介绍筛析法中的负压筛法、水筛法和手工筛法。

1. 负压筛法

（1）主要仪器设备：负压筛（见图附-3）、筛座（见图附-4）、天平等。

（2）试验方法步骤

a. 筛析试验前，应把负压筛放在筛座上，接通电源，检查控制系统。调节负压至

4000～6000MPa 范围内，喷气嘴上口平面应与筛网之间保持 2～8mm 的距离。

b. 称取试样 25g，置于洁净的负压筛中。盖上筛盖，放在筛座上，开动筛析仪连续筛动 2min，在此期间如有试样附着在筛盖上，可轻轻地敲击，使试样落下，筛毕，用天平称量筛余物。

当工作负压小于 4000MPa 时，应清理吸尘器内水泥，使负压恢复正常。

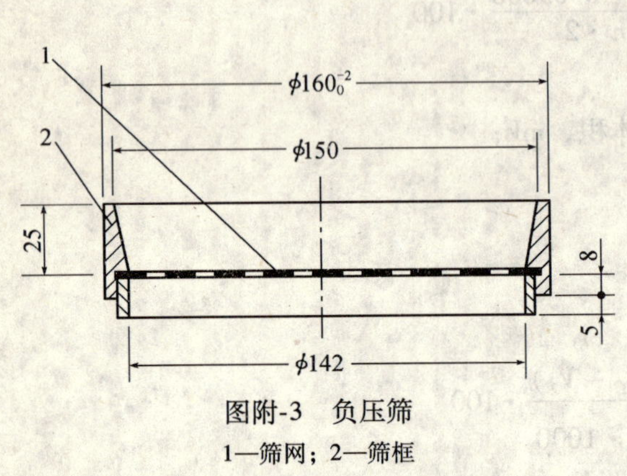

图附-3　负压筛

1—筛网；2—筛框

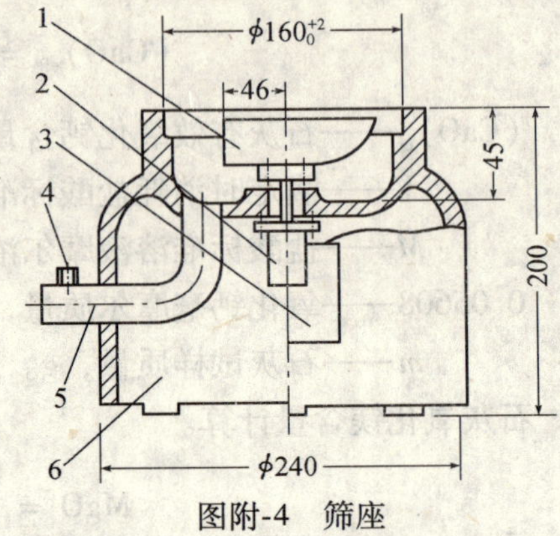

图附-4　筛座

1—喷气嘴；2—微电机；3—控制板开口；4—负压表接口；5—负压源及收尘器接口；6—壳体

2. 水筛法

(1) 主要仪器设备：筛子、筛座、喷头（见图附-5）、天平等。

(2) 试验方法步骤

a. 筛析试验前应检查水中有无泥、砂，调整好水压及水筛架位置，使其能正常运转，喷头底面和筛网之间距离为 35～75mm。

b. 称取水泥试样 50g，置于洁净的水筛中，立即用洁净水冲洗至大部分细粉通过，再将筛子置于筛座上，用水压为 0.05±0.02 的喷头连续冲洗 3min。

c. 筛毕取下，将筛余物冲至一边，用少量水把筛余物全部移至蒸发皿（或烘样盘）中，等水泥颗粒全部沉淀后将水倾出，烘干后称量其筛余物。

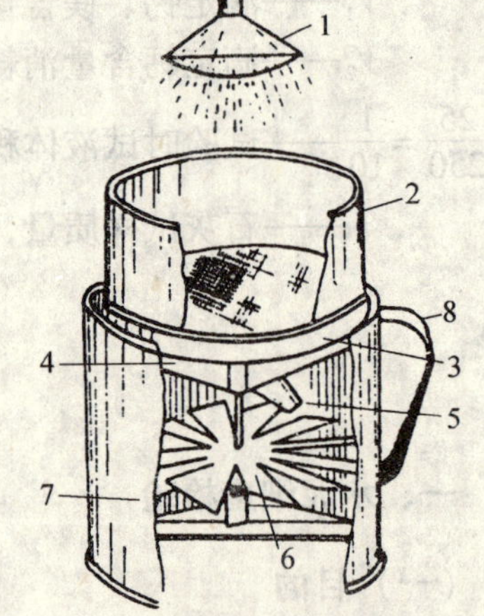

图附-5　水泥细度筛

1—喷头；2—标准筛；3—旋转托架；4—集水斗；5—出水口；6—叶轮；7—外筒；8—把手

3. 手工干筛法

(1) 主要仪器设备：筛子（筛框有效直径为 150mm，高 50mm、方孔边长为 0.08mm 的铜布筛）、烘箱、天平等。

(2) 试验方法步骤：称取烘干试样 50g 倒入筛内，用一手执筛往复摇动，另一手轻轻拍打，拍打速度约为 120 次/min，其间每 40 次向同一方向转动 60 度，使试样均匀分布在筛网上，直至每分钟通量不超过 0.05g 为止，称取筛余物质量。

（三）试验结果计算

水泥试样筛余百分数按下式计算（精确至 0.1%）。

$$F = R_s / W \times 100$$

式中　F——水泥试样的筛余百分数，%；

R_s——水泥筛余物的质量，g；

W——水泥试样的质量，g。

负压筛法与水筛法或手工筛法测定的结果发生争议时，以负压筛法为准。

二、水泥标准稠度用水量试验

（一）目的

标准稠度用水量是水泥净浆以标准方法测试而达到统一规定的浆体可塑性所需加的用水量，而水泥的凝结时间和安定性都和用水量有关，因此测试可消除试验条件的差异，有利于比较，同时为凝结时间和安定性试验作好准备。

（二）主要仪器设备

标准稠度与凝结时间测定仪（见图附-6）、装净浆用锥模（见图附-7）、净浆搅拌机等。

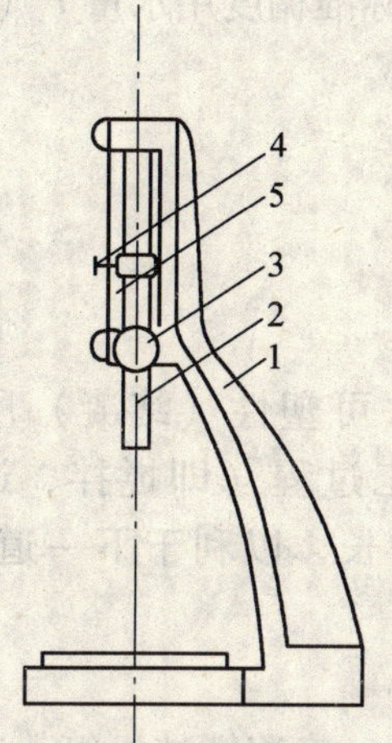

图附-6　标准稠度与凝结时间测定仪

1—铁座；2—金属棒；3—松紧螺丝；4—指针；5—标尺

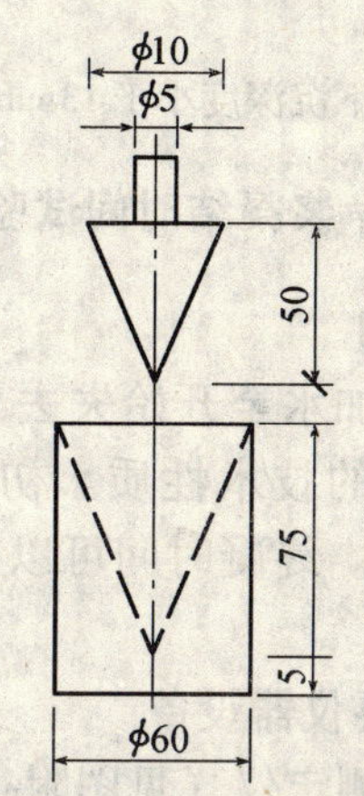

图附-7　试锥和锥模

（三）试验方法与步骤

标准稠度用水量可用调整用水量和不变用水量中任一方法测定，如二者结果发生矛盾时以调整用水量法为准。

1. 试验前准备

（1）试验前必须检查测试仪的金属棒能否自由滑动，试锥降到锥模顶面位置时，指针应对准标尺的零点，搅拌机运转正常。

（2）水泥净浆搅拌机的筒壁及叶片先用湿布擦抹。

2. 试验方法及步骤

（1）将称好的500g水泥试样，倒入平底搅拌锅内。

（2）拌和用水量的确定。

A. 采用调整用水量的方法，按经验确定。

B. 采用固定用水量方法时用水量为142.5mL，水量精确至0.5mL。

(3) 将搅拌锅放到搅拌机锅座上，升至搅拌位置，开动机器，同时徐徐加入拌和水，慢速搅拌120s，停拌15s，接着快速搅拌120s后停机。

(4) 拌和完毕，立即将净浆一次装入锥模中，用小刀插捣并振动数次，刮去多余净浆，抹平后迅速将其放到试锥下面的固定位置上。将试锥降至净浆表面拧紧螺丝，然后突然放松，让试锥自由沉入净浆中，当试锥停止下沉时，记录试锥下沉深度，整个操作过程应在1.5min内完成。

(四) 试验结果的计算与确定

1. 用调整用水量方法时结果的确定

是以试锥下沉深度为28±2mm时的净浆为标准稠度净浆，此拌和用水量即为水泥的标准稠度用水量（按水泥质量的百分比计）。如超出此范围，须另称试样，调整水量，重做试验，直至达到28±2mm时为止。

2. 用固定用水量方法时结果的确定

根据测得的试锥下沉 S（mm），按下面的经验公式计算标准稠度用水量 P（%）

$$P = 33.4 - 0.185S$$

注：当试锥下沉深度小于13mm时，应用调整用水量方法测定。

三、水泥净浆凝结时间试验

(一) 目的

测定水泥加水至开始失去可塑性（初凝）和完全失去可塑性（终凝）所用的时间，可以评定水泥的技术性质。初凝时间可以保证混凝土施工过程（即搅拌、运输、浇注、振捣）的完成。终凝时间可以控制水泥的硬化及强度的增长，以利于下一道施工工序的进行。

(二) 主要仪器设备

凝结时间测定仪（见图附-6）、试针和圆模（见图附-8）、净浆搅拌机等。

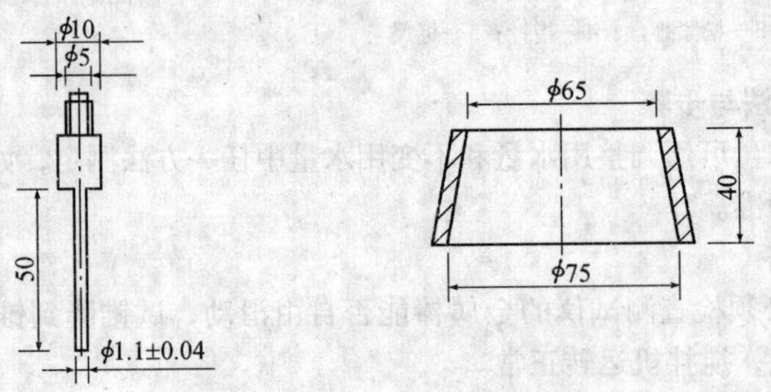

图附-8　试针和圆模

(三) 试验前准备

将圆模放在玻璃板上，在模内侧稍涂一层机油，并调整凝结时间测定仪的试针，使之接触玻璃板时，指针对准标尺的零点。

（四）试验方法及步骤

称取水泥试样400g，用标准稠度用水量拌制成水泥净浆，立即装入圆模，振动数次后。刮平，然后放入湿气养护箱内，记录开始加水的时间作为凝结时间的起始时间。

凝结时间的测定：在湿气养护箱中养护至加水后30min时进行第一次测定。

测定时，从湿气养护箱内取出圆模，放到试针下，使试针与净浆面接触，拧紧螺丝1～2s后，突然放松，试针自由垂直地沉入净浆，观察试针停止下沉时指针读数。当试针下沉至距离底板2～3mm时，即为水泥达到初凝状态，当下沉不超过1～0.5mm时即为达到终凝状态。

最初测定时，应轻轻扶持试针的滑棒，使之慢慢的下降，以防试针撞弯，但初凝时间必以自由降落的指针读数为准。

当临近初凝时，每隔5min测定一次，临近终凝时每隔15min测定一次，每次测定不得让试针落入原测孔内，每次测度完毕，须将圆模放回养护箱内，并将试针擦净。

（五）试验结果的确定及验定

初凝时间是指：自水泥加水开始起，至试针沉入净浆中距离底板2～3mm时，所需的时间即为初凝时间。

终凝时间是指：自水泥加水开始起，至试针沉入净浆中不超过1～0.5mm时，所需的时间即为终凝时间。

到达初凝或终凝时，应立即重复测一次，当两次结论相同时，才为达到初凝或终凝状态。

验定方法为将测定的初凝和终凝时间，对照国家规范的各种水泥的技术要求，从而判定凝结时间是否合格。

四、安定性试验

安定性试验可采用饼法或雷氏夹法，当试验结果有争议时以雷氏夹法为准。

（一）目的

安定性是水泥硬化后体积变化的均匀性，体积的不均匀变化会引起膨胀、裂缝或翘曲等现象。

（二）主要仪器设备

沸煮箱、雷氏夹、雷氏夹膨胀值测量仪、水泥净浆搅拌机、玻璃板等。

（三）试验方法及步骤

1. 称取水泥试样400g，用标准稠度需水量，按标准稠度测定时拌和净浆的方法制成水泥净浆，然后制作试件。

（1）饼法制作　从制成的水泥净浆中取试样150g，分成两等份，制成球形，放在涂过油的玻璃板上，轻轻振动玻璃板，并用湿布擦过的小刀，由边缘向饼的中央抹动，制成直径为70～80mm，中心厚约10mm，边缘渐薄，表面光滑的试饼，接着将试饼放入养护箱内，自成型时起，养护24±2h。

（2）雷氏夹法制作　将预先准备好的雷氏夹，放在已擦过油的玻璃板上，并将已制好的标准稠度净浆装满试模，装模时一只手轻轻扶模，另一只手用宽约10mm的小刀插捣15

次左右，然后抹平，盖上稍涂油的玻璃板，接着将试模移至养护箱内养护24±2h。

2. 调整好煮沸箱的水位，使之能在整个煮沸过程中都没过试件，不需中途补试验用水，同时又能保证在30±5min内加热至沸，并恒沸3h±5min。

3. 脱去玻璃板，取下试件

（1）当采用饼法时，先检查试饼是否完整，在试饼无缺陷的情况下，将取下之试饼置于煮沸箱内水中的篦板上，然后在30±5min内加热至沸，并恒沸3h±5min。

（2）当采用雷氏夹法时，先测量试件指针尖端的距离（A），精确到0.5mm，接着将试件放入水中篦板上，指针朝上，试件之间互不交叉，然后在30±5min内加热至沸，并恒沸3h±5min。

煮毕，将水放出，待箱内温度冷却至室温时，取出检查。

（四）结果鉴定

饼法鉴定：目测试饼，若未发现裂缝，再用直尺检查也没有弯曲时，则水泥安定性合格，反之为不合格。当两个试饼有矛盾时，为安定性不合格。

雷氏夹法鉴定：测量试件指针尖端间的距离（C），精确至小数点后一位。当两个试件煮后增加距离（$C—A$）的平均值不大于5mm时，即安定性合格，反之为不合格。

当两个试件的（$C—A$）值相差超过4mm时，应用同一样品重做一次试验。

五、水泥胶砂强度检验

（一）目的

根据国家标准要求，用软练胶砂法测定水泥各标准龄期的强度，从而确定和检验水泥的强度等级。

（二）主要仪器设备

双转叶片式搅拌机、胶砂振动台（台面有卡具）、下料漏斗、试模（三联模）、抗折试验机、抗压试验机及抗压夹具、刮平刀。

（三）试验前准备

1. 将试模擦净，四周模板与底座的接触面应涂黄油，紧密装配，防止漏浆，内壁均匀涂一层机油。

2. 试体是由按质量计的一份水泥、三份中国ISO标准砂，用0.5的水灰比拌制的一组塑性胶砂制成。但火山灰水泥进行胶砂检验的用水量按0.5水灰比和流动性不小于180mm来确定，当流动性小于180mm时，须以0.01的整倍数递增的方法，将水灰比调整至胶砂流动度不小于180mm。

（四）试件成型

1. 先将称好的水泥与标准砂倒入搅拌锅内，开动搅拌机，拌和5s内徐徐加入水，30s后加完，自开动搅拌机起搅拌3min停机，将粘在叶片上的胶砂刮下，取下搅拌锅。

2. 胶砂搅拌的同时，将试模及下料漏斗卡紧在振动台中心，将搅拌好的全部胶砂均匀地装入下料漏斗中，开动振动台，胶砂通过漏斗流入试模的下料时间为20~40s（下料时间从漏斗三格中的两格出现空格时为准），振动2min后停机，下料时间如在20~40s以外，需调整料斗下料口宽度或用小刀划动胶砂加速下料。

3. 振动完毕，取下试模，用刮平刀轻轻刮去高出试模的胶砂并抹平，接着在试件上编号，编号时应将试模中的三条试件分在两个以上的龄期内。

4. 检验前或更换水泥品种时，搅拌锅、叶片、下料漏斗需用湿抹布擦干净。

（五）养护

1. 试件编号后，将试体带模装入养护箱或雾室（温度保持在20±1℃，相对湿度不低于90%），箱内篦板必须水平，养护24h后，取出试模，脱模时应防止试件损伤，硬化较慢的水泥允许延期脱模。

2. 试件脱模后，立即放入水槽中养护，养护水温为20±2℃，试件之间应留有间隙，水面至少高出试件2cm。

（六）强度测定

1. 各龄期的试件，必须在规定的3d±2h，7d±3h，28d±3h内进行强度测试。

试件从水中取出后，在强度试验前应用湿布覆盖。

2. 抗折强度的测定

（1）每龄期取出三条试件，先做抗折强度的测定，测定前需擦去试件表面水分和砂粒，清除夹具上的水分和砂粒，清除夹具上圆柱表面粘着的杂物，试件放入抗折夹具内，应使试件侧面与圆柱接触。

（2）采用杠杆式抗折试验机试验时，试件放入前，应使杠杆在不放铅蛋桶的情况下，成平衡状态。试件放入后调整夹具，使杠杆在试件折断时，尽可能接近平衡位置。

（3）抗折测定时的加荷速度为50±5N，采用1∶50双杠杆式抗折试验机时，铅弹流速为每秒100±10g，铅弹及桶称量时应精确到10g。

（4）抗折强度按下式计算（精确到0.01MPa）

$$f_t = 3FL/2bh^2 = 0.234F \times 10^{-2}$$

式中 f_t——抗折强度，MPa；

F——破坏荷载，N；

L——支撑圆柱中心距离（100mm）；

b、h——试件断面宽及高均为40mm。

（5）抗折强度的结果确定是以三块试件抗折强度的算术平均值并取整数为准，当三个强度值中有一个超过平均值的±10%时，应予剔除，以其余两个数值的算术平均值为抗折强度的测定结果。当有两个超过平均值的±10%时，应重做试验。

3. 抗压强度测定

（1）抗折试验后的两个断块，应立即进行抗压试验，抗压强度测定需用抗压夹具进行，试件受压断面为4cm×4cm，试验前应清除试体受压面与加压板间的砂粒和杂物，试验时，以试件的侧面作为受压面，并使夹具对准压力机压板中心。

（2）压力机加荷速度为每秒5kN，接近破坏时应严格控制。

（3）抗压强度按下式计算（精确至0.1MPa）。

$$f_c = F/A = 0.04F \times 10^{-2}$$

式中 f_c——抗压强度，MPa；

F——破坏荷载，N；

A——受压面积，为 40mm×40mm。

（4）抗压强度的测定是在六个抗压强度结果中剔除最大，最小两个数值，以其余四个结果的算术平均值作为抗压强度试验结果。如不足六个时取平均值作为试验结果，不足四个时应重做试验。

4. 试验结果鉴定

将试验和计算所得到的各标准龄期抗折和抗压强度值，对照国家规范所规定的水泥各龄期强度值，来确定和验证水泥强度。

要求各龄期的强度值均不低于规范所规定的强度值（参照水泥章中有关规范规定）。

附录E　混凝土用骨料试验

一、取样方法

（一）细骨料的取样方法

1. 分批方法：细骨料取样应按批取样，在料堆上取样一般以 400m^3 或 600t 为一批。

2. 抽取试样：在料堆上取样时，应在料堆上均匀分布的八个不同部位，各取大致相等的试样一份，取样时先将取样部位的表层除去，于较深处铲取，由各部大致相等的八份试样，组成一组试样。

3. 取样数量：每组试样的取样数量，对于第一单项试验应不少于表附-4 所规定的最少取样质量。如确能保证试样经一项试验后不致影响另一项试验结果，可用一组试样进行几项不同的试验。

表附-4　每一试验项目所需砂的最少取样数量

试验项目	最少取样质量（g）
筛分	4400
表观密度	2600
吸水率	4000
紧密密度和堆积密度	5000
含水率	1000
含泥量	4400
泥块含量	10000
有机质含量	2000
云母含量	600
轻物质含量	3200
坚固性	分成 5～2.5、2.5～1.25、1.25～0.63、0.63～
硫化物及硫酸盐含量	50
氯离子含量	2000
碱活性	7500

4. 试样缩分：将取回试验室的试样倒于平整、洁净的拌板上，在自然状态下拌和均匀，然后用四分法缩取各项试验所需的试样数量。四分法缩取的步骤是：将拌匀试样摊成厚度约为2cm的圆饼，于饼上划十字线，将其分成大致相等的四份，除去其中对角的两份，将其余两份照上述四分法缩取，如此继续进行，直到缩分后的试样质量略多于该项试验所需数量为止。另外，还可用分料器进行缩分。

（二）粗骨料取样方法

1. 分批方法：粗骨料取样应按批进行，一般以400m^3为一批。

2. 抽取试样：取样应自料堆的顶、中、底三个不同高度处，在均匀分布五个不同部位，取大致相等的试样一份，共取15份，组成一组试样，取样时先将取样部位的表面铲除，于较深处铲取。

3. 取样数量：每组试样的取样数量，对每一组单项试验不小于表附-5规定的最少取样数量。须做几项试验时，如确无影响，可用一组试样。

表附-5　每一试验项目所需碎石或卵石的最少取样数量　　（kg）

试验项目	最大粒径（mm）							
	10	16	20	25	31.5	40	63	80
筛分析	10	15	20	20	30	40	60	80
表观密度	8	8	8	8	12	16	24	24
含水率	2	2	2	2	3	3	4	6
吸水率	8	8	16	16	16	24	24	32
堆积密度、紧密密度	40	40	40	40	80	80	120	120
含泥量	8	8	24	24	40	40	80	80
针、片状含泥量	1.2	4	8	8	20	40	—	—
硫化物、硫酸盐	1.0							

注：有机物含量、坚固性、压碎指标值及碱集料反应检验，应按试验要求的粒级及数量取样。

4. 试样的缩分：将取样倒在平整、洁净的混凝土地面（或拌板）上，拌和均匀，堆成锥体，用前述四分法分别缩取各试验所需的试样数量。

5. 若检验不合格应重新取样，对不合格项进行加倍复检，若仍有一个试样不能满足标准要求，应按不合格处理。

二、砂的筛分析试验

（一）目的

测定试验用砂的颗粒级配，计算细度模数，评定砂的细度模数程度。

（二）主要仪器设备

标准筛、天平、烘箱、浅盘、毛刷、容器等。

（三）**试样制备**

将四分法缩取的5kg试样，先筛除大于10mm的颗粒，并记录其含量。如砂表面质量不合格，应先清洗，然后拌匀，用四分法缩取不少于550g试样两份，将两份试样分别置于105±5℃的烘箱中烘干，冷却至室温待用。

（四）**试验方法及步骤**

1. 准确称取试样500g。

2. 将标准筛按孔径由大到小顺序叠放，加底盘后，将试样倒入最上层5mm筛内，加盖后，置于摇筛机上，摇筛约10min（也可以用手摇）。

3. 将整套筛自摇筛机上取下，按孔径大小，逐个用手于洁净的盘上进行筛分，各号筛上均需筛至每分钟通过量不超过试样总重的0.1%为止，通过的颗粒并入下一号筛内并和下一道筛中的试样一起过筛。

4. 当全部筛分完毕时，试样在各号筛上的筛余量均不得超过下式的量：

$$m_r = \frac{A\sqrt{d}}{200}$$

式中 m_r——在一个筛上的剩余量，g；

d——筛孔尺寸，mm；

A——筛的面积，mm^2。

否则应将筛余试样分成两份，再次进行筛分，并以其筛余量之和作为筛余量。

5. 称量各号筛的筛余试样质量（精确至0.01g）。分计筛余量和底盘中剩余质量的总和与筛分前的试样质量之比，其差值不得超过1%。

（五）**试验结果计算**

1. 分计筛余百分数——各号筛的筛余量除以试样总量的百分率，精确至0.1%。

2. 累计筛余百分数——该号筛上的分计筛余百分率与大于该号各筛的分计筛余百分率之和，精确到1%。

（六）**试验结果鉴定**

1. 级配的鉴定：用各筛号的累计筛余百分率绘制级配曲线，对照国家规范规定的级配区范围，判定其是否都处于一个级配区内。

注：除5.00mm和0.63mm筛孔外，其他各筛的累计筛余百分率允许略有超出，但超出总量不应大于5%。

2. 粗细程度鉴定：砂的粗细程度用细度模数 M_x 的大小来判定。细度模数 M_x 按下式计算，精确到0.1。

$$\mu_f = \frac{(\beta_2+\beta_3+\beta_4+\beta_5+\beta_6)-5\beta_1}{100-\beta_1}$$

式中 β_1、β_2、β_3、β_4、β_5、β_6 分别为5.0mm、2.5mm、1.25mm、0.63mm、0.315mm、0.16mm筛上的累计筛余百分率。

根据细度模数的大小来确定砂的粗细程度。

当 μ_f=3.7～3.1时粗砂；

μ_f=3.0～2.3时为中砂；

μ_f = 2.2 ~ 1.6 时为细砂；

μ_f = 1.5 ~ 0.7 时为特细砂。

3. 筛分试验应采用两个试样进行，取两次结果的算术平均值作为测定结果，若两次所得的细度模数之差大于 0.2，应重新进行试验。

三、碎石或卵石的筛分析试验

（一）目的

测定粗骨料的颗粒级配及粒级规格，对于节约水泥和提高混凝土的强度是有利的，同时为使用骨料和混凝土配合比设计提供了依据。

（二）主要仪器设备

圆孔筛（孔径规格有 2.5mm、5.00mm、10.0mm、16.0mm、20.0mm、25.0mm、31.5mm、40.0mm、50.0mm、63.0mm、80.0mm、100mm）、托盘天平、台秤、烘箱、容器、浅盘等。

（三）试样制备

从取回的试样中用四分法缩取不少于表附-6 规定的试样数量，经烘干或风干后备用（所余试样做视密度、堆积密度试验）。

表附-6 筛分析所需试样的最小质量

最大公称粒径（mm）	10.0	16.0	20.0	25.0	31.5	40.0	63.0	80.0
试样质量不少于（kg）	2.0	3.2	4.0	5.0	6.3	8.0	12.6	16.0

（四）试验方法与步骤

1. 按表附-6 规定称取烘干或风干试样质量 G。

2. 按试样的粒径选用一套筛，按孔径由大到小顺序叠置于干净、平整的地面或铁盘上，然后将试样倒入上层筛中，用手摇动 5min。

3. 按孔径由大到小顺序取下各筛，分别于洁净的铁盘上摇筛，直至每分钟通过量不超过试样总量的 0.1% 为止，通过的颗粒并入下一筛中。但应注意，当筛分完毕时，每个筛上筛余层的厚度应不大于筛上最大颗粒的尺寸，如超过此尺寸，应将该筛余试样分成两份，分别进行筛分，并以筛余量之和作为该筛号的筛余量。当试样粒径大于 20mm 时，筛分时允许用手拨动试样颗粒，使其通过筛孔。

4. 称取各筛上的筛余量，精确至试样总质量的 0.1%。在筛上的所有分计筛余量和筛底剩余的总和与筛分前测定的试样总量相比，其相差不得超过 1%。

（五）试验结果的计算及鉴定

1. 分计筛余百分率——各号筛上筛余量除以试样总质量的百分数（精确到 0.1%）。

2. 累计筛余百分率——该号筛上分计筛余百分率与大于该号筛的各号筛上的分计筛余百分率之总和（精确至 1%）。

粗骨料的各号筛上的累计筛余百分率应满足国家规范规定的粗骨料颗粒级配范围要求。

附录F 普通混凝土试验

一、普通混凝土拌合物实验室拌和方法

（一）目的

学会普通混凝土拌合物的拌制方法，为测试和调整混凝土的性能，进行混凝土配合比设计打好基础。

（二）一般规定

1. 原材料应符合技术要求，并与施工实际用料相同，水泥若有结块现象，需用筛孔为0.9mm的方孔筛将结块筛除。

2. 拌制混凝土的材料用量以重量计。混凝土试配最小搅拌量是：当骨料最大粒径小于30mm以下时，拌制数量为15L，最大粒径为40mm时取25L；当采用机械搅拌时，搅拌量不应小于搅拌机额定搅拌量的1/4。称料精确度为：骨料、水、水泥、混合材料、外加剂为±0.5%。

（三）主要仪器设备

搅拌机、磅秤、天平、拌和钢板、钢抹子、量筒、拌铲等。

（四）拌和方法

1. 人工拌和

（1）按所定的配合比备料，以全干状态为准。

（2）将拌和钢板和拌铲用湿布润湿后，将砂倒在拌板上然后加入水泥，用拌铲自拌板一端翻拌至另一端，如此反复，直至充分混合，颜色均匀，再放入称好的粗骨料与之拌和，继续翻拌，直至混合均匀为止，然后堆成锥形。

（3）将干混合物锥形的中间作一凹槽，将已称量好的水，倒一半左右到凹槽中，然后仔细翻拌，并徐徐加入剩余的水，继续翻拌。

（4）拌和时力求动作敏捷，拌和时间从加水时算起，应大致符合下列规定：

拌合物体积为30L以下时4~5min；

拌合物体积为30~50L时5~9min；

拌合物体积为51~75L时9~12min。

（5）拌好后，立即做坍落度试验或试件成型，从开始加水时算起，全部操作须在30min内完成。

2. 机械搅拌法

（1）按所定的配合比备料，以全干状态为准。

（2）拌前先对混凝土搅拌机挂浆，即用按配合比要求的水泥、砂、水和少量石子，在搅拌机中涮膛，然后倒去多余砂浆。其目的在于防止正式拌和时水泥浆挂失影响混凝土配合比。

（3）将称好的石子、砂、水泥按顺序倒入搅拌机内，干拌均匀，再将需用的水徐徐倒入搅拌机内一起拌和，全部加料时间不得超过2min。

（4）将拌合物自搅拌机中卸出，倾倒在拌板上，再经人工拌和 1～2min。

（5）拌好后，根据试验要求，即可做坍落度测定或试件成型。从开始加水时算起，全部操作须在 30min 内完成。

二、普通混凝土拌合物和易性试验

新拌混凝土拌合物的和易性是保证混凝土便于施工、质量均匀、成型密实的性能功能，它是保证混凝土施工和质量的前提。

（一）新拌混凝土拌合物坍落度试验

1. 适用范围

本试验方法适用于坍落度值不小于 10mm，骨料最大粒径不大于 40mm 的混凝土拌合物测定。

2. 主要仪器设备

坍落度筒（见图附-9）、捣棒、小铲、木尺、钢尺、拌板、镘刀、喂料斗等。

3. 试验方法及步骤

（1）每次测定前，用湿布把拌板及坍落筒内外擦净、润湿，并将筒顶部加上漏斗，放在拌板上，用双脚踩紧脚踏板，使位置固定。

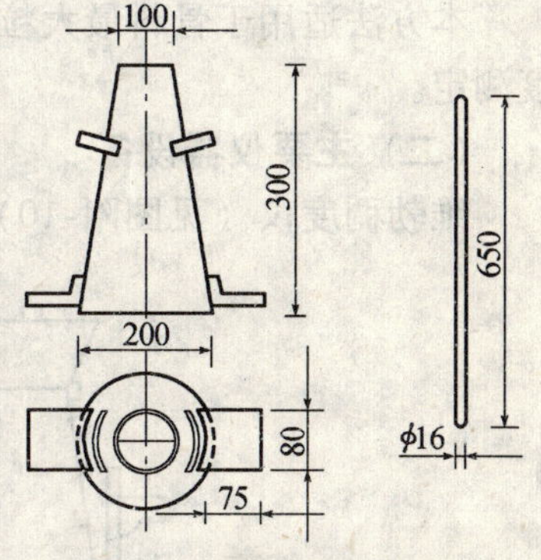

图附-9　坍落度筒及捣棒
（单位：mm）

（2）取拌好的混凝土拌合物 15L，将拌合物分三次均匀装入筒内，每层装入高度在插捣后应为筒高的 1/3，每层用捣棒插捣 25 次，插捣应呈螺旋形由外向中心进行，插捣应在截面上均匀分布，插捣筒边混凝土时，捣棒应稍稍倾斜，插捣底层时，捣棒应贯穿整个深度，插捣第二层和顶层时，捣棒应插透本层，并使之刚刚插入下一层。浇灌顶层时，混凝土应灌到高于筒口，插捣过程中，如混凝土沉落到低于筒口，则应随时添加，顶层插捣完后，刮去多余混凝土，并用抹刀抹平。

（3）清除筒边底板上的混凝土后，垂直平稳地提起坍落度筒，坍落度筒的提离过程应在 5～10s 内完成，从开始装料到提起坍落度筒整个过程应不间断地进行，并在 150s 内完成。

4. 试验结果确定

提起坍落度筒后，立即测量筒高与坍落后混凝土试体最高点之间的高度差，此值即为混凝土拌合物的坍落度值，单位 mm。

坍落度筒提起后，如混凝土拌合物发生崩塌或一边剪切破坏，则应重新取样进行测定，如仍然出现上述现象，则该混凝土拌合物和易性不好，并应记录备查。

（二）粘聚性和保水性的评定

粘聚性和保水性的测定是在测量坍落度后，再用目测观察判定粘聚性和保水性。

1. 粘聚性检验方法

用捣棒在已坍落的混凝土锥体侧面轻轻敲打，此时，如锥体渐渐下沉，则表示粘聚性良好，如锥体崩裂或出现离析现象，则表示粘聚性不好。

2. 保水性检修

坍落度筒提起后，如有较多的稀浆从底部析出，锥体部分的混凝土拌合物也因失浆而骨料外露，则表明保水性不好。

坍落度筒提起后，如无稀浆或仅有少量稀浆从底部析出，则表明混凝土拌合物保水性良好。

（三）和易性的调整

当坍落度低于设计要求时，可在保持水灰比不变的前提下，适当增加水泥浆用量，其数量可各为原来计算用量的5%与10%。

当坍落度高于设计要求时，可在保持砂率不变的条件下，增加骨料用量。

当出现含砂不足，粘聚性、保水性不良时，可适当增大砂率，反之减小砂率。

三、维勃稠度试验

（一）适用范围

本方法适用于骨料最大粒径不超过40mm，维勃稠度值在5～30s之间的混凝土拌合物稠度测定。

（二）主要仪器设备

维勃稠度仪（见图附-10）、捣棒、小铲、秒表等。

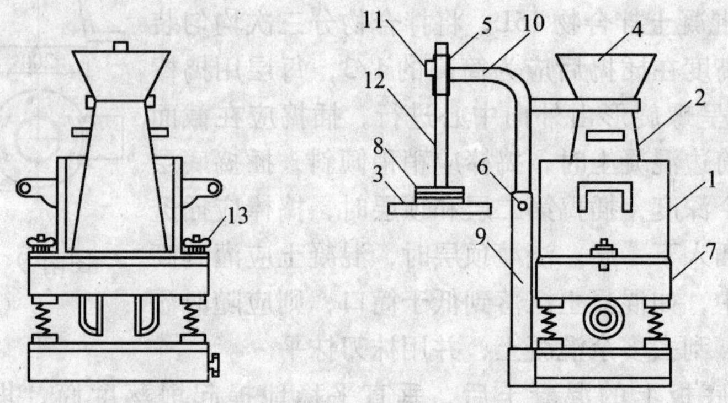

图附-10　维勃稠度仪

1—容器；2—坍落度筒；3—透明圆盘；4—喂料斗；
5—套筒；6—定位螺丝；7—振动台；8—荷重；9—支柱；
10—旋转架；11—测杆螺丝；12—测杆；13—固定螺丝

（三）试验方法及步骤

1. 把维勃稠度仪放置在坚实水平的基面上，用湿布把容器、坍落度筒、喂料斗内壁及其他用具擦湿。

2. 将喂料斗提到坍落度筒上方扣紧，校正容器位置，使其中心与喂料斗中心重合，然后拧紧固定螺丝。

3. 把混凝土拌合物用小铲分三层经喂料斗均匀地装入筒内，装料及插捣方式同坍落度法。

4. 将圆盘、喂料斗都转离坍落度筒，小心并垂直地提起坍落度筒，此时应注意不使混凝土试体产生横向扭动。把透明圆盘转动混凝土圆台体顶面，放松测杆螺丝，小心地降下圆盘，使它轻轻地接触到混凝土顶面。

5. 拧紧定位螺丝，并检查测杆螺丝是否完全放松，同时开启振动台和秒表，当振动到透明圆盘的底面被水泥浆布满的瞬间，停下秒表，并关闭振动台，记下秒表的时间，精确到1s。

（四）试验结果确定

由秒表读出的时间，即为该混凝土拌合物的维勃稠度值，单位为秒（s）。

如维勃稠度值小于5s或大于30s，则此种混凝土所具有的稠度已超出本仪器的适用范围，不能用维勃稠度值表示。

四、普通混凝土立方体抗压强度试验

（一）目的

学会混凝土抗压强度试件的制作方法，用以检验混凝土强度，确定、校核混凝土配合比，并为控制混凝土施工质量提供依据。

（二）一般技术规定

1. 本试验采用立方体试件，以同一龄期至少三个同时制作、同样养护的混凝土试件为一组。

2. 每一组试件所用的拌合物应从同盘或同一车运送的混凝土拌合物中取样，或在试验室用人工或机械单独制作。

3. 检验工程和构件质量的混凝土试件成型方法应尽可能与实际施工采用的方法相同。

4. 试件尺寸按粗骨料的最大粒径来确定（见表附-7）。

（三）主要仪器设备

压力试验机、上下承压板、振动台、试模、捣棒、小铲、钢尺等。

（四）试件制作

1. 在制作试件前，首先要检查试模，拧紧螺栓，并清刷干净，同时在其内壁涂上一薄层矿物油脂。

2. 试件的成型方法应根据混凝土的坍落度来确定。

（1）坍落度不大于70mm的混凝土拌合物应采用振动台成型。

其方法为将拌好的混凝土拌合物一次装入试模，装料时应用抹刀沿试模内壁略加插捣并使混凝土拌合物稍有富裕，然后将试模放到振动台上，用固定装置予以固定，开动振动台并记时，当拌合物表面出现水泥浆时，停止振动台并记录时间，用镘刀沿试模边缘刮去多余拌合物，并抹平。

（2）坍落度大于70mm的混凝土拌合物采用人工捣实成型

其方法为将混凝土拌合物分二层装入试模，每层装料的厚度大致相同，插捣时用垂直的捣棒按螺旋方向由边缘向中心进行，插捣底层时捣棒应达到试模底面，插捣上层时，捣棒应贯穿下层深度2～3cm，并用抹刀沿试模内侧插入数次，以防止麻面，每层插捣次数，随试件尺寸而定：

100×100×100（mm）、插捣12次，150×150×150（mm）、插捣25次，200×200×

200（mm）、插捣50次。捣实后，刮去多余混凝土，并用抹刀抹平。

（五）试件养护

1. 采用标准养护的试件成型后应覆盖表面，防止水分蒸发，并在20±5℃的室内静置1天（不得超过2天），然后编号拆模。

2. 拆模后的试件应立即放入养护室（温度为20±3℃，相对湿度为90%以上）养护，在标准养护室中试件应放在架上，彼此相隔10～20mm，并应避免用水直接冲淋试件。

3. 与构件同条件养护的试件成型后，应覆盖表面，试件拆模时间可与实际试件拆模时间相同，拆模后，试件仍需保持同条件养护。

（六）抗压强度测定

1. 试件从养护地点取出，随即擦干并量出其尺寸（精确到1mm），并以此计算试件的受压面积A（mm^2）。

2. 将试件放在压力试验机的下压板上，试件的承压面应与成型时的顶面垂直。试件的轴心应与压力机下压板中心对准，开动试验机，当上压板与试件接近时，调整球座，使接触均衡。

3. 加压时，应连续而均匀的加荷。

当混凝土强度等级低于C30时，加荷速度取每秒钟0.3～0.5MPa。

当混凝土强度等级等于或大于C30时，加荷速度取每秒钟0.5～0.8MPa。

当试件接近破坏而开始迅速变形时，应停止调整试验机油门，直至试件破坏，然后记录破坏荷载F（N）。

（七）试验结果计算

1. 试件的抗压强度f_{cu}按下式计算

$$f_{cu} = F/A$$

式中 F——试件破坏荷载，N；

A——试件受压面积，mm^2。

2. 以三个试件抗压强度的算术平均值作为该组试件的抗压强度值，精确到0.1MPa。

如果三个测定值中的最大或最小值中有一个与中间值的差异超过中间值的15%，则把最大或最小值舍去，取中间值作为该组试件的抗压强度值。

如果最大、最小值均与中间值相差15%，则此组试验作废。

3. 混凝土抗压强度是以150×150×150（mm）的立方体试件作为抗压强度的标准试件，其他尺寸试件的测定结果应换算成150×150×150（mm）的立方体试件的标准抗压强度值，换算系数见表附-7。

表附-7 试件尺寸与骨料最大粒径、插捣次数、强度换算系数的关系

试件尺寸（mm）	骨料最大粒径（mm）	每层插捣次数（次）	抗压强度换算系数
100×100×100	30	12	0.95
150×150×150	40	25	1
200×200×200	50	50	1.05

五、水泥混凝土抗折强度试验（道路专业）

（一）目的

水泥混凝土抗折强度是水泥混凝土路面设计的重要指标。在水泥混凝土路面施工时，为了保证施工质量，也必须按规定测定抗折强度。

水泥混凝土抗折强度是以 150mm × 150mm × 150mm 的梁形试件，在标准养护条件下达到规定龄期后，在净跨 450mm、双支点荷载作用下的弯拉破坏强度。此强度即为混凝土的抗折标号。

（二）试验仪具

1. 万能机：50 或 300kN 的万能机，精度为 2%。

2. 压头和支座：水泥混凝土抗折试验压头和支座试验装置如图附-11。该图中 1、3、6 为钢球；2、5 为钢轴；4 为试件；7 为活动支座（跨度可调整）；8 为机台；9 为活动船形垫块。

（三）试验方法

1. 进行抗折强度试验前应先检查试件，只要其中有 1 根试件中部 1/3 的长度内有蜂窝（如大于 ϕ7mm × 2mm），该组试件即应全部作废。如果在特殊情况下决定取用这种试件进行试验时，必须在记录本上注明蜂窝情况。

2. 在试件的中部位置量出其宽度和高度，精确至 1mm。

3. 将试件平稳对中放在压力机支座上，缓缓加初荷载（一般不超过 1.0kN），停机检查支座等各接缝处有无空隙（必要时须加金属薄垫片），应确保试件无扭动之虞，然后以 0.02 ~ 0.08MPa/s 的加荷速度，均匀而连续地加荷（低于 C30 取 0.02 ~ 0.05MPa/s，大于等于 C30 取 0.05 ~ 0.08MPa/s 的加荷速度）。当试件接近破坏而开始迅速变形时，应停止调整试验机油门，直至试件破坏，记录最大荷载。

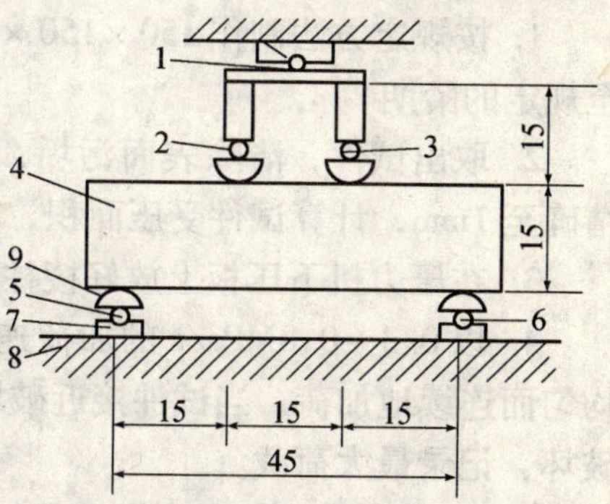

图附-11　水泥混凝土抗折试验装置

（图中尺寸单位：mm）

4. 检查并量度折断面，描述试验有关的特征情况。

5. 水泥混凝土抗折强度按下述情况计算。

（1）当折断面发生在 2 个加荷点之间时，抗折强度（以 MPa 表示）按下式计算。

$$R_{\mathrm{ef}} = \frac{FL}{bh^2}$$

式中　F——试件破坏时的荷载，N；

L——支座间距，mm；

b——试件宽度，mm；

h——试件高度，mm。

混凝土抗折强度计算至 10kPa。

（2）取 3 根试件试验结果的算术平均值作为该混凝土的抗折强度。如任一个测定值与中值的差距超过中值的 15% 时，则取中值为测定值；如有 2 个测定值与中值的差值均超过上述规定时，则该组试验结果无效。

3 个试件中如有 1 个其折断面位于 2 个集中荷载之外，则该试件的试验结果予以舍弃，混凝土抗折强度按 2 个试件的结果计算。如有 2 个试件的折断面均超出 2 个集中荷载之外，则该组试验作废。

（3）如采用 100×100×400（mm）非标准试件时，取得的抗折强度值应乘以尺寸折算系数 0.82。

六、水泥混凝土轴心抗压强度试验（桥梁专业）

（一）目的

测定混凝土棱柱轴心抗压强度，以提出设计参数和抗压弹性模量试验荷载标准。

（二）试验仪具

试模尺寸为 150×150×300(mm)卧式棱柱体试模，其他所需设备与抗压强度试验相同。

（三）试验方法

1. 按规定方法制作 150×150×300（mm）棱柱体试件 3 根，在标准养护条件下，养护至规定的龄期。

2. 取出试件，清除表面污垢，擦干表面水分，仔细检查后，在其中部量出试件宽度，精确至 1mm，计算试件受压面积，在准备过程中，要求保持试件湿度无变化。

3. 在压力机下压板上放好棱柱体试件，几何对中；球座最好放在试件顶面，球面朝上。

4. 以 0.3～0.8MPa/s 的加荷速度 <C30 取 0.3～0.5MPa/s，≥C30 取 0.5～0.8MPa/s，均匀而连续地加荷，当试件接近破坏而开始迅速变形时，应停止调整试验机油门，直至试件破坏，记录最大荷载。

5. 混凝土轴心抗压强度 R_{ca}（以 MPa 表示）按下式计算：

$$R_{ca} = \frac{F_{max}}{A_0}$$

式中 F_{max}——破坏荷载，N；

A_0——试件承压面积，mm^2。

（四）结果计算

取 3 根试件试验结果的算术平均值作为该组混凝土轴心抗压强度。如任一个测定值与中值的差值超过中值的 15% 时，则取中值为测值，如有 2 个测定值与中值的差值均超过上述规定时，则该组试验结果无效。

七、劈裂抗拉试验

（一）目的

混凝土抗拉强度对于混凝土产生裂缝有着密切的关系，因此，对确定混凝土抗裂是一个重要指标。

（二）试验仪器与设备

试验机　垫条　垫层（见图附-12）

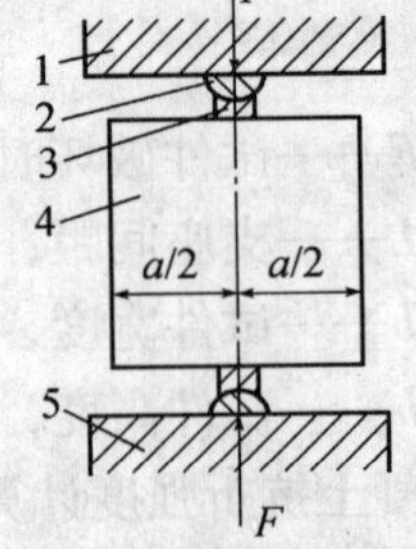

图附-12　混凝土劈裂抗拉试验装置图

1—压力板上压板；2—垫条；3—垫层；4—试件；5—压力机下压板

（三）试样制备

试样制作方法同混凝土抗压试验，试样采用 150×150×150（mm）的立方体试件，采用 100×100×100（mm）非标准试件取得的劈裂抗拉强度值，应乘以尺寸换算系数0.85。

（四）试验方法与步骤

1. 试件从养护地点取出后，应及时进行试验。试验前，试件应与原养护地点相似的干湿状态。

2. 先将试件擦拭干净，测量尺寸，检查外观，并在试件中部划线定出劈裂面的位置。劈裂面应与试件成型时的顶面垂直。

3. 试件尺寸测量精确至1mm，并据此计算试件的劈裂面面积。如实测尺寸与公称尺寸之差不超过1mm，可按公称尺寸计算。

4. 试件承压区不平度应为每100mm不超过0.05mm，承压线与相邻面的不垂直度应不超过±1度。

5. 将试件放在试验机下压板的中心位置，在上、下压板与试件之间垫以圆弧形垫条及垫层各一层，垫条应与成型时的顶面垂直（图附-12）。为了保证上、下垫条对准及提高试验效率，可以把垫条安装在定位架上使用。

开动试验机，当上压板与试件接近时，调整球座，使接触均衡。

6. 试件的试验应连续而均匀地加荷，加荷速度应为：混凝土强度等级低于C30（相当于原300号）时，取每秒钟0.02～0.05MPa（0.2～0.5kg·f/cm²）；强度等级高于或等于C30（相当于原300号）时，取每秒钟0.05～0.08MPa。当试件接近破坏时，应停止调整试验机油门，直至试件破坏，然后记下破坏荷载。

（五）试验计算

混凝土劈裂抗拉强度应按下式计算：

$$f_{ts}=\frac{2P}{\pi A}=0.637\frac{P}{A}$$

式中　f_{ts}——混凝土劈裂抗拉强度，MPa；

P——破坏荷载，N；

A——试件劈裂面面积，mm^2。

劈裂抗拉强度计算精确到0.01MPa（0.1kg·f/cm²）。

（六）试验结果的确定

以三个试件测值的算术平均值作为该组试件的劈裂抗拉强度值。三个测值中的最大值或最小值中如有一个与中间值的差值超过中间值的15%，则把最大及最小值一并舍除，取中间值作为该组试件劈裂抗拉强度值。如有两个测值与中间值的差均超过中间值的15%，则该组试件的试验结果无效。

采用本方法测得的劈裂抗拉强度值如需换算成轴心抗拉强度，则应进行换算。

附录G　建筑砂浆试验

一、砂浆的拌和

（一）目的

学会砂浆的拌制，为确定砂浆的配合比或检验砂浆各项性能提供试样。

（二）仪器设备

砂浆搅拌机、铁板、磅秤、台秤、铁铲、抹刀等。

（三）试验准备

1. 拌制砂浆所用的材料，应符合质量要求，当砂浆用于砌砖时，则应筛去大于2.5mm的颗粒。

2. 按设计配合比称取各项材料用量，称量要准确。

3. 拌制前应将搅拌机、铁板、铁铲、抹刀等的表面用水润湿。

（四）方法与步骤

1. 人工拌和方法

（1）将称好的砂子放在铁板上，加上所需的水泥，用铁铲拌至颜色均匀为止。

（2）将拌匀的混合料集中成圆锥形，在堆上做一凹坑，将称好的石灰膏或黏土膏倒入凹坑中（若为水泥砂浆，将称好的水倒一部分到凹坑里），再倒入适量的水将石灰膏或黏土膏稀释，然后与水泥和砂共同拌和，逐次加水，仔细拌和均匀，水泥砂浆每翻拌一次，用铁铲压切一次。

（3）拌和时间一般需5min，观察其色泽一致、和易性满足要求即可。

2. 机械拌和方法

（1）机械拌和时，应先搅拌砂浆，使搅拌机内壁粘附一薄层水泥砂浆。

（2）将称好的砂、水泥装入砂浆搅拌机内。

（3）开动砂浆搅拌机，将水徐徐加入（混合砂浆需将石灰膏或黏土膏稀释至浆状），搅拌时间为3min（从加水完毕算起），使物料拌和均匀。

（4）将砂浆拌合物倒在铁板上，再用铁铲翻拌两次，使之均匀。

搅拌好的砂浆拌合物即可进行试验。

二、砂浆的稠度试验

（一）目的

通过稠度试验，可以测得达到设计稠度时的加水量，或在施工期间控制稠度以保证施工质量。

（二）仪器设备

砂浆稠度仪（见图附-13）、捣棒、台秤、拌锅、拌板、秒表等。

（三）试验方法与步骤

1. 将拌好的砂浆一次装入砂浆筒内，装至距离筒口约10mm为止，用捣棒插捣25次，前12次需插到筒底，然后将砂浆筒在桌上轻轻振动5~6下，使之表面平整，随后移置于砂浆稠度仪台座上。

2. 放松固定螺丝，使圆锥体的尖端和砂浆表面接触，并对准中心，拧紧固定螺丝，读出标尺读数，然后突然放开固定螺丝，使圆锥体自由沉入砂浆中10s后，读出下沉的距离（以mm计），即为砂浆的稠度值。

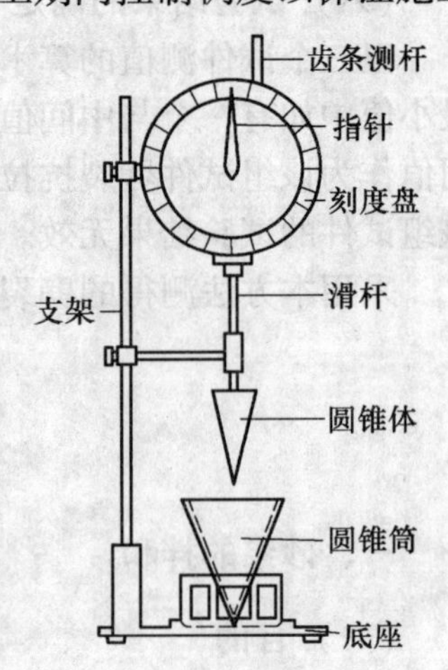

图附-13 砂浆稠度测定仪

（四）试验结果评定

1. 以两次测定结果的算术平均值作为砂浆稠度测定结果，如测定值两次之差大于2cm，应重新测定。

2. 如稠度值不符合要求，可酌情加水或石灰膏，重新再测，直到符合要求为止。但从加水拌和算起，时间不准超过30min，否则重拌。

三、砂浆分层度试验

（一）目的

测定砂浆的运输及停放时的保水能力，保水性的好坏，对砂浆的使用及砌体的质量影响极大。

（二）主要仪器设备

分层度测定仪（见图附-14），其他仪器同稠度试验仪器。

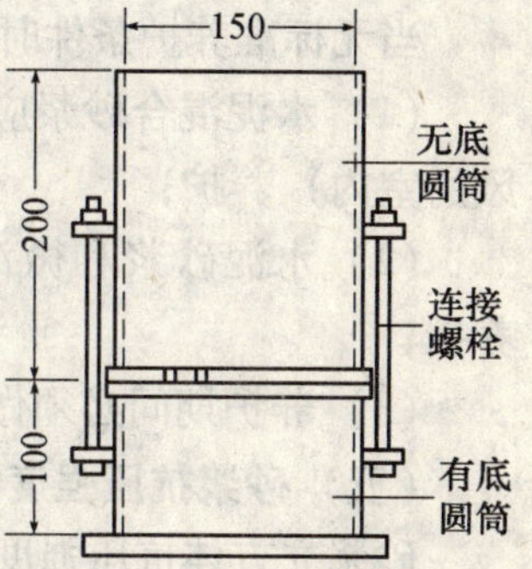

（三）试验方法与步骤

1. 将拌好的砂浆，测出稠度值 k_1（mm）后，重新拌匀，一次注入分层度测定仪中。

2. 静置30min后，去掉上层20cm砂浆，然后取出底层10cm砂浆重新拌和均匀，再测定砂浆稠度值 k_2（mm）。

3. 两次砂浆稠度值的差值（$k_2 - k_1$）即为砂浆的分层度。

图附-14　砂浆分层度筒

（四）试验结果评定

砂浆的分层度宜在10～30mm之间，如大于30mm，易产生分层、离析、泌水等现象，如小于10mm则砂浆过粘，不易铺设，且容易产生干缩裂缝。

四、砂浆抗压强度试验

（一）目的

检验砂浆的实际强度是否达到设计要求。

（二）主要仪器设备

压力机、试模（规格70.7mm×70.7mm×70.7mm无底试模）、捣棒、镘刀等。

（三）试件制作

1. 制作砂浆试件时，先将无底试模放在预先铺有吸水性较好的纸的普通黏土砖土（砖的吸水率不小于10%，含水率不大于20%），试模内壁事先涂刷薄层机油或脱模剂；

2. 放于砖上的湿纸，应为湿的新闻纸（或其他未粘过胶凝材料的纸），纸的大小要以能盖过砖的四边为准，砖的使用面要求平整，凡砖四个垂直面粘过水泥或其他胶凝材料后，不允许再使用；

3. 向试模内一次注满砂浆，用捣棒均匀的由外向里按螺旋方向插捣25次，为了防止低稠度砂浆插捣后，可能留下孔洞，允许用油灰刀沿模壁插数次，使砂浆高出试模顶面6～8mm；

4. 当砂浆表面开始出现麻斑状态时（约15～30min），将高出部分的砂浆沿试模顶面削去抹平。

（四）试件养护

1. 试件制作后应在 20±5℃的室内静置一昼夜（24±2h），当气温较低时，可适当延长时间，但不应超过两昼夜，然后对试件进行编号拆模。试件拆模后，应在标准养护条件下，继续养护 28 天，然后进行试压。

2. 标准养护条件

（1）水泥混合砂浆应为温度 20±3℃，相对湿度 60%～80%；

（2）水泥砂浆和微沫砂浆应为 20±3℃，相对湿度 90%；

（3）养护期间，试件彼此间隔不少于 10mm。

3. 自然养护

当无标准养护条件时，可采用自然养护。

（1）水泥混合砂浆应在正温度，相对湿度为 60%～80% 的条件下（如养护箱中或不通风的室内）养护；

（2）水泥砂浆和微沫砂浆应在正温度并保证试件表面湿润的状态下（如湿砂堆中）养护；

（3）养护期间必须做好温度记录。在有争议时，以标准养护条件为准。

（五）砂浆抗压强度测定

砂浆立方体抗压强度试验应按下列步骤进行：

1. 试件从养护地点取出后，应尽快进行试验，以免试件内部的温度湿度发生显著变化，试验前先将试件擦干，测量尺寸，并检验其外观。试件尺寸测量精确到 1mm，并据此计算试件的承压面积。如实测尺寸与公称尺寸之差不超过 1mm，可按公称尺寸进行计算。

2. 将试件安放在试验机的下压板上（或下垫板上），试件的承压面应与成型时的顶面垂直，试件中心与试验机下压板（或下垫板）中心对准。开动试验机，当上压板（或上垫板）与试件接近时，调整球座，使接触面均衡受压。承压试验应连续而均匀地加荷，加荷速度应为 0.5～1.5kN/s（砂浆强度 5MPa 及 5MPa 以下时，取下限为宜，砂浆强度 5MPa 以上时取上限为宜），当试件接近破坏而开始迅速变形时，停止调整试验机油门，直至试件破坏，然后记录破坏荷载。

（六）试验结果计算及确定

砂浆立方体抗压强度应按下列公式计算（精确到 0.01MPa）：

$$f_{m,cu} = \frac{N_u}{A}$$

式中 $f_{m,cu}$——砂浆立方体抗压强度，MPa；

N_u——立方体破坏压力，N；

A——试件承压面积，mm^2。

立方体抗压强度取值：

以六个试件测值的算术平均值作为该组试件的抗压强度值，平均值计算精确到 0.1MPa。

当六个试件的最大值或最小值与平均值的差超过 20% 时，以中间四个试件的平均值作为该组试件的抗压强度值。

附录H　聚合物水泥防水砂浆

一、范围

本标准规定了聚合物水泥防水砂浆（代号PCMW）的术语和定义、要求、试验方法、检验规则、标志、包装、运输与贮存。

本标准适用于聚合物水泥防水砂浆。

二、规范性引用文件

下列文件中的条款通过本标准的引用而成为本标准的条款。凡是注日期的引用文件，其随后所有的修改单（不包括勘误的内容）或修订版均不适用于本标准，然而，鼓励根据本标准达成协议的各方研究是否可使用这些文件的最新版本。凡是不注日期的引用文件，其最新版本适用于本标准。

GB/T 1346　水泥标准稠度用水量、凝结时间、安定性检验方法（eqv ISO 9597：1989）

GB/T 14436　工业产品保证文件　总则

GB/T 16777　建筑防水涂料试验方法

GB/T 17671　水泥胶砂强度检验方法（ISO法）（idt ISO 697：1989）

DL/T 5126—2001　聚合物改性水泥砂浆试验规程

JC 474—1999　砂浆、混凝土防水剂

JC/T 603　水泥胶砂干缩试验方法

JC/T 681—1997　行星式水泥胶砂搅拌机

JC 900—2002　无机防水堵漏材料

JC/T 907—2003　混凝土界面处理剂

三、术语和定义

下列术语和定义适用于本标准。

聚合物水泥防水砂浆　Polymer modified cement mortars for waterproof

即以水泥、细骨料为主要原材料，以聚合物和添加剂等为改性材料并以适当配比混合而成的防水材料。

四、分类和标记

（一）类别

产品按聚合物改性材料的状态分为干粉类（Ⅰ类）和乳液类（Ⅱ类）。

——Ⅰ类：由水泥、细骨料和聚合物干粉、添加剂等组成；

——Ⅱ类：由水泥、细骨料的粉状材料和聚合物乳液、添加剂等组成。

（二）产品标记

产品按下列顺序标记：名称、类别、标准号。

示例：Ⅰ类聚合物水泥防水砂浆标记为：

PCMW Ⅰ JC/T 984—2005

五、要求

（一）外观

Ⅰ类产品外观为均匀、无结块。

Ⅱ类产品外观：液料经搅拌后均匀无沉淀，粉料均匀、无结块。

（二）物理力学性能

聚合物水泥防水砂浆的物理力学性能应符合表附-8 的要求。

表附-8　物理力学性能

<table>
<tr><th rowspan="2">序号</th><th colspan="3" rowspan="2">项　目</th><th>干粉类</th><th>乳液类</th></tr>
<tr><th>（Ⅰ类）</th><th>（Ⅱ类）</th></tr>
<tr><td rowspan="2">1</td><td rowspan="2">凝结时间[a]</td><td>初凝（min）</td><td>≥</td><td>45</td><td>45</td></tr>
<tr><td>终凝（h）</td><td>≤</td><td>12</td><td>24</td></tr>
<tr><td rowspan="2">2</td><td rowspan="2">抗渗压力（MPa）</td><td>7d</td><td>≥</td><td colspan="2">1.0</td></tr>
<tr><td>28d</td><td>≥</td><td colspan="2">1.5</td></tr>
<tr><td>3</td><td>抗压强度（MPa）</td><td>28d</td><td>≥</td><td colspan="2">24.0</td></tr>
<tr><td>4</td><td>抗折强度（MPa）</td><td>28d</td><td>≥</td><td colspan="2">8.0</td></tr>
<tr><td>5</td><td colspan="2">压折比</td><td>≤</td><td colspan="2">3.0</td></tr>
<tr><td rowspan="2">6</td><td rowspan="2">粘结强度（MPa）</td><td>7d</td><td>≥</td><td colspan="2">1.0</td></tr>
<tr><td>28d</td><td>≥</td><td colspan="2">1.2</td></tr>
<tr><td>7</td><td colspan="3">耐碱性：饱和 $Ca(OH)_2$ 溶液，168h</td><td colspan="2">无开裂、剥落</td></tr>
<tr><td>8</td><td colspan="3">耐热性：100℃水，5h</td><td colspan="2">无开裂、剥落</td></tr>
<tr><td>9</td><td colspan="3">抗冻性—冻融循环：（-15～+20℃），25 次</td><td colspan="2">无开裂、剥落</td></tr>
<tr><td>10</td><td>收缩率/%</td><td>28d</td><td>≤</td><td colspan="2">0.15</td></tr>
</table>

[a] 凝结时间项目可根据用户需要及季节变化进行调整。

六、试验方法

（一）标准试验条件

试验室试验及干养护条件：温度 20±2℃，相对湿度 45%～70%。

养护室养护条件：温度 20±2℃，相对湿度≥95%。

（二）试样的状态调节

试验前样品及所有器具应在试验室试验条件下放置至少 24h。

（三）配合比

聚合物水泥防水砂浆检验时，水和各组分的用量应按生产厂家推荐的配合比进行，并在各项试验中，保持同一个配合比。

一）粘结强度

六、（三）（四）配料、搅拌，成型及试验按 JC/T 907—2003 中 5.4 进行。但 40mm × 40mm 的普通水泥砂浆块用被测聚合物水泥防水品替代，采用橡胶或硅酮密封材料制成的成型模（图附-15），将成型框放在 70mm × 70mm × 20mm 的泥砂浆基块（基块符合 JC/T 907 的要求）上，将的试样倒入成型模框中，抹平，放置 24h 后脱模。试件二组，每组 5 块，按六、（五）规定分别养护和 28d 龄期进行试验。

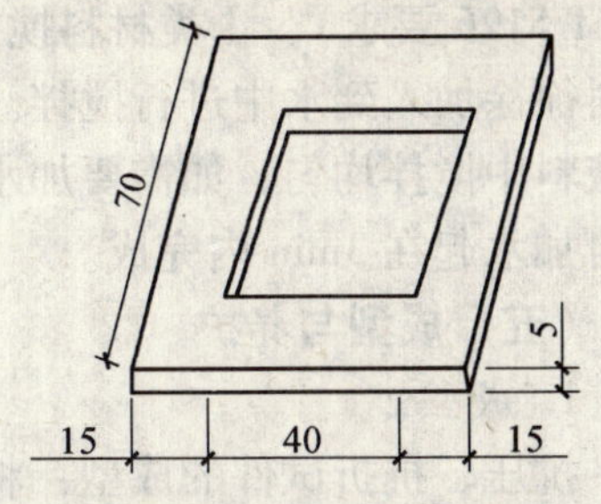

图附-15 粘结强度试件成型模框

二）耐碱性

六、（三）（四）配料、搅拌混合，将制备好的试成型模框中，抹平，放置 24h 后脱模，按六、（五）2. 养护至 7d 龄期，按 GB/T 中规定的饱和 $Ca(OH)_2$ 溶液中浸泡 168h，取出试件，观察有无开裂、剥落。试件尺 mm × 70mm × 20mm，每组 3 块试件。

三）耐热性

六、（三）（四）搅拌混合，将制备好的试样倒入成型模框中，抹平，放置 24h 后脱六、（五）2. 养护至 7d 龄期，置于沸煮箱中煮 5h，取出试件观察，有无开裂、剥件尺寸为 70mm × 70mm × 20mm，每组 3 块试件。

四）抗冻性—冻融循环

六、（三）（四）配料、搅拌混合，将制备好的试样倒入成型模框中，抹平，放置脱模，按六、（五）2. 养护至 7d 龄期。按 JC 900—2002 中 6.9 进行试验后，取出试察有无开裂、剥落。试件尺寸为 70mm × 70mm × 20mm，每组 3 块试件。

五）收缩率

六、（三）（四）配料、搅拌混合，按 JC/T 603 进行成型养护和测试，龄期为 28d。

、检验规则

一）检验分类

品检验分出厂检验和型式检验。

出厂检验项目

厂检验项目为外观、凝结时间、抗渗压力（7d）、粘结强度（7d）。

型式检验项目

式检验项目为本标准中规定的全部项目。

下列情况之一时，需进行型式检验：

）新产品投产或产品定型鉴定时；

）正常生产时，每年进行一次；

）原材料、配方或生产工艺有较大改变时；

）出厂检验与上次型式检验有较大差异时；

）国家质量监督检验机构提出要求时。

（四）搅拌

在试验中采用符合 JC/T 681 的行星式水泥胶砂搅拌机低速搅
DL/T 5126 要求），Ⅰ类材料搅拌时按规定比例称量粉料和水，将
粉料徐徐加入到水中进行搅拌。Ⅱ类材料按规定比例称量粉料，将
到液料中搅拌均匀，如需要加水的，应先将乳液与水搅拌均匀。搅
须自加水起在 3min 内完成。

（五）成型与养护

1. 成型

抗压、抗折试件的成型：将按 6.4 制备的砂浆分二次装入试模
捣 25 次，最后保持砂浆高出试模 5mm，将高出的砂浆压实，刮平
护室养护，24h（从加水开始计算时间）脱模。如经 24h 养护，会
的，可以延迟 24h 脱模。

2. 7d 龄期砂浆试件的养护

脱模后试件立即在温度为 20 ±2℃ 的不流动水中继续养护至 3
养护至 7d 龄期。

3. 28d 龄期砂浆试件的养护

脱模后试件立即在温度为 20 ±2℃ 的不流动水中养护至 7d 龄
至 28d 龄期。

（六）外观

用目测方法检查。

（七）凝结时间

1. Ⅰ类产品

按 GB/T 1346 进行，试样采用被检验的聚合物水泥防水砂浆材

2. Ⅱ类产品

按 DL/T 5126—2001 中 5.3 条聚合物改性水泥砂浆凝结时间的
后 10min 进行第一次测定。

（八）抗渗压力

按六、（三）（四）（五）成型，试件养护至 7d、28d 龄期。按
进行试验。

（九）抗压强度与抗折强度

按六、（三）（四）（五）成型，试件养护至 28d 龄期。按 GB/T

（十）压折比计算

压折比按下式计算：

$$压折比 = \frac{R_c}{R_f}$$

式中　R_c——28d 抗压强度，（MPa）；

R_f——28d 抗折强度，（MPa）。

压折比计算结果应精确到 0.1。

（二）组批

对同一类别产品，每 50t 为一批，不足 50t 亦可按一批计。

（三）抽样

在每批产品或生产线中随机抽取不少于 6 个（组）的样品。样品总质量不少于 25kg。检验前应将所取样品充分混合均匀，先进行外观检验，外观检验合格后再按表 1 物理力学性能要求检验。

（四）判定规则

1. 外观检查：样品符合外观要求，判为外观合格。

2. 将外观合格的样品按六中试验方法测试，凝结时间、抗渗压力、抗压强度、抗折强度、压折比、粘结强度、收缩率符合表附-8 要求，则判定为单项合格。耐碱性、耐热性、冻融循环每组三块试件均符合表附-8 中的指标要求，则判定为单项合格。所有项目均符合五中的要求，则判定该批产品合格。若性能指标中有一项不符合标准要求，允许在同批样品中，对不合格项进行复检。若复检符合标准规定，则判该批产品合格；若仍不符合标准规定，则判该批产品不合格。

八、标志、包装、运输与贮存

（一）标志

包装上应有标志标明产品名称、标记、商标、净质量、生产日期或批号、生产单位、地址和电话。

（二）包装

Ⅰ类产品可用 5kg、10kg、25kg、50kg 袋装，也可用塑料桶包装。

Ⅱ类产品液料用密封性较好塑料桶或内衬塑料袋密封的塑料桶包装。粉料用袋装，也可用塑料桶包装。

包装中应附产品合格证和使用说明书。产品合格证的编写应符合 GB/T 14436 的规定，产品使用说明书应写明配比、推荐用水量、施工注意事项等内容。

（三）运输与贮存

1. 产品按一般运输方式运输，运输途中要防止雨淋、防冻、包装损坏。贮存时严格防潮、防冻。

2. 在正常贮存、运输条件下，产品保质期自生产之日起为 6 个月。

附录Ⅰ 蒸压加气混凝土用砌筑砂浆与抹面砂浆

一、范围

本标准规定了蒸压加气混凝土用砌筑砂浆与抹面砂浆（以下简称砌筑砂浆与抹面砂浆）的术语、原材料、技术要求、试验方法、检验规则、包装、标志、运输及贮存等。

本标准适用于蒸压加气混凝土砌筑砂浆与抹面砂浆。

二、引用标准

下列标准所包含的条文，通过在本标准中引用而构成为本标准的条文。本标准出版时，所示版本均为有效。所有标准都会被修订，使用本标准的各方应探讨使用下列标准最新版本的可能性。

GB 175—1999　　硅酸盐水泥、普通硅酸盐水泥
GB 1344—1999　　矿渣硅酸盐水泥、火山灰质硅酸盐水泥及粉煤灰硅酸盐水泥
GB 1596—1991　　用于水泥和混凝土中的粉煤灰
GB 8076—1997　　混凝土外加剂
GB 10294—1988　　绝热材料稳态热阻及有关特性的测定　防护热板法
GB/T 14684—2001　　建筑用砂
JC/T 480—1992　　建筑生石灰
JC/T 517—1993　　粉刷石膏
JC/T 547—1994　　陶瓷墙地砖胶粘剂
JC/T 603—1995　　水泥胶砂干缩试验方法
JGJ 70—1990　　建筑砂浆基本性能试验方法
JGJ 98—2000　　砌筑砂浆配合比设计规程

三、术语

砌筑砂浆：由水泥、砂、掺合料和外加剂制成的用于蒸压加气混凝土的砌筑材料。

抹面砂浆：由水泥或石膏、外加剂和砂制成的用于蒸压加气混凝土的抹面材料。

四、原材料

（一）水泥

宜采用符合 GB 175、GB 1344 规定，强度等级为 32.5 级的普通硅酸盐水泥或矿渣硅酸盐水泥。

（二）石膏

石膏应符合 JC/T 517 规定。

（三）砂

应符合 GB/T 14684 规定，山砂及细砂经试配能满足本标准技术要求时，亦可使用。

（四）掺合料

为了调节和改善砂浆性能，可掺入粉煤灰、石灰粉等，并应符合 GB 1596、JC/T 480 规定。采用其他掺合料，在使用前进行试验验证，符合砂浆和砌体性能要求方可使用。

（五）外加剂

砌筑砂浆与抹面砂浆所采用的外加剂应符合 GB 8076 和 JC/T 547 的规定。

五、技术要求

砌筑砂浆与抹面砂浆性能应符合表附-9 规定。

表附-9　砌筑砂浆与抹面砂浆的性能

项　目	砌　筑　砂　浆	抹　面　砂　浆
干密度（kg/m^3）	≤1800	水泥砂浆≤1800 石膏砂浆≤1500
分层度（mm）	≤20	水泥砂浆≤20
凝结时间（h）	贯入阻力达到 0.5MPa 时，3～5h	水泥砂浆：贯入阻力达到 0.5MPa 时，3～5h 石膏砂浆：初凝≥1 终凝≤8
导热系数［W/（m·K）］	≤1.1	石膏砂浆：≤1.0
抗折强度（MPa）	—	石膏砂浆：≥2.0
抗压强度（MPa）	2.5、5.0	水泥砂浆：2.5、5.0 石膏砂浆：≥4.0
粘结强度（MPa）	≥0.20	水泥砂浆：≥0.15 石膏砂浆：≥0.30
抗冻性 25 次（%）	质量损失≤5 强度损失≤20	水泥砂浆：质量损失≤5 强度损失≤20
收缩性能	收缩值≤1.1mm/m	水泥砂浆：收缩值≤1.1mm/m 石膏砂浆：收缩率≤0.06%

注：有抗冻性能和保温性能要求的地区，砂浆性能还应符合抗冻性和导热性能的规定。

六、试验方法

水泥砂浆干密度、分层度、凝结时间、抗压强度、抗冻性、收缩值试验按 JGJ 70 规定进行。石膏砂浆干密度、凝结时间、抗折强度、抗压强度试验按 JC/T 517 规定进行，导热系数试验按 GB 10294 规定进行。砂浆配合比按 JGJ 98 规定进行。

（一）粘结强度

1. 仪器设备

压力试验机，最大量程 100kN，误差不得超过 ±1.0%。

2. 试件制作

用无齿锯锯取 100mm×100mm×50mm（含水率≤15%）的 05 级蒸压加气混凝土试件 10 块，试件表面要求平整，去除残渣。在每块试件上距边 20mm 处划一道与该边平行的线。将制备好的砂浆（水泥砂浆按 JGJ 70—1990 第 3 章稠度试验进行，稠度为 120mm。石膏砂浆按 JC/T 517—1993 中 6.4.2.1 条进行，均匀涂抹在蒸压加气混凝土试件划线范围内，要求抹灰饱满，砂浆厚度 10～12mm。然后将另一蒸压加气混凝土试件与已涂抹砂浆的试件相互平行地沿划线错开 20mm 压实，刮平挤出的砂浆，如果灰缝不饱满，要求将其补满，最后将试件横放，制成一个试件组。

3. 养护

水泥砂浆试件在温度为 20±5℃、湿度为 60%±5% 的干空气中放置 28d。

石膏砂浆试件放置24h，然后在40±1℃烘箱中烘至恒重（24h失水量不超过0.5g视为恒重）。烘干后的试件在试验室条件下冷却至室温。

4. 粘结强度试验

养护后，用钢板尺测量试件实际受剪面积，将试件放在装有剪切架的压力机上，压力机加荷速度应控制在（50±5）N/s的范围内，直至试件剪切破坏，测定粘结强度。

5. 结果计算

粘结强度按下式计算：

$$R = \frac{P}{A}$$

式中 R——粘结强度，MPa；

P——试件破坏荷载，N；

A——受剪面积，mm^2。

取五个试件的算术平均值，精确至0.01MPa。

（二）石膏砂浆收缩率

1. 仪器设备

收缩模具、钉头及捣棒：按JC/T 603规定。

测长仪，分度值：0.001mm。

2. 试件制作

从密封容器中称取1000g试样，精确至5g，按JC/T 517—1993第6章中6.4.2.1制备石膏砂浆，将制备好的石膏砂浆分两层装入两端已装有钉头、内壁已涂有脱模剂的收缩试模内。第一层砂浆装至试模高度的2/3处，先用小刀来回划实砂浆，钉头两侧应多划几次，然后用23mm×23mm捣棒由钉头内侧开始，即在两钉头尾部之间，从一端向另一端顺序捣压10次，往返共捣压20次，再用缺口捣棒在钉头两侧各捣压2次，然后装入第二层砂浆，砂浆装满试模后，用小刀划匀，刀划深度应透过第一层砂浆表面，再用捣棒在试件上顺序捣压12次，往返共捣压24次。每次捣压时，先将捣棒接触砂浆表面再用力捣压。捣压必须均匀稳定，不得打击，捣压完毕，将剩余砂浆添满试模并用刮刀刮平。试件成型（24±2）h脱模，脱模后用测长仪测量并记录两个钉头之间的距离（L_0），然后将收缩试件放入(40±1)℃电热鼓风干燥箱中烘干至恒重（24h质量减少不大于1g即为恒重）。烘干后的试件在试验室条件下冷却至室温，然后用测长仪测量并记录两个钉头间距离（L_1）。

3. 结果计算

收缩率按下式计算：

$$S_t = [(L_1 - L_0)/250] \times 100$$

式中 S_t——试件收缩率，%；

L_0——试件初始测量读数，mm；

L_1——烘干后试件测量读数，mm；

250——试件长度，mm。

取三个试件算术平均值，精确至0.01%。若三个值与平均值的差不大于10%，则平均值即为该试件的收缩率。若有一个值与平均值之差大于10%，将此值舍去，以其余的值计算平均值。如果有两个值与平均值之差大于10%，应重新试验。

七、检验规则

（一）出厂检验

每一批产品出厂前必须进行出厂检验。检验项目包括：水泥类为干密度、分层度、凝结时间及抗压强度。石膏类为凝结时间、抗折强度及抗压强度。

（二）型式检验

产品的型式检验，正常生产条件下，每三个月进行一次。型式检验包括本标准技术要求规定的全部项目。

生产中如果原材料发生变化、生产工艺进行调整、设备进行维修、停产后恢复生产或成品存放期超过三个月时应进行型式检验。

（三）批量与抽样

1. 批量：以连续生产400t产品为一批，不足400t产品时也以一批计。

2. 抽样：从一批产品中随机抽取5袋（桶），每袋（桶）抽取约3kg，总计不少于15kg。

（四）判定及复验规则

将抽取的试样按六进行检验，检验结果符合五中相应的技术要求时，即判为合格。若有一项以上指标不符合要求，即判该批产品不合格。如果只有一项不合格，则重新抽取两份试样对不合格项目进行重验。重验结果，如果两个试样均合格，则该批产品判为合格，如仍有一个试样不合格，则该批产品判为不合格。

用户对产品质量有异议时，可进行复验，复验应在产品贮存期内进行。

八、包装、标志、运输和贮存

1. 用带有塑料内衬的纸袋或塑料袋（桶）包装。每袋（桶）重宜（25±0.5）kg。

2. 包装袋（桶）上应清楚标明制造厂名、商标、批量编号、标记、简要说明、产品标准号、产品质量、生产日期和防潮标记。

3. 产品在运输和贮存时不得受潮和混入杂物，不同型号的产品应分别贮运，不得混杂。

4. 产品自生产之日起，贮存期为3个月，3个月后应重新进行质量检验。

附录J　水泥强度快速检验方法

一、范围

本标准规定了水泥强度快速检验方法的原理、仪器、材料、试验室温、湿度、试体成型、养护制度、抗压强度试验以及水泥28d抗压强度的预测方法。

本标准适用于硅酸盐水泥、普通硅酸盐水泥、矿渣硅酸盐水泥、火山灰硅酸盐水泥、粉煤灰硅酸盐水泥和复合硅酸盐水泥的水泥强度的快速检验以及28d水泥抗压强度的预测。

本方法可用于水泥生产和使用的质量控制，但不作为水泥品质鉴定的最终结果。

二、规范性引用文件

下列文件中的条款通过本标准的引用而成为本标准的条款。凡是注日期的引用文件，其随后所有的修改单（不包括勘误的内容）或修订版均不适用于本标准，然而，鼓励根据本标准达成协议的各方研究是否可使用这些文件的最新版本。凡是不注日期的引用文件，其最新版本适用于本标准。

GB/T 17671—1999　水泥胶砂强度检验方法（ISO 法）（idt ISO 679：1989）

三、原理

本方法是按 GB/T 17671—1999《水泥胶砂强度检验方法（ISO 法）》有关要求制备 40mm×40mm×160mm 胶砂试体，采用 55℃湿热养护加速水泥水化 24h 后进行抗压强度试验，从而获得水泥快速强度。通过水泥快速强度，预测标准养护条件下水泥 28d 抗压强度。

四、仪器

1. 水泥胶砂搅拌机、振实台（振动台）、试模、下料漏斗、刮平刀、抗折试验机、抗压试验机及抗压夹具均应符合 GB/T 17671—1999 的规定。

2. 湿热养护箱（见图附-16），由箱体和温度控制装置组成。箱体内腔尺寸 650mm×350mm×260mm；腔内装有试体架，试体架距箱底高度为 150mm；箱顶有密封的箱盖；箱壁内填有良好的保温材料。养护箱通常用 1kW 电热管加热。温度控制装置由感温计及定时控制器组成。湿热养护箱温度精度应不大于 ±2℃，相对湿度大于 90%。

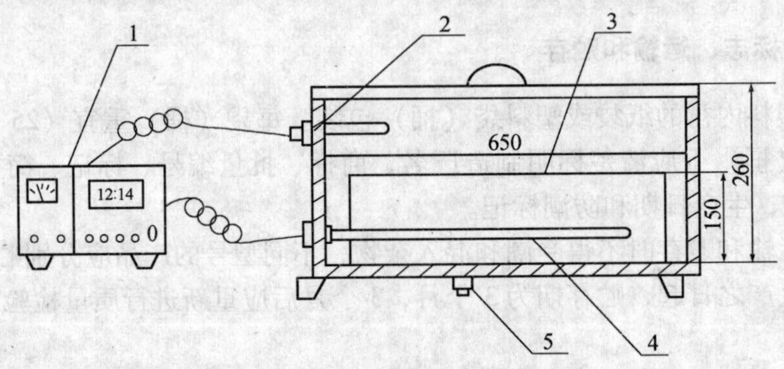

图附-16　湿热养护箱示意图

1—恒温定时控制器；2—感温探头；3—试体架；4—电热管；5—放水阀

3. 常温养护箱温度控制应为 20±1℃，相对湿度大于 90%。

五、材料

1. 水泥样品应充分混合均匀。

2. 标准砂应符合 GB/T 17671—1999 的有关要求。

3. 试验用水应是洁净的饮用水。

六、试验室温、湿度

试验室温度、湿度，应符合 GB/T 17671—1999 的有关规定。

七、试体成型

应符合 GB/T 17671—1999 的规定。

八、养护制度

1. 试体成型后，立即连同试模放入常温养护箱内预养 4h ± 15min。
2. 将带模试体放入湿热养护箱内的试体架上，盖好箱盖。从室温开始加热，在 1.5h ± 10min内等速升温至 55℃，并在 55 ± 2℃下恒温 18h ± 10min 后停止加热。
3. 打开箱盖，取出试模，在试验室中冷却 50 ± 10min 后脱模。
4. 每次试验从试体养护到脱模的总体时间相差，不宜超过 ± 30min。

九、抗压强度试验

按八中要求完成试体养护并脱模后的试体，应立即按 GB/T 17671—1999 的有关规定进行抗压强度试验，得到水泥快速强度 $R_{快}$。

十、水泥 28d 抗压强度的预测

水泥 28d 抗压强度的预测按下式计算，计算结果保留至一位小数：

$$R_{28预} = a \times R_{快} + b$$

式中　$R_{28预}$——预测的水泥 28d 抗压强度，(MPa)；

$R_{快}$——水泥快速抗压强度，(MPa)；

a、b——待定系数。

1. 预测待定系数 a、b 的确立

常数 a、b 按下列公式计算，计算结果保留至小数点后两位：

$$a = \frac{\sum_{i=1}^{n} R_{28实i} \times R_{快i} - \left(\sum_{i=1}^{n} R_{28实i}\right) \times \left(\sum_{i=1}^{n} R_{快i}\right) \Big/ n}{\sum_{i=1}^{n} R_{快i}^{2} - \left(\sum_{i=1}^{n} R_{快i}\right)^{2} \Big/ n}$$

$$b = \bar{R}_{28实} - a \times \bar{R}_{快}$$

$$\bar{R}_{28实} = \left(\sum_{i=1}^{n} R_{28实i}\right) \Big/ n$$

$$\bar{R}_{快} = \left(\sum_{i=1}^{n} R_{快i}\right) \Big/ n$$

式中　n——试验组数；

$R_{28实i}$——第 i 个水泥样品 28d 标准养护实测抗压强度，(MPa)；

$R_{快i}$——第 i 个水泥样品快速抗压强度，(MPa)；

$\bar{R}_{28实}$——n 个水泥样品 28d 标准养护实测抗压强度平均值，(MPa)；

$\bar{R}_{快}$——n 个水泥样品快速抗压强度平均值，(MPa)。

为了提高预测结果的准确性，a、b 值应由标准使用单位根据试验数据确定，其试验组数应不小于 30 组。不同单位的 a、b 值允许不同。a、b 值的计算，也可借助计算机统计分析作图功能通过建立的线性关系图直接求取。

2. 水泥 28d 强度预测公式的建立

a、b 值确定后，代入预测公式 $R_{28预}=a\times R_{快}+b$ 中，即可获得本单位使用的专用式。根据使用情况，必要时可修正 a、b 值。

3. 预测公式的可靠性

(1) 检验方法的精确性

水泥 28d 标准养护实测抗压强度检验方法的精确性，应符合 GB/T 17671—1999 的有关规定，即同一试验室的重复性试验，28d 抗压强度变异系数应在 1% ~3% 之间；不同试验室间再现性试验，28d 抗压强度变异系数应不超过 6%。

水泥快速强度方法的精确性，同一试验室按本标准得出的水泥快速强度值变异系数应不大于 3%。

(2) 相关系数 r 和剩余标准偏差 S 的计算

为了保证预测结果的可靠性，预测公式建立后应按下列两个公式计算相关系数 r 和剩余标准偏差 S，计算结果保留至小数点后两位：

$$r=\frac{\sum_{i=1}^{n}R_{28实i}\times R_{快i}-\left(\sum_{i=1}^{n}R_{28实i}\right)\times\left(\sum_{i=1}^{n}R_{快i}\right)\Big/n}{\sqrt{\left[\sum_{i=1}^{n}R_{28实i}^{2}-\left(\sum_{i=1}^{n}R_{28实i}\right)^{2}\Big/n\right]\left[\sum_{i=1}^{n}R_{快i}^{2}-\left(\sum_{i=1}^{n}R_{快i}\right)^{2}\Big/n\right]}}$$

$$S=\sqrt{\frac{(1-r^{2})\times\left[\sum_{i=1}^{n}R_{28实i}^{2}-\frac{1}{n}\left(\sum_{i=1}^{n}R_{28实i}\right)^{2}\right]}{n-2}}$$

式中 $R_{28实i}$——第 i 个水泥 28d 标准养护实测抗压强度，(MPa)；

$R_{快i}$——第 i 个水泥快速抗压强度，(MPa)；

n——试验组数。

相关系数 r 应不小于 0.75（单一强度等级时不作规定），且越接近 1 越好。相关系数 r 的计算，也可借助计算机统计分析功能通过建立的线性关系图直接求取。

同时，还要求公式 $R_{28预}=a\times R_{快}+b$ 的剩余标准偏差 S 愈小愈好，要求 S 应不大于所用全部水泥样品 28d 实测抗压强度平均值 $\bar{R}_{28实}$ 的 7.0%。

4. 预测结果的精度

将任一快速强度值 $R_{快0}$ 代入预测公式，即可得到相应的 28d 预测抗压强度值 $R_{28预}$。预测结果的置信区间，可以表示为 $[R_{28预}-2S_x,\ R_{28预}+2S_x]$，即所预测到的强度值有 95% 的概率在此区间内。其中，R_{28} 为预测 28d 抗压强度；S_x 为实验标准差，可按下式计算，计算结果保留至小数点后一位。

$$S_x = S \times \sqrt{1 + \frac{1}{n} + \frac{(R_{快0} - \overline{R}_{快})^2}{\sum_{i=1}^{n}(R_{快i} - \overline{R}_{快})^2}}$$

式中 S——剩余标准偏差；

n——确立预测常数时水泥样品的试验组数；

$R_{快0}$——新输入的快速强度值，(MPa)；

$\overline{R}_{快}$——确立预测常数时水泥样品快速强度平均值，(MPa)；

$R_{快i}$——确立预测常数时的第 i 个水泥样品快速强度值，(MPa)。

5. 试验及计算结果

某试验室用不同品种、不同标号的水泥进行了 38 组水泥强度试验，试验结果见表附-10。

表附-10 试验及计算结果

序 号	品 种	$R_{快}$	$R_{28实}$	$R^2_{快}$	$R^2_{28实}$	$R_{快} \cdot R_{28实}$	$R_{28预}$	$R_{28预}-R_{28实}$	相对误差（%）
1	PO42.5	32.4	55.5	1049.80	3080.25	1798.20	55.8	0.3	0.55
2	PO42.5R	27.6	56.5	761.76	3192.25	1559.40	50.6	−5.9	−10.39
3	PO42.5R	31.3	58.3	979.69	3398.89	1824.79	54.6	−3.7	−6.31
4	PO32.5	23.1	44.6	533.61	1989.16	1030.26	45.8	1.2	2.65
5	PⅡ42.5	29.9	53.9	894.01	2905.21	1611.61	53.1	−0.8	−1.47
6	PS32.5	22.5	44.5	506.25	1980.25	1001.25	45.1	0.6	1.43
7	PO42.5	30.9	56.5	954.81	3192.25	1745.85	54.2	−2.3	−4.09
8	PO42.5	31.7	50.0	1004.9	2500.00	1585.00	55.0	5.0	10.10
9	PS32.5	21.3	43.7	453.69	1909.69	930.81	43.8	0.1	0.33
10	PF32.5	24.2	44.8	585.64	2007.04	1084.16	47.0	2.2	4.84
11	PO32.5	29.5	52.9	870.25	2798.41	1560.55	52.7	−0.2	−0.42
12	PS32.5	23.8	46.8	566.44	2190.24	1113.84	46.5	−0.3	−0.56
13	PS32.5	26.7	52.5	712.89	2756.25	1401.75	49.7	−2.8	−5.41
14	PS32.5	21.2	39.9	449.44	1592.01	845.88	43.7	3.8	9.61
15	PO42.5	30.6	54.4	936.36	2959.36	1664.64	53.9	−0.5	−0.98
16	PO52.5R	35.4	64	1253.20	4096.00	2265.60	59.0	−5.0	−7.75
17	PO32.5	22.0	43.1	484.00	1857.61	948.20	44.6	1.5	3.47
18	PS32.5	26	48.6	696.96	2361.96	1283.04	49.3	0.7	1.52
19	PⅡ42.5	38.4	55.2	1474.60	3047.04	2119.68	62.3	7.1	12.81
20	PO42.5R	33.7	57.9	1135.70	3352.41	1951.23	57.2	−0.7	−1.20
21	PS32.5	26.5	51.7	702.25	2672.89	1370.05	49.4	−2.3	−4.36

续表

序号	品种	$R_{快}$	$R_{28实}$	$R^2_{快}$	$R^2_{28实}$	$R_{快}\cdot R_{28实}$	$R_{28预}$	$R_{28预}-R_{28实}$	相对误差（%）
22	PO42.5	30.0	50.9	900.00	2590.81	1527.00	53.2	2.3	4.55
23	PⅡ62.5R	50.4	70.0	2540.20	4900.00	3528.00	75.2	5.2	7.43
24	PⅡ52.5R	33.7	56.1	1135.7	3147.21	1890.57	57.2	1.1	1.97
25	PO32.5R	23.5	42.2	552.25	1780.84	991.70	46.2	4.0	9.51
26	PO42.5	25.9	48.6	670.81	2361.96	1258.74	48.8	0.2	0.41
27	PO32.5R	18.9	42.4	357.21	1797.76	801.36	41.3	−1.1	−2.70
28	PS32.5	20.2	39.8	408.04	1584.04	803.96	42.7	2.9	7.18
29	PⅡ42.5	30.4	54.6	924.16	2981.16	1659.84	53.6	−1.0	−1.74
30	PO42.5	29.6	48.6	876.16	2361.96	1438.56	52.8	4.2	8.62
31	PO42.5	24.7	50.2	610.09	2520.04	1239.94	47.5	−2.7	−5.37
32	PⅡ42.5	32.9	58.9	1082.4	3469.21	1937.81	56.3	−2.6	−4.34
33	PF32.5	22.9	43.4	524.41	1883.56	993.86	45.6	2.2	4.99
34	PP32.5	21.1	42.9	445.21	1840.41	905.19	43.6	0.7	1.70
35	PF42.5	34.7	64.1	1204.10	4108.81	2224.27	58.3	−5.8	−9.08
36	PF42.5	38.3	66.5	1466.90	4422.25	2546.95	62.2	−4.3	−6.52
37	PF32.5	23.6	49.6	556.96	2460.16	1170.56	46.3	−3.3	−6.61
38	PF32.5	24.3	47.3	590.49	2237.29	1149.39	47.1	−0.2	−0.47
$\sum$		1074.2	1951.4	31851	102287	56763.49	1951.4	—	—
平均		28.3	51.4	838.19	2691.75	1493.78	51.4	2.4	4.6

注1：表中$R_{快}$指水泥快速强度值，$R_{28实}$指水泥28d标准养护条件下实测强度值，$R_{28预}$指预测强度值。

注2：表中相对误差，指水泥28d预测值与实测值间相对误差。

（1）计算预测公式待定系数

$$a=\frac{\sum_{i=1}^{n}R_{28实i}\times R_{快i}-\left(\sum_{i=1}^{n}R_{28实i}\right)\times\left(\sum_{i=1}^{n}R_{快i}\right)\Big/n}{\sum_{i=1}^{n}R^2_{快i}-\left(\sum_{i=1}^{n}R_{快i}\right)^2\Big/n}$$

$$=\frac{56763.49-1951.4\times1074.2/38}{31851-(1074.2)^2/38}=1.08$$

$$b=\bar{R}_{28实}-a\times\bar{R}_{快}=51.4-1.08\times28.3=20.84$$

（2）建立预测方程

由a、b值得出快速强度与28d强度的预测关系式如下：

$$R_{28预}=a\times R_{快}+b=1.08\times R_{快}+20.84$$

（3）方法可靠性的评定

计算预测方程相关系数和剩余标准偏差

$$r=\frac{56763.49-1951.4\times1074.2/38}{\sqrt{\left[102287-(1951.4)^2/38\right]\times\left[31851-(1074.2)^2/38\right]}}=0.91$$

$$S=\sqrt{\frac{(1-r^2)\left[\sum_{i=1}^{n}R_{28实i}^2-\frac{1}{n}(R_{28实i})^2\right]}{n-2}}=3.13\text{MPa}$$

$$\frac{S}{\overline{R}_{28实}}\times100\%=6.1\%$$

由于相关系数 r 为0.91，且剩余标准偏差 S 与强度平均值 $\overline{R}_{28实}$ 的相对百分数为6.1%（小于7.0%），故所建立的预测方程可以使用。

（4）预测结果的精度

设某样品测定快速强度 $R_{快0}=35\text{MPa}$，代入预测公式可得 $R_{28预}=58\text{MPa}$。计算实验标准差 S_x 如下：

$$S_x=S\times\sqrt{1+\frac{1}{n}+\frac{(R_{快0}-R_{快})^2}{\sum_{i=1}^{n}(R_{快i}-\overline{R}_{快})^2}}$$

$$=3.13\times1.029=3.2\text{MPa}$$

则28d水泥强度预测结果有95%的概率在［58－2×3.2，58＋2×3.2］内。

附录K　钢筋试验

一、钢筋的验收及取样方法

（1）钢筋应有出厂质量证明书或试验报告单，每捆（盘）钢筋均应有标牌，进场时应按炉罐（批）号及直径（d_0）分批验收，验收内容包括查对标牌、外观检查，并按有关规定抽取试样作机械性能试验，包括拉力试验和冷弯试验两个项目，如两个项目中有一个项目不合格，该批钢筋即为不合格。

（2）同一截面尺寸和同一炉罐号组成的钢筋分批试验时，每批质量不大于60t，如炉罐号不同时，应按《钢筋混凝土结构用热轧钢筋》的规定验收。

（3）钢筋在使用中如有脆断、焊接性能不良或机械性能显著不正常时，应进行化学成分分析。

（4）取样方法和结果评定规定，自每批钢筋中任意抽取两根，于每根距端部50cm处各取一套试样（两根试件），在每套试样中取一根作拉力试验，另一根作弯冷试验。在拉力试验的两根试件中，如其中一根试件的屈服点、抗拉强度和伸长率三个指标中，有一个指标达不到钢筋标准中规定的数量，则不论这个指标在每一次试件中是否达到标准要求，拉力试验也作为不合格。在冷弯试验中，如有一根试件不符合标准要求，应同样抽取双倍钢筋，重作试验。如仍有一根试件不符合标准要求，冷弯试验项目即为不合格。

（5）试验应在20±10℃的温度下进行，如试验温度出这一范围，应于试验记录和报告中注明。

二、拉力试验

（一）目的

测定低碳钢的屈服强度、抗拉强度与伸长率，注意观察拉力与变形之间的关系，为确定和检验钢材的力学及工艺性能提供手段及依据。

（二）主要仪器设备

万能材料试验机、钢板尺、游标卡尺、千分尺、两脚扎规等。

（三）试件的制作与准备

1. 8～40mm 直径的钢筋试件一般不经切削（见图附-17）。

2. 如果受试验机吨位的限制，直径为 22～40mm 的钢筋可制成车削加工试件，其形状尺寸见图附-18 和表附-11 所列。

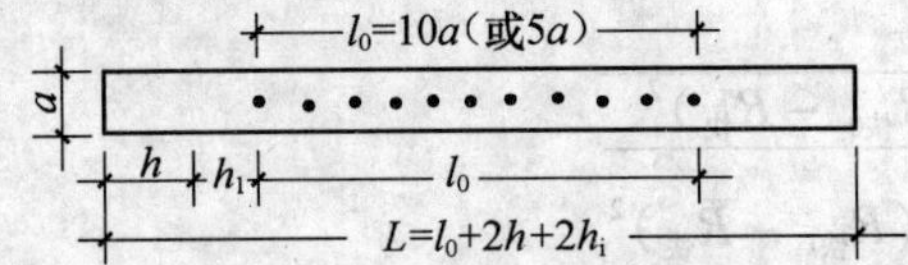

图附-17　不经车削的试件

图附-18　车削的试件

a—计算直径；l_0—标距长度；h—0.5～1a；h—夹头长度

表附-11　车削试件尺寸　（mm）

一般尺寸				长试件 $l_0=10a$			短试件 $l_0=5a$		
a	D	h	h_1	l_0	l	L	l_0	l	L
25	35	不作规定	25	250	275	$L=$	125	150	
20	30		20	200	220		100	120	
15	22		15	150	165		75	90	
10	15		10	100	110		50	60	

注：头部长 h，决定于所用夹头的尺寸。

3. 在试件表面用铅笔划一平行其轴线的直线，在直线上浅冲眼冲出标距端点（标点），并沿标距长度用油漆划出 10 等分点的分格标点。

4. 测量标距长度 l_0，精确到 0.1mm。

5. 未经切削的试件，用质量法求出横截面积 A_0。

$$A_0 = Q/7.85L$$

式中　A_0——试件横截面积，cm^2；

Q——试件质量，g；

L——试件长度，cm；

7.85——钢筋密度，g/cm^3。

6. 切削试件的横截面积 A_0 用下法求得。

（1）用千分尺沿标距长度在中部及两端各测直径一次，每处于两个相互垂直的方向各测一次，取其算术平均值作为该处直径，取所测三个直径中的最小值作为计算截面积 A_0 的直径。

（2）横截面积 A_0 计算结果的化整：当横截面积 $<100mm^2$ 时，化整到小数后一位；当

横截面积≥$100mm^2$时，化整到个位数，所需位数以后的数字按四舍六入五单双法处理。

（四）屈服强度 σ_s 与抗拉强度 σ_b 的测定

1. 调整试验机测力度盘的指针，使之对准零点，并拨动副指针，使之与主指针重叠。

2. 将试件固定在试验机夹头内，开动试验机，进行拉伸，拉伸速度为：屈服前，应力增加速度为每秒 10MPa。屈服后，试验机活动夹头在荷载下的移动速度为不大于每分钟 $0.5L$（$L = l_0 + 2h_1$）。

3. 拉伸中，测力度盘的指针停止转动时的恒定荷载或第一次回转时的最小荷载，即为所求的屈服点 F_s。

按下式计算出试件的屈服强度：

$$\sigma_s = F_s / A_0$$

式中　σ_s——屈服强度，MPa；

F_s——屈服点荷载，N；

A_0——试件的原横截面积，mm^2。

4. 向试件继续加荷，此时加荷速度为：试验机活动夹头在荷载下的移动速度为不大于每分钟 $0.5L$（$L = l_0 + 2h_1$），直至拉断，由测力盘读出最大荷载 F_b。

按下式计算试件的抗拉强度：

$$\sigma_b = F_b / A_0$$

式中　σ_b——抗拉强度，MPa；

F_b——最大荷载，N；

A_0——试件的原横截面积，mm^2。

5. 结果鉴定：将通过测试、计算所得的 σ_s、σ_b，对照国家规范所要求的各牌号钢筋的力学性能要求，看 σ_s、σ_b 是否满足要求，如不满足，则取双倍试样重测，如再不满足要求，则为不合格。

（五）伸长率测定

1. 将已拉断试件的两段，在断裂处对齐，尽量使其轴线位于一条直线上，如拉断处出于各种原因形成缝隙，则此缝隙应计入试件拉断后的标距部分长度内。

2. 如果拉断处到邻近标距端点的距离大于 $1/3l_0$ 时，可用卡尺直接量出已被拉长的标距长度 l_1。

3. 如果拉断处到邻近标距端点的距离小于或等于 $1/3l_0$ 时，可按下述移位法确定 l_1：

在长段上，从拉断处 O 点取基本等于短段格数，得 B 点，接着取等于长度所余格数（偶数见图附-19a）之半，得 C 点，或者取所余格数（奇数见图附-19b）减 1 与加 1 之半，得到 C 与 C_1 点，移位后 l_1 分别为 $AO + OB + 2BC$ 或 $AO + OB + BC + BC_1$。

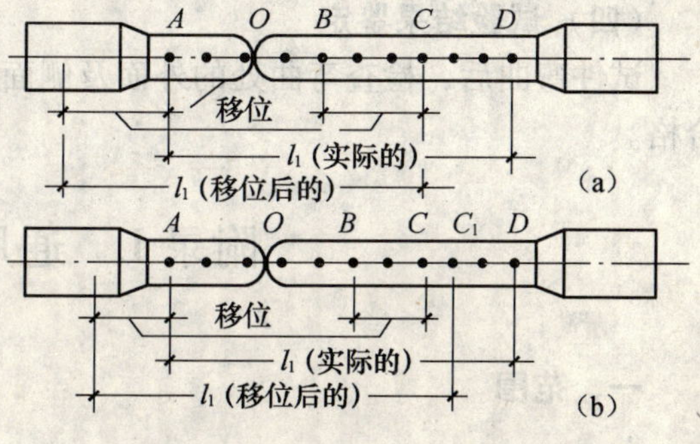

图附-19　用移位法计算标距

如果用直接测量所求出的伸长率能达到技术条件得规定值，则可不采用移位法。

4. 伸长率按下式计算（精确到 0.1%）

$$\delta_{10}(\text{或}\ \delta_5) = \frac{l_1 - l_0}{l_0} \times 100\%$$

式中 δ_{10}、δ_5——分别表示 $l_0 = 10d_0$ 和 $l_0 = 5d_0$ 时得伸长率；

l_0——原标距长度 $10a$（$5a$），mm；

l_1——试件拉断后，用直接量或移位法确定的标距部分长度，mm。

5. 如果试件在标距端点上或标距外断裂，则试验结果无效，应重新试验。

6. 结果鉴定：将测试、计算所得到的结果 δ_{10}、δ_5，对照国家规范对钢筋性能的技术要求，如达到标准要求则合格，如未达到，可取双倍试样重做，如仍有未达到标准者，则钢筋的伸长率不合格。

三、冷弯试验

（一）目的

检验钢筋承受规定弯曲程度的变形性能，从而确定其可加工性能，并显示其缺陷。

（二）主要仪器设备

压力机、万能试验机、特殊试验机或圆口老虎钳和弯钩机等。

（三）试验方法及步骤

（1）试件不经车削，长度为 $5d + 150$mm，d 为试件的计算直径（mm）。

（2）弯心直径和弯曲角度，按建筑钢材一章相应的技术要求表选用。

（3）按图附-20（a）调整两支辊间距离，使之等于 $d + 2.1a$。

（4）按图附-20（b）装置试件后，平稳地施加荷载，钢筋须绕着弯心，弯曲到要求的弯曲角。

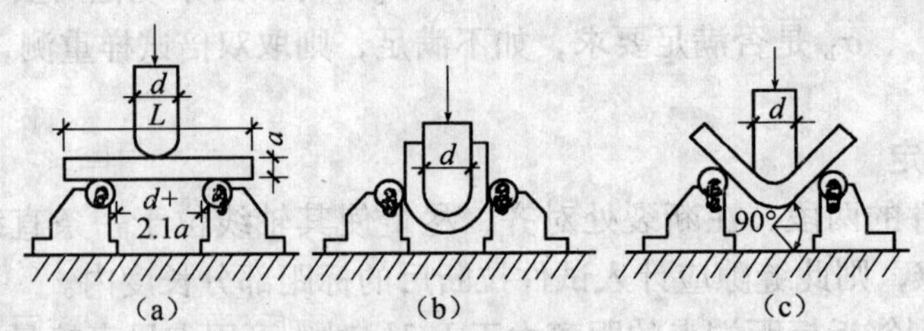

图附-20 钢筋冷弯试验装置

（a）装好的试件；（b）弯曲 180°；（c）弯曲 90°

（四）试验结果鉴定

试件弯曲后，检查弯曲处的外面及侧面，如无裂缝、裂断或起层现象，即认为冷弯试验合格。

附录 L 通用水泥质量等级

一、范围

本标准规定了水泥质量等级的划分和评定原则，通用水泥实物质量等级的技术要求及质量等级的划分和评定原则。

本标准适用于硅酸盐水泥、普通硅酸盐水泥、矿渣硅酸盐水泥、火山灰质硅酸盐水泥、粉煤灰硅酸盐水泥、复合硅酸盐水泥和石灰石硅酸盐水泥等通用水泥产品的质量等级评定和质量认证。

二、规范性引用文件

下列文件中的条款通过本标准的引用而成为本标准的条款，凡是注日期的引用文件，其随后所有的修改单（不包括勘误的内容）或修订版均不适用于本标准，然而，鼓励根据本标准达成协议的各方研究是否可使用这些文件的最新版本。凡是不注日期的引用文件，其最新版本适用于本标准。

GB 175—1999 硅酸盐水泥、普通硅酸盐水泥

GB 1344—1999 矿渣硅酸盐水泥、火山灰质硅酸盐水泥及粉煤灰硅酸盐水泥

GB/T 12707—1991 工业产品质量分等导则

GB 12958—1999 复合硅酸盐水泥

JC 600—2002 石灰石硅酸盐水泥

三、水泥质量等级的评定原则

1. 评定水泥质量等级的依据是产品所遵照的标准水平和实物质量达到的水平。

2. 为使产品质量水平达到相应的等级要求，企业应具有生产相应等级产品的质量保证能力。

四、水泥质量等级的划分

1. 优等品

水泥产品标准必须达到国际先进水平，且水泥实物质量水平与国外同类产品相比达到近5年内的先进水平。

2. 一等品

水泥产品标准必须达到国际一般水平，且水泥实物质量水平达到国际同类产品的一般水平。

3. 合格品

按我国现行水泥产品标准组织生产，水泥实物质量水平必须达到产品标准的要求。

五、通用水泥实物质量等级的技术要求

1. 水泥实物质量在符合相应标准的技术要求基础上，进行实物质量水平的分等。

2. 通用水泥系指符合 GB 175—1999、GB 1344—1999、GB 12958—1999 和 JC 600—2002 标准的各类水泥。

3. 通用水泥的实物质量水平根据 3d 抗压强度、28d 抗压强度和终凝时间进行分等。

4. 通用水泥的实物质量应符合表附-12 的要求。

表附-12　通用水泥实物质量

项目＼等级／品种	优等品		一等品		合格品
	硅酸盐水泥；普通硅酸盐水泥；复合硅酸盐水泥；石灰石硅酸盐水泥	矿渣硅酸盐水泥；火山灰质硅酸盐水泥；粉煤灰硅酸盐水泥	硅酸盐水泥；普通硅酸盐水泥；复合硅酸盐水泥；石灰石硅酸盐水泥	矿渣硅酸盐水泥；火山灰质硅酸盐水泥；粉煤灰硅酸盐水泥	通用水泥各品种
抗压强度（MPa）					符合通用水泥各品种的技术要求
3d不小于	24.0	21.0	19.0	16.0	
28d不小于	46.0	46.0	36.0	36.0	
不大于	$1.1\bar{R}$	$1.1\bar{R}$	$1.1\bar{R}$	$1.1\bar{R}$	
终凝时间（h）					
不大于	6：30	6：30	6：30	8：00	

注：$\bar{R}$ 为同品种同强度等级水泥28d抗压强度上月平均值，至少以20个编号平均，不足20个编号时，可二个月或三个月合并计算。对于62.5级（含62.5级）以上水泥，28d抗压强度不大于 $1.1\bar{R}$ 的要求不作规定。

六、水泥质量等级评定

1. 水泥企业可按本标准实物质量要求以出厂水泥试验结果确定产品等级。

2. 当水泥企业确定产品为优等品或一等品并在包装袋上印有相应等级品时，质量管理部门应按企业确定等级进行考核、监督。

3. 水泥产品实物质量水平的验证由省级或省级以上国家认可的水泥质量检验机构负责进行。

4. 水泥产品的质量管理、认证、统计、监督按照有关规定进行。

参考文献

国家标准《硅酸盐水泥、普通硅酸盐水泥》（GB 175—99）.

国家标准《矿渣硅酸盐水泥、火山灰硅酸盐水泥及粉煤灰硅酸盐水泥》（GB 1344—1999）.

国家标准《砌筑砂浆配合比设计规程》（JGJ 98—2000）.

国家标准《混凝土小型空心砌块建筑技术规程》（JGJ/T 14—95）.

国家标准《建筑工程冬期施工规程》（JGJ 104—97）.

国家标准《砌体工程施工及验收规程》（GB 50203—98）.

《建筑施工手册》编写组编写．建筑施工手册［M］．北京：中国建筑工业出版社，2003.